职业院校教学用书（电子类专业）

电子 CAD-Protel DXP 2004 SP2 电路设计（第 3 版）

任富民　著

電子工業出版社

Publishing House of Electronics Industry

北京·BEIJING

内 容 简 介

本书是《电子CAD-Protel DXP 2004 SP2 电路设计》的第3版，基于Protel DXP 2004 SP2软件，全面系统地介绍了电子CAD技术在电路设计中的应用。全书分为12章，主要内容包括电子CAD的概念等基础入门知识、原理图绘制、PCB设计与制作等，从基础知识到高级应用逐步深入，最后通过综合实训与项目实践帮助学生巩固了前面章节所学知识，还着重培养了学生的实际制板技能和解决问题的能力。全书内容涵盖广泛且实用。

本书可作为职业院校电子CAD课程的教材，也可供从事电子CAD绘图和制板工作的工程技术人员参考。

图书在版编目（CIP）数据

电子CAD-Protel DXP 2004 SP2 电路设计 ／ 任富民著.
3版. -- 北京：电子工业出版社，2024. 10. -- ISBN
978-7-121-48977-8

Ⅰ. TN410.2

中国国家版本馆CIP数据核字第2024UG7341号

责任编辑：蒲　玥
印　　刷：大厂回族自治县聚鑫印刷有限责任公司
装　　订：大厂回族自治县聚鑫印刷有限责任公司
出版发行：电子工业出版社
　　　　　北京市海淀区万寿路173信箱　　　邮编：100036
开　　本：880×1230　　1/16　　印张：17.75　　字数：432千字
版　　次：2007年3月第1版
　　　　　2024年10月第3版
印　　次：2025年3月第2次印刷
定　　价：45.00元

凡所购买电子工业出版社图书有缺损问题，请向购买书店调换。若书店售缺，请与本社发行部联系，联系及邮购电话：（010）88254888，88258888。

质量投诉请发邮件至zlts@phei.com.cn，盗版侵权举报请发邮件至dbqq@phei.com.cn。

本书咨询联系方式：（010）88254485，puyue@phei.com.cn。

前　言

　　"电子CAD"是职业院校电了类专业的一门丨干课程,其主要任务是使学生掌握电子CAD的基本概念和基本操作技能,培养学生利用电子 CAD 软件进行原理图绘制和 PCB 制作的基本技能,为学生走上电子 CAD 绘图和制板工作岗位打下基础。

　　本书主要根据全国职业院校技能大赛和考证要求,采用了 Protel DXP 2004 SP2（以下简称 DXP 2004 SP2）。本书的教学目标是使学生运用所学的 DXP 2004 SP2 的基本知识和技能,根据实际电路创建、绘制原理图元件和原理图,根据实际要求制作实用的 PCB 和 PCB 元件引脚封装,最终使学生达到中级电子 CAD 绘图员的水平。

　　根据职业院校"电子CAD"课程的教学特点,本书在注重先进性和科学性的基础上突出了实用性和操作性。本书具有如下鲜明特色。

　　（1）紧扣全国职业院校技能大赛的知识点、技能点。本书作者亲自参加了全国职业院校技能大赛并获得了奖项,此后作为竞赛指导老师亲自指导和培训参赛学生并获奖。本书对全国职业院校技能大赛题进行了深入剖析和详细讲解,有助于在教学过程中对参赛学生进行系统的培养和训练。

　　（2）先进性和科学性。本书实例丰富而且实用,每章的各个实例均来自作者近几年的工程开发和实习实训项目,U 盘、计算机有源音箱等项目已经在学校和企业投入生产且运行稳定。各项目采用市面上流行的实用产品,从而使学生在教学和实训过程中积累难得的实践经验,毕业后其知识与技能可以满足一线绘图和制板岗位的工作需要。

　　（3）项目式教学和任务式驱动。本书在教学内容的安排上采取项目式教学方法,将知识点融入具体实例中,例如单面板的制作以三端稳压电源 PCB 的制作为例,双面板的制作以单片机多路数据采集系统 PCB 的制作为例,多层板的制作以 U 盘 PCB 的制作为例;而在上机实训中,以任务式驱动的方法,引导学生灵活运用所属章节的知识点和技能,根据适当的操作步骤和提示,绘制实际的电路图和 PCB,帮助学生巩固所学知识点和技能。

　　（4）内容安排详略得当,重点突出。本书共 12 章,按照由浅入深的教学原则,采取循序渐进的方法,以适应电子 CAD 绘图和制板工作岗位的实际需要为出发点来安排各章内容,以"电子 CAD"课程教学大纲和职业技能鉴定要求为导向来确定知识点。本书重点为四方面教学内容:原理图的创建和绘制,原理图元件的制作和调用,PCB 的制作,以及 PCB 元件引脚封装的制作和引用。而对于不常用、不实用、不适合职业院校教学的内容,本书没有介绍。

　　（5）操作过程详细准确,语言通俗易懂。本书的操作过程详细准确,读者只要按照书本操作，均可以得到正确的结果。本书的讲解也不繁杂，对于同一功能的不同操作方法，本书只讲解其中最常用、最直接的一种。本书的语言通俗易懂，关于元件封装、元件布局、导线修改等与电气特性紧密联系的操作，均对相应的电子技术知识、安装工艺、制作过程等进行了详细的介绍，而并非简单地介绍计算机操作。本书虽然采用的实例具有一定的深度和难度，但讲解清晰、步骤明确。

（6）提醒方式多样。本书作者一直从事"电子 CAD"课程的一线教学，对于初学者在绘图、理解过程中常有的错误操作和理解误区，以注意、提示、建议等方式进行提醒，使其少走弯路。

本书配有丰富的教学资源，含实例教学视频、电路图源文件、各章教学指南、习题答案和电子教案五部分，请登录华信教育资源网后免费获取，有问题时请在网站留言板上留言或与电子工业出版社联系（E-mail：hxedu@phei.com.cn）。

特别说明：本书中的电路图都是通过 DXP 2004 SP2 绘制并导出的，因此本书电路图中的元件图形符号与国家标准规定的电路图元件图形符号有所不同。为了方便学生对照软件进行学习，作者在书中保留了软件中电路图元件图形符号的显示形式，国家标准规定的电路图元件图形符号的显示形式请参见 GB/T 4728.5—2018《电气简图用图形符号 第 5 部分：半导体管和电子管》等。

本书由任富民著，罗春玲参与了编写。由于作者水平有限，书中难免有不妥之处，敬请读者批评指正。

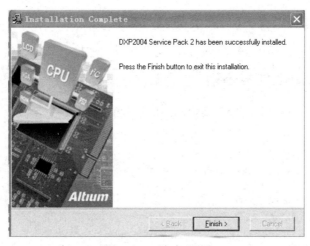

图 1.18 结束界面

1.3.3 安装 DXP 2004 SP2 元件库

双击 DXP 2004 SP2_Integrated Libraries.exe 文件，参考 SP2 补丁的安装方法，安装 DXP 2004 SP2 元件库。

1.3.4 注册

安装好 SP2 补丁和元件库后，就可以按照软件中介绍的方法进行注册和授权使用了。

1.3.5 设置中文环境

（1）注册完成后，可以运行 DXP 2004 SP2，其初次运行界面如图 1.19 所示，菜单为英文菜单。

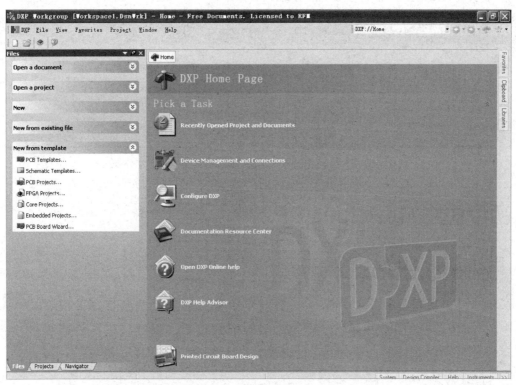

图 1.19 DXP 2004 SP2 的初次运行界面

目　录

第 1 章　安装和初步使用 DXP 2004 SP2

教学目标

本章主要学习 DXP 2004 SP2 的安装方法，并对其进行初步使用，以达到以下教学目标。

知识目标

- 理解电子 CAD 的基本概念，了解 DXP 2004 SP2 的发展过程和新增功能。
- 了解 DXP 2004 SP2 主窗口的组成和各部分的基本功能。

技能目标

- 掌握 DXP 2004 SP2 的安装、启动和关闭方法。
- 掌握 DXP 2004 SP2 文件的新建、保存和打开方法。

教学微课

1.1　电子 CAD 的相关概念和电子 CAD 设计的基本流程

1.1.1　CAD 的基本概念

CAD 是 Computer Aided Design（计算机辅助设计）的简称。其特点是速度快、准确性高，并能极大地减轻工程技术人员的劳动强度。随着计算机的普及和软硬件技术的发展，其发展日新月异，现在几乎所有的工业设计项目都有了自己的 CAD 软件，并向计算机辅助制造（Computer Aided Manufacturing，CAM）方向发展。

1.1.2　电子 CAD 的基本概念

电子 CAD 软件是 CAD 软件的一种，其基本含义是利用计算机来完成电子线路的仿真设计和印制电路板（Printed-Circuit Board，PCB）的设计制作等。其中主要包括原理图的绘制，电路功能的设计、仿真和分析，以及 PCB 的设计和检测等。电子 CAD 软件还能迅速地形成各种报表和装配文件，如元件报表清单等，为元件的采购和 PCB 的实际制作、装配提供了方便。

电子 CAD 软件的种类有很多，如早期的 Tango、OrCAD、Protel 等，其功能大同小异。本书将选用 DXP 2004 SP2 进行电子 CAD 设计。

1.1.3　电子 CAD 设计的基本流程

为了更好地介绍电子 CAD 软件，先介绍电子 CAD 设计的基本流程。当然，根据设计任务的不同，并非所有的步骤都能用到，应根据实际设计任务确定具体需要哪些步骤。

1. 方案分析

根据设计任务确定需要使用的单元电路和电路元件的具体参数，这关系到后面的原理图如何绘制（如是否使用层次性电路）和 PCB 如何规划（如使用几层板）。

2. 电路仿真

在设计原理图之前，有时对某一部分的单元电路设计并不十分确定，因此需要利用电子 CAD 软件的仿真功能进行分析和验证。同时，电路仿真还可以确定电路中某些关键元件的参数。当然，如果是成熟的电路，则可以不仿真。

3. 原理图绘制

原理图是指电路中各元件的电气连接关系示意图，重在表达电路的结构和功能。利用电子 CAD 软件提供的丰富的原理图元件库，可以快速地绘制出清晰、美观的原理图。图 1.1 所示为绘制完成的三端稳压电源的原理图。

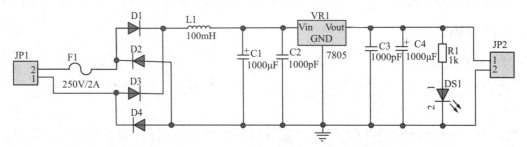

图 1.1　绘制完成的三端稳压电源的原理图

4. PCB 设计

PCB 设计是指将各实际元件按照原理图的电气连接关系固定、连接起来，重在实际元件的物理连接和装配焊接。PCB 设计是电子 CAD 软件最主要的功能，利用电子 CAD 软件提供的丰富的元件封装库，可以快速地绘制出可靠、实用的 PCB。图 1.2 所示为绘制完成的三端稳压电源的 PCB。

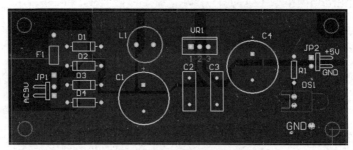

图 1.2　绘制完成的三端稳压电源的 PCB

1.2　DXP 2004 SP2 的发展过程和新增功能

1.2.1　DXP 2004 SP2 的发展过程

随着电子新技术和新材料的应用，各种大规模和超大规模集成电路在各种电器中广泛采用，使得 PCB 的设计越来越复杂，对电子 CAD 软件的要求和依赖性也越来越高。在激烈的市场竞争环境下，Protel 因为具备操作简单、功能齐全、方便易学、自动化程度高等优点而逐步占领市场，成为非常流行的电子 CAD 软件。

DXP 2004 SP2 采用优化的设计浏览器（Design Explorer），具有丰富的设计功能和人性化的设计环境。其增强型平台具有一系列新的 PCB 设计功能，可以满足整个 PCB 设计过程的需要。为了适应各设计公司的需要，用户既可以单独完成项目设计，又可以以小组的形式与他人共同完成复杂项目的设计。

利用 DXP 2004 SP2 可以轻松地完成原理图设计、PCB 设计、电路仿真等。DXP 2004 SP2 主要由原理图设计系统、PCB 设计系统、FPGA 系统和 VHDL 系统组成。本书将主要介绍如何利用 DXP 2004 SP2 设计原理图和制作 PCB，并对电路仿真进行一定的介绍，不涉及 FPGA 系统和 VHDL 系统。

1.2.2　DXP 2004 SP2 的新增功能

DXP 2004 SP2 在兼容各种 Protel 旧版本的基础上，新增了如下功能。

（1）引入项目管理的概念，使文件的管理更加方便。

（2）各设计工具无缝连接，同步化程度很高，支持原理图文件和 PCB 双向同步设计。

（3）丰富的元件库。为方便用户设计，满足各大元件供应厂家的需要，适应大规模和超大规模集成电路的广泛应用，新增了许多大规模和超大规模集成电路的原理图元件、PCB 引脚封装。

（4）直接进行 FPGA、CPLD 设计。能够直接运用 VHDL 或原理图方式进行 FPGA、CPLD 设计，这对于数字电路的设计极其有利。

（5）在电路的模拟仿真和 VHDL 仿真方面，新增了较多的仿真模型，并可通过波形仿真，帮助用户分析电路设计是否合理和完善。这加快了产品的开发速度，节约了开发成本。

（6）提供了与其他电子 CAD 软件进行格式转换的功能。

（7）使用了集成元件库，实现了原理图元件和 PCB 引脚封装的统一管理，使用户在添加引脚封装的同时可以看到引脚封装的形状。

（8）增加了蒙版、导航栏等，使操作更加简单明了、界面更加人性化。

1.3　安装 DXP 2004 SP2

DXP 2004 SP2 可以在 Windows 7、Windows 8、Windows 10 等操作系统环境下安装、运行。

1.3.1　安装 DXP 2004

（1）在 DXP 2004 SP2 正版软件中，找到 Setup.exe 应用程序文件并右击，在弹出的快捷菜单中，选择【以管理员身份运行】命令，如图 1.3 所示。在弹出的"用户账户控制"对话框中，单击【是】按钮，运行 DXP 2004 安装文件，如图 1.4 所示。

图1.3　利用【以管理员身份运行】命令安装应用程序文件　　　图1.4　允许更改①

（2）安装文件在操作系统环境下开始运行，出现图1.5所示的欢迎界面，单击【Next】按钮进入下一步。在随后弹出的对话框中，选中【I accept the license agreement】单选按钮，接受安装协议，如图1.6所示，单击【Next】按钮进入下一步。

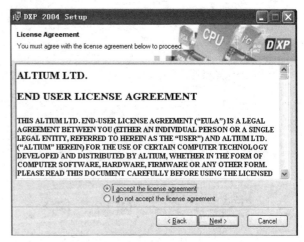

图1.5　DXP 2004欢迎界面　　　　　　　图1.6　接受安装协议

（3）输入用户名和公司名称，如图1.7所示，选中【Anyone who uses this computer】单选按钮，单击【Next】按钮进入下一步。

（4）选择安装路径，如图1.8所示，一般采用默认路径即可，单击【Next】按钮进入下一步。

_____

① 软件界面中的"帐户"应为账户。

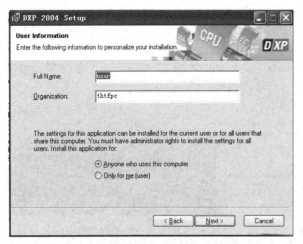

图 1.7　输入用户名和公司名称

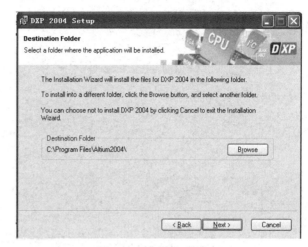

图 1.8　选择安装路径

　　提示：在 Windows 7 及以上版本的操作系统环境下安装 DXP 2004 时，建议选择默认路径，将程序安装在"C:\Program Files (x86)"目录下。"C:\Program Files (x86)"目录是为兼容 32 位应用软件而设置的，方便后面安装 SP2 补丁和注册软件。

　　（5）准备安装，如图 1.9 所示，单击【Next】按钮进入下一步。

　　（6）复制新文件，如图 1.10 所示，需要等待一段时间。

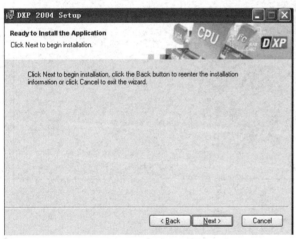

图 1.9　准备安装

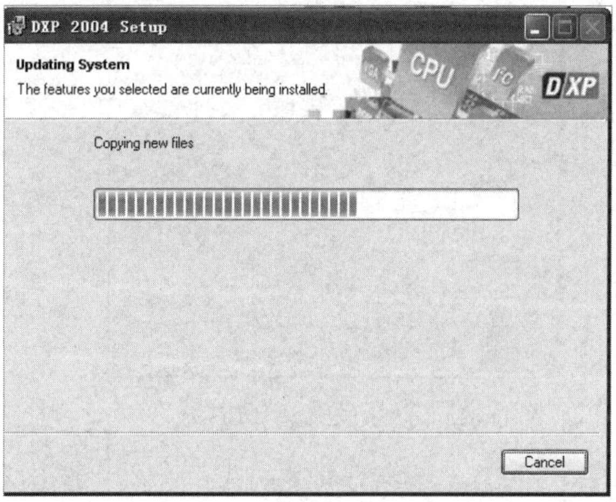

图 1.10　复制新文件

　　（7）安装完成，单击【Finish】按钮，结束 DXP 2004 的安装，如图 1.11 所示。

图 1.11　结束 DXP 2004 的安装

1.3.2 安装 SP2 补丁

（1）找到 DXP2004SP2.exe 应用程序文件，如图 1.12 所示，仍然利用【以管理员身份运行】命令安装文件。

（2）运行安装向导，如图 1.13 所示。

图 1.12 找到 DXP2004SP2.exe 应用程序文件　　　　图 1.13 运行安装向导

（3）在后面弹出的对话框中选择【I accept the terms of the End-User License agreement and wish to CONTINUE】选项，接受安装协议，如图 1.14 所示，单击【Next】按钮进入下一步。

（4）选择安装路径，如图 1.15 所示，一般采用默认路径即可，单击【Next】按钮进入下一步。

图 1.14 接受安装协议　　　　　　图 1.15 选择安装路径

（5）准备安装，如图 1.16 所示，单击【Next】按钮进入下一步。

（6）复制新文件，如图 1.17 所示，需要等待一段时间。

图 1.16 准备安装　　　　　　图 1.17 复制新文件

（7）安装完成，单击【Finish】按钮，结束 SP2 补丁的安装，如图 1.18 所示。

（2）执行菜单命令【DXP】/【Preference】，弹出图 1.20 所示的 DXP 运行环境设置对话框，勾选【Use localized resources】复选框，可把软件变为简体中文版本。

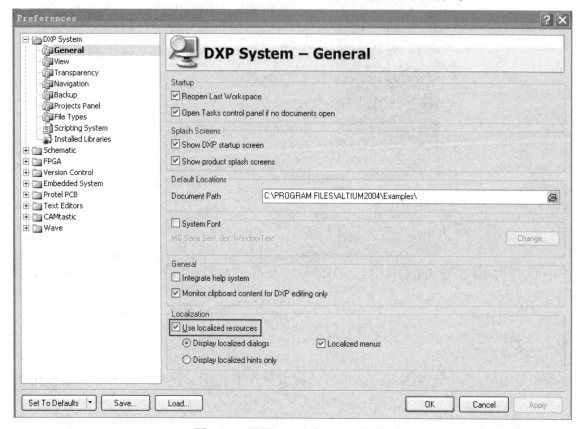

图 1.20　设置 DXP 中文运行环境

（3）单击【OK】按钮，将弹出图 1.21 所示的对话框（提示重新打开 DXP 2004 SP2 设置才生效），再单击【OK】按钮即可。重新打开 DXP 2004 SP2 后，其菜单已经变为中文菜单。

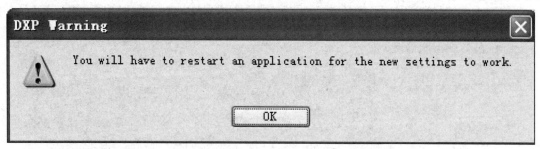

图 1.21　提示重新打开 DXP 2004 SP2，设置才生效

1.4　初步使用 DXP 2004 SP2

1.4.1　启动 DXP 2004 SP2

DXP 2004 SP2 安装完成后，可以执行菜单命令【开始】/【所有程序】/【Altium】/【DXP 2004】，进入 DXP 2004 SP2。由于该软件占用的资源较多，因此在进入该软件的主窗口前需要等待一段时间，如图 1.22 所示。请耐心等待，不要重复打开该软件。

提示：也可在桌面建立 DXP 2004 SP2 的快捷方式。

图 1.22　启动 DXP 2004 SP2①

1.4.2　认识 DXP 2004 SP2 的主窗口

启动 DXP 2004 SP2 后，即可进入 DXP 2004 SP2 的主窗口，如图 1.23 所示。DXP 2004 SP2 的主窗口主要由菜单栏、工具栏、工作区、工作区面板、状态栏和命令行等组成。下面简单介绍 DXP 2004 SP2 主窗口各部分的基本功能。

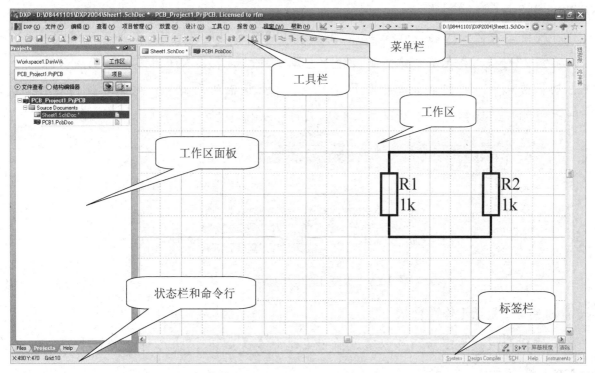

图 1.23　DXP 2004 SP2 的主窗口

①　软件图面中的"其它"应为其他。

1. 认识 DXP 2004 SP2 主窗口的菜单栏

DXP 2004 SP2 主窗口的菜单栏如图 1.24 所示。用户可以查看其中具体的菜单命令，在以后的实际操作中会对用到的菜单命令进行详细的介绍。

图 1.24　DXP 2004 SP2 主窗口的菜单栏

2. 认识 DXP 2004 SP2 主窗口的工作区面板

DXP 2004 SP2 主窗口的工作区面板通常位于主窗口左侧，如图 1.25 所示。该面板中通常包括【Files】、【Projects】等面板组。

图 1.25　DXP 2004 SP2 主窗口的工作区面板

大量使用工作区面板是 Protel DXP 及以后版本相对于以前版本的一个突出特点，用户可以通过工作区面板方便地转换设计文件、浏览元件、查找并编辑特定对象等。

技能训练 1　显示或自动隐藏工作区面板

工作区面板有两种显示模式，当显示模式按钮处于　状态时，工作区面板一直显示在 DXP 2004 SP2 主窗口的左侧。

可以改变工作区面板的显示模式，使其在不使用时自动隐藏起来。单击显示模式按钮　，该按钮将变为　状态，表示工作区面板处于自动隐藏模式。若不使用工作区面板，则几秒后，它将自动隐藏起来，并在主窗口的左上角出现各工作区面板的标签；若需要使用某工作区面板，则单击相应的标签，可以显示该工作区面板，如图 1.26 所示。

图 1.26　改变工作区面板的显示模式

技能训练 2　激活工作区面板

在工作区面板被关闭后，可以通过执行菜单命令【查看】/【工作区面板】/【System】/【Projects】激活工作区面板。

3. 认识 DXP 2004 SP2 主窗口的工具栏

DXP 2004 SP2 主窗口的工具栏如图 1.27 所示。

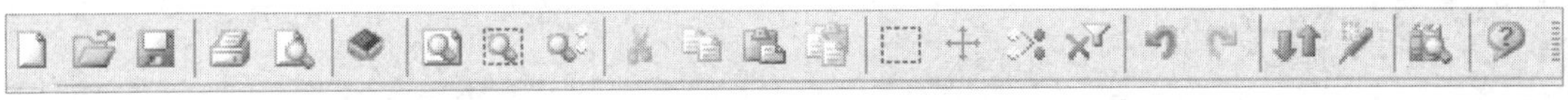

图 1.27　DXP 2004 SP2 主窗口的工具栏

可以通过执行【查看】/【工具栏】下的各种菜单命令，打开各种工具栏。

4．认识 DXP 2004 SP2 主窗口的标签栏

DXP 2004 SP2 主窗口的标签栏（见图 1.28）一般位于工作区的右下方。它的各个按钮用来启动相应的工作区面板。

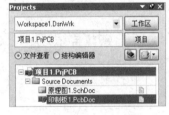

图 1.28　DXP 2004 SP2 主窗口的标签栏

5．认识 DXP 2004 SP2 主窗口的状态栏和命令行

DXP 2004 SP2 主窗口的状态栏和命令行用于显示当前的工作状态和正在执行的命令。它们的打开和关闭同样可以执行【查看】菜单下的相应命令。

1.5　DXP 2004 SP2 的文件管理

1.5.1　DXP 2004 SP2 的文件组织结构

DXP 2004 SP2 将设计项目的概念引入 CAD 中，方便了项目的管理和项目下文件之间的无缝连接、同步设计。DXP 2004 SP2 项目的文件组织结构如图 1.29 所示。

从图 1.29 中可以看出，DXP 2004 SP2 以项目的形式组织文件，项目文件（扩展名为"PrjPCB"）位于一级目录，而属于该项目的设计文件（例如，原理图文件，扩展名为"SchDoc"；PCB 文件，扩展名为"PcbDoc"）则位于二级目录。

图 1.29　DXP 2004 SP2 项目的文件组织结构

1.5.2　新建项目文件

执行菜单命令【文件】/【创建】/【项目】/【PCB 项目】，如图 1.30 所示，将在 Projects 工作区面板中新建一个 PCB 项目，以"PrjPCB"为扩展名，如图 1.31 所示。

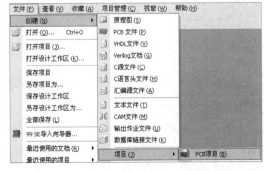

图 1.30　新建项目文件

图 1.31　新建的项目文件

11

1.5.3 保存项目文件

右击新建的项目文件，在弹出的快捷菜单中选择【保存项目】命令，将弹出图 1.32 所示的对话框。在该对话框中确定保存路径和输入项目名称，单击【保存】按钮，即可保存该项目文件。本例中将其保存为"项目 1.PrjPCB"，如图 1.33 所示。

图 1.32　保存项目文件　　　　　　　　　图 1.33　新保存的项目文件

误区纠正： 新建项目非常重要，很多初学者认为项目文件没用，进入 DXP 2004 SP2 马上就创建原理图文件并画图，导致后面的 PCB 无法制作。

1.5.4 新建原理图文件

单击新建的项目文件，执行菜单命令【文件】/【创建】/【原理图】，如图 1.34 所示，将在 Projects 工作区面板的项目文件下新建一个原理图文件，如图 1.35 所示。新建原理图文件的默认名称为"Sheet1.SchDoc"。

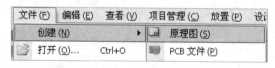

图 1.34　新建原理图文件　　　　　　　　　图 1.35　新建的原理图文件

小技巧： 在新建原理图文件之前，单击新建的项目文件，使该项目文件处于选中状态，可确保新建的原理图文件位于该项目文件之下。这在已打开多个项目文件的情况下应特别注意，否则可能使新建的原理图文件位于其他项目文件之下。

采用同样的方法，可以新建 PCB 文件等其他文件。

1.5.5 保存原理图文件

单击工具栏中的▦按钮，将弹出图 1.36 所示的对话框。在该对话框中确定保存路径和输入文件名称，单击【保存】按钮，即可保存新建的原理图文件。

提示： 某些文件的右上方出现"*"标志，表示该文件已被修改，还未保存，应及时保存该文件。

图 1.36　保存原理图文件

1.5.6　退出 DXP 2004 SP2

当项目设计完成，需要退出 DXP 2004 SP2 时，可以单击【关闭】按钮。如果还有文件没保存，则会弹出图 1.37 所示的对话框，提示保存文件。先单击【全部保存】按钮，再单击【确认】按钮即可。新保存的原理图文件如图 1.38 所示。

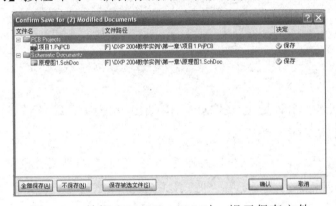

图 1.37　关闭 DXP 2004 SP2 时，提示保存文件　　　　图 1.38　新保存的原理图文件

1.5.7　打开 DXP 2004 SP2 项目文件

由于 DXP 2004 SP2 以项目的方式管理文件，所以打开文件时，只要打开项目，就可打开该项目文件下所有的设计文件，如图 1.39 所示。

图 1.39　打开 DXP 2004 SP2 项目文件

上机实训：安装和初步使用 DXP 2004 SP2

1. 上机任务

在计算机上安装 DXP 2004 SP2，并熟悉 DXP 2004 SP2 的界面，新建项目文件和原理图文件。

2．任务分析

本上机任务较容易，按照本章所讲知识点逐步操作即可。

3．操作步骤和提示

（1）参考 1.3 节，按照提示安装 DXP 2004 SP2。

（2）打开 DXP 2004 SP2，参考 1.4 节，熟悉 DXP 2004 SP2 主窗口的组成，更改工作区面板的显示模式。

（3）新建项目文件，并将其在指定目录下保存为"实训 1. PrjPCB"。

（4）在该项目文件中新建原理图文件，并将其保存为"实训原理图 1.SchDoc"。

（5）退出 DXP 2004 SP2，打开项目文件"实训 1. PrjPCB"。

 # 本章小结

本章的重点任务为安装 DXP 2004 SP2，了解 DXP 2004 SP2 主窗口的组成，详细学习如何新建项目文件和原理图文件，以及补充 CAD 的有关概念。

 # 习题 1

1.1 什么是 CAD？请列出一种 CAD 软件。什么是电子 CAD？请列出一种电子 CAD 软件。

1.2 DXP 2004 SP2 的主窗口由哪几部分组成？

1.3 新建项目文件"习题.PrjPCB"，并在该项目文件下新建原理图文件"习题.SchDoc"。

1.4 全国职业院校技能大赛题文件管理部分。

在 E 盘根目录下建立一个文件夹，文件夹名称为"S+工位号"。（本题假设工位号为 01，则文件夹名称为"S01"）

选手将所有文件均保存在该文件夹下。

设计项目文件：s+工位号。

原理图文件：ssch+××。

原理图元件库文件：sslib+××。

PCB 文件：spcb+××。

PCB 元件封装库文件：splib+××。

其中，××为选手工位号的后两位。

第 2 章　绘制三端稳压电源的原理图

教学微课

2.1　原理图设计的一般流程和基本原则

2.1.1　原理图设计的一般流程

原理图是指电路中各元件的电气连接关系示意图，重在表达电路的结构和功能。利用 DXP 2004 SP2 提供的丰富的原理图元件库，可以快速地绘制出清晰、美观的原理图。原理图设计的一般流程如图 2.1 所示。

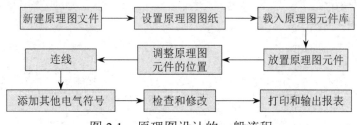

图 2.1　原理图设计的一般流程

当然，绘制过程中并非严格地按照以上顺序进行，有时可能是几个步骤交叉进行，例如在绘制导线的过程中先调整原理图元件的位置，再放置元件等。

2.1.2　原理图设计的基本原则

原理图设计的主要任务是将电路中各元件的电气连接关系表达清楚，以便进行电路功能和信号流向分析，而与实际元件的大小、引脚粗细无关。一幅好的原理图，不仅要求引脚连线正确，没有错连、漏连，还要求信号流向清楚、标注正确、可读性强等。原理图设计遵循如下基本原则。

（1）以模块化和信号流向清楚为原则摆放元件，使设计的原理图便于进行电路功能和原理分析。

（2）同一模块中的元件尽量靠近，不同模块中的元件稍微远离。

（3）不要有过多的交叉线、过远的平行连线。充分利用总线、网络标签和电路端口等电气符号，使原理图清晰明了。

2.2　新建原理图文件，设置原理图图纸和原理图工作环境

2.2.1　新建原理图文件

（1）创建项目。参考1.5节，执行菜单命令【文件】/【创建】/【项目】/【PCB 项目】，新建一个项目文件。

（2）右击该项目文件，在弹出的快捷菜单中选择【保存项目】命令，将新建的项目文件保存为"三端稳压.PRJPCB"。

（3）单击新建的项目文件，执行菜单命令【文件】/【创建】/【原理图】，新建一个原理图文件。

（4）单击工具栏中的![按钮]按钮，将弹出原理图文件保存对话框，将新建的原理图文件保存为"三端稳压. SCHDOC"。

> **提示：** 在设计过程中，每隔一定时间保存文件是一个良好的习惯，以免在计算机出现非法操作或死机时来不及保存文件。

（5）完成保存操作后，新的项目文件和原理图文件就建好了，如图2.2所示。

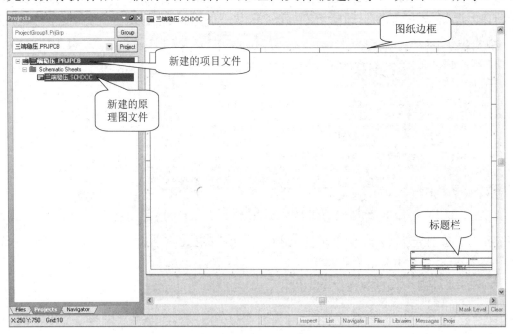

图2.2　新建的项目文件和原理图文件

2.2.2　图纸放大和移动

为了便于在图纸上放置元件，必须将图纸显示比例放大，并将图纸移动到适当的位置。

1. 图纸显示比例的调节

在绘图过程中，经常要改变图纸的显示比例，下面介绍几种常用的改变图纸显示比例的按键操作方法。

【Page Up】键：每按一次该键，图纸的显示比例就放大一次，可以连续操作，还可以在图纸的绘制过程中操作。

【Page Down】键：每按一次该键，图纸的显示比例就缩小一次，可以连续操作，还可以在图纸的绘制过程中操作。

【End】键：每按一次该键，图纸显示就刷新一次。

【Ctrl + Page Down】键：同时按下【Ctrl】和【Page Down】这两个按键，可以显示图纸上的所有图件。

2. 图纸的移动

图纸的移动可以通过图纸边缘的移动滑块来实现，如图 2.3 所示。而在元件放置或连线过程中，图纸会随着光标的移动而自动调整位置。

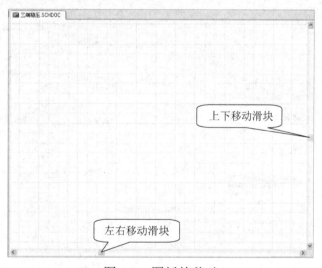

图 2.3　图纸的移动

> **提示：** 还可以在图纸上按住鼠标右键不放，此时光标变为 🖐，移动鼠标，图纸就可随 🖐 移动。

2.2.3　设置原理图工作环境

在绘制原理图之前，可以设置个性化的原理图工作环境。例如，初次使用时，网格颜色很淡，放大后也看不清楚，可以通过设置原理图工作环境改变网格颜色等参数。

（1）执行菜单命令【工具】/【原理图优先设定】，弹出图 2.4 所示的对话框。

（2）在图 2.4 所示的对话框中，选择网格颜色，弹出"选择颜色"对话框，如图 2.5 所示，一般选择浅灰色即可。

当然，也可在图 2.4 所示的对话框中设置其他原理图选项，如网格线形状、网格大小等。

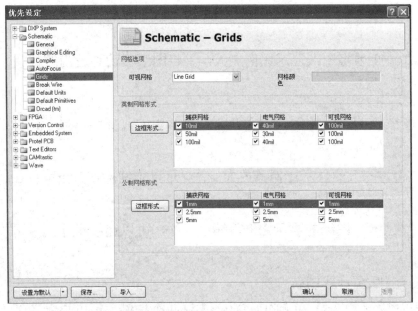

图 2.4　设置原理图工作环境

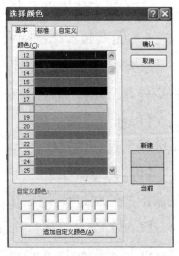

图 2.5　"选择颜色"对话框

2.2.4　设置原理图图纸

（1）执行菜单命令【设计】/【文档选项】，弹出"文档选项"对话框，如图 2.6 所示。

图 2.6　"文档选项"对话框

在"文档选项"对话框中，并非所有选项都需用户设置，一般情况下采用默认设置，用户只需根据实际需要修改部分选项即可。

（2）设置图纸尺寸（标准风格）。

用户可以根据原理图的复杂程度和元件的多少确定图纸尺寸。在"文档选项"对话框的【标准风格】下拉列表中，选定一种图纸风格即可。

DXP 2004 SP2 提供的标准图纸有以下几种。

公制：A0、A1、A2、A3、A4。

英制：A、B、C、D、E。

其他：OrcadA、OrcadB、OrcadC、OrcadD、OrcadE、Letter、Legal、Tabloid。

（3）设定图纸方向。

DXP 2004 SP2 的图纸方向有两种，其中 Landscape 为水平横向，Portrait 为垂直纵向。在"文档选项"对话框的【方向】下拉列表中，可以设定图纸方向，默认的图纸方向为水平横向。

（4）设置标题栏。

标题栏指图纸右下方的表格，如图 2.2 所示，用来填写文件名称、图纸号、作者等信息。可以根据实际情况，选择是否显示标题栏和显示何种标题栏。

① 设置是否显示标题栏。

在"文档选项"对话框中，勾选【图纸明细表】复选框，则图纸右下方显示标题栏；不勾选，则个显示标题栏。

② 设置标题栏类型（图纸明细表）。

勾选【图纸明细表】复选框，既可在图纸右下方显示标题栏，又可在【图纸明细表】下拉列表中进一步选择标题栏类型。

DXP 2004 SP2 的标题栏类型有两种，其中 Standard 为标准模式，ANSI 为美国国家标准协会模式，默认为标准模式。

标准模式的标题栏如图 2.7 所示。

Title 图纸标题				
Size 图纸尺寸 B	Number 图纸号		Revision 版本	
Date:	2006-7-22	日期	Sheet of	
File:	G:\FAGAO\...\三端稳压.SCHDOC 文件		Drawn By:	作者

图 2.7　标准模式的标题栏

（5）设置图纸网格。

图纸网格指为了绘图方便，将图纸按照设定的单位划分而得到的许多小方格。使用图纸网格可以使绘制的图纸美观、整齐。可以根据实际情况选择图纸网格的大小。图纸网格分为以下 3 种。

① 捕获网格，即画图时图件移动的基本步长，默认值为 10 个单位。也就是说，元件移动或画线时，以 10 个单位为基本步长来移动光标。

② 可视网格，即将图纸放大后可以看到的小方格，默认值为 10 个单位。

③ 电气网格。在"文档选项"对话框中，勾选【有效】复选框，设置电气网格。可以在元件放置和连线时自动搜索电气节点，连线时会以【网格范围】文本框中的设定值为半径，以光标中心为圆心，向四周搜索电气节点，并自动跳到电气节点处，以便连线，如图 2.8 所示。

对于"文档选项"对话框中其他选项的含义和设置方法，由于篇幅的原因，不再详细介绍，用户可以参考图 2.6 的说明自己设置。

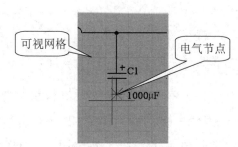

图 2.8　设置好电气网格后，连线时搜索电气节点示意图

2.3　原理图模板的制作和调用

在 DXP 2004 SP2 中提供了标准模式的标题栏，但有时用户想制作具有自己特色的标题栏，如设计公司加入公司的图标信息、考生参加 DXP 2004 SP2 证件考试时提交的考生信息等。下面以制作图 2.9 所示的 DXP 2004 SP2 证件考试原理图模板为例，讲解原理图模板的制作和调用方法。

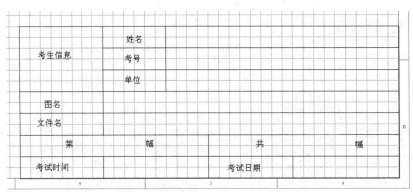

图 2.9　DXP 2004 SP2 证件考试原理图模板

2.3.1　原理图模板的制作

（1）新建原理图文件并隐藏标题栏。新建原理图文件，执行菜单命令【设计】/【文档选项】，弹出图 2.6 所示的"文档选项"对话框，取消对【图纸明细表】复选框的勾选，图纸右下方将不显示原标题栏。

（2）绘制模板表格。选择实用工具栏中的绘制直线工具 ╱，通过按【Tab】键设置直线属性。参考图 2.9，在原理图右下方绘制模板表格，如图 2.10 所示。

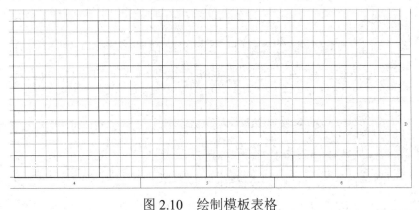

图 2.10　绘制模板表格

补充：如果实用工具栏没有打开，那么可以通过执行菜单命令【查看】/【工具栏】/【实用工具】，弹出图 2.11 所示的实用工具栏。

（3）添加文字。绘制好模板表格后，在其中添加文字，选择实用工具栏中的文字工具 A，按【Tab】键，弹出图 2.12（a）所示的"注释"对话框。在该对话框的【文本】文本框中输入文字，单击【变更…】按钮，将弹出图 2.12（b）所示的"字体"对话框。在该文本框中设置字体、字形、大小、颜色等属性，并将文字放置到与图 2.9 对应的单元格中。

（4）采用相同的方法，添加其他表格文字，完成后的效果如图 2.13 所示。

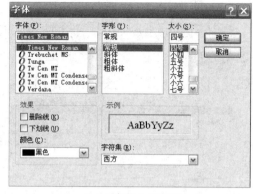

（a）"注释"对话框　　　　　　　（b）"字体"对话框

图 2.11　实用工具栏　　　　　　　　　　图 2.12　文字属性设置

考生信息	姓名	
	考号	
	单位	
图名		
文件名		
第　　　　幅		共　　　　幅
考试时间		考试日期

图 2.13　添加其他表格文字

补充： 如果要在表格中添加图片，如公司的图标，则可以选择实用工具栏中的放置图形工具 ▣。用鼠标拖放出图片的放置区域后，将弹出打开图片对话框。在该对话框中选定图片文件后，单击【打开】按钮即可。

（5）保存模板。绘制好模板后，执行菜单命令【文件】/【另存为】，弹出图 2.14 所示的保存文件对话框。在该对话框中输入文件名，并在【保存类型】下拉列表中选择原理图模板类型"Advanced Schematic template(*.schdot)"，从而将模板以"模板制作.SCHDOT"文件名保存。

图 2.14　保存模板

2.3.2 原理图模板的调用

原理图模板制作完成并保存后，就可以在其他原理图文件中调用它了。

打开需要调用原理图模板的原理图文件，执行菜单命令【设计】/【模板】/【设定模板文件名】，弹出图 2.15 所示的"打开"对话框，选择原来保存的模板文件"模板制作.SCHDOT"，单击【打开】按钮，将弹出图 2.16 所示的"更新模板"对话框。

图 2.15 "打开"对话框 　　　　　　　　图 2.16 "更新模板"对话框

在"更新模板"对话框中，【选择文档范围】选区中各选项的含义如下。

【只是此文件】：仅将模板应用于当前原理图文件。

【当前项目中的所有原理图】：将模板应用于当前项目中的所有原理图文件。

【所有打开的原理图文档】：将模板应用于当前打开的所有原理图文件。

根据需要选择其中一种模板应用范围后，单击【确认】按钮，将弹出图 2.17 所示模板应用的原理图文件数信息框。在该信息框中单击【OK】按钮，可以看到原理图中已经自动添加了图 2.13 所示的原理图模板，如图 2.18 所示。

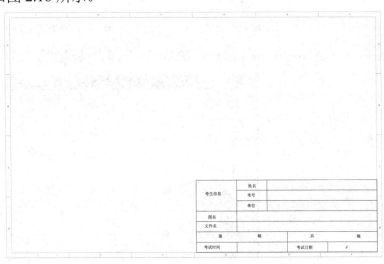

图 2.17 模板应用的原理图文
件数信息框

图 2.18 添加了原理图模板的原理图

注意：也可通过执行菜单命令【设计】/【模板】/【删除当前模板】，将添加的原理图模板删除。

2.4 加载和卸载元件库

2.4.1 元件库介绍

　　绘制原理图就是将代表实际元件的电气符号（原理图元件）放置在原理图图纸中，并用具有电气特性的导线或网络标签将其连接起来的过程。DXP 2004 SP2 为了实现对众多原理图元件的有效管理，按照元件制造商和元件功能对原理图元件进行分类，将具有相同特性的原理图元件放在同一个元件库中，并全部放在 DXP 2004 SP2 安装路径的 Library 文件夹中。

　　因此，在绘制原理图之前就要分析原理图中所用到的元件属于哪个元件库，然后将该元件库添加到 DXP 2004 SP2 的当前元件库列表中。DXP 2004 SP2 的元件库有三类：集成元件库 IntLib、原理图元件库 SchLib、PCB 引脚封装库 PCBLib。其中，集成元件库指该元件库既包含原理图元件，又包含该元件对应的 PCB 引脚封装。

　　三端稳压电源的原理图如图 2.19 所示。经过分析，电源插座 JP1、JP2 的原理图元件位于常用接插件杂项集成库 Miscellaneous Connectors.IntLib 中，而其他原理图元件位于常用元件杂项集成库 Miscellaneous Devices.IntLib 中。系统在默认情况下，已经载入了以上两个常用元件库。如果要载入其他元件库，或者在使用过程中移除了这两个元件库，则必须加载这两个元件库。

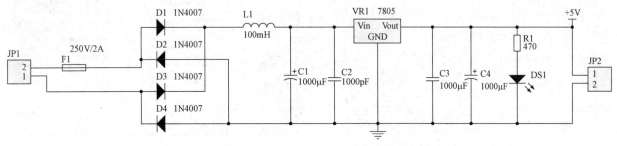

图 2.19　三端稳压电源的原理图

2.4.2 加载元件库

　　（1）打开库文件面板。在工作区右侧（或右下方）单击【元件库】标签，即可打开库文件面板，如图 2.20 所示。系统在默认情况下，已经载入了两个常用元件库，在元件列表中存在当前元件库中的所有原理图元件。当然，可以在元件库列表中选择其他元件库作为当前元件库。

　　（2）打开添加、移除元件库对话框。单击库文件面板中的【元件库…】按钮，将弹出图 2.21 所示的添加、移除元件库对话框。

　　（3）添加元件库。在添加、移除元件库对话框中单击【安装】按钮，将弹出选择元件库对话框，如图 2.22 所示。DXP 2004 SP2 的常用元件库被默认保存在安装盘的“C:\Program Files\Altium2004\Library”目录下。选中要添加的元件库，单击【打开】按钮，即可将选中的元件库打开。此时可以看到该元件库已被添加到元件库列表中，如图 2.23 所示。

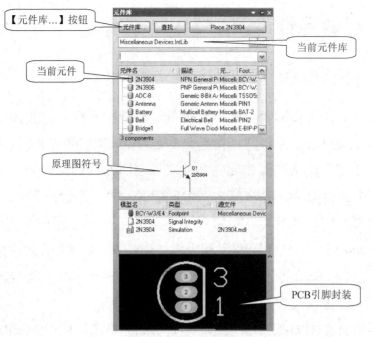

图 2.20　库文件面板

图 2.21　添加、移除元件库对话框

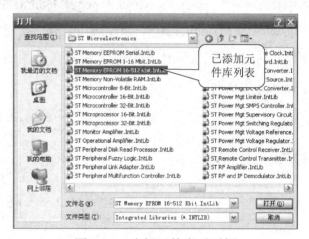

图 2.22　选择元件库对话框

（4）单击图 2.23 所示添加、移除元件库对话框中的【关闭】按钮，回到库文件面板中，可以看到元件库列表中已经有了新添加的元件库 ST Memory EPROM 16-512 Kbit.IntLib。选择该元件库，如图 2.24 所示。

图 2.23　新添加的元件库 ST Memory
　　　　　 EPROM 16-512 Kbit.IntLib

图 2.24　在库文件面板中选择新添加的元件库

2.4.3　卸载元件库

如果想将已经添加的元件库卸载，则在图 2.23 所示的添加、移除元件库对话框中，选中要卸载的元件库，再单击【删除】按钮即可。

提示：卸载元件库并不是真正删除元件库，只是将该元件库从当前元件库列表中移除。该元件库仍然被保存在 DXP 2004 SP2 的元件库文件夹中，下次需要时仍可将其加载进来使用。

2.5　认识常用的原理图元件

绘制原理图时，如果对于常用的原理图符号非常熟悉，则可以加快原理图的绘制速度。本节将介绍常用的原理图元件。要熟知常用元件位于哪一个元件库中，就必须对常用元件库中的元件非常熟悉。一般电阻、电容、二极管、三极管等位于 Miscellaneous Devices.IntLib 中，而常用的接插件位于 Miscellaneous Connectors.IntLib 中。用户可以在元件库面板中逐一浏览以上元件库中各元件的原理图符号和引脚封装，以加快原理图的绘制速度和 PCB 的制作速度。

1. 电阻

各种电阻的原理图符号如图 2.25 所示。

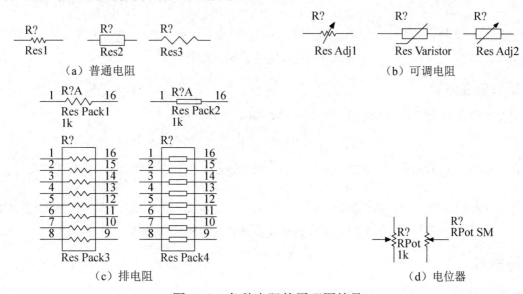

图 2.25　各种电阻的原理图符号

2. 电容

各种电容的原理图符号如图 2.26 所示。

图 2.26　各种电容的原理图符号

3. 二极管

各种二极管的原理图符号如图 2.27 所示。

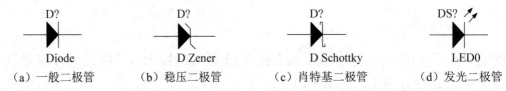

（a）一般二极管　　（b）稳压二极管　　（c）肖特基二极管　　（d）发光二极管

图 2.27　各种二极管的原理图符号

4．三极管

各种三极管的原理图符号如图 2.28 所示。

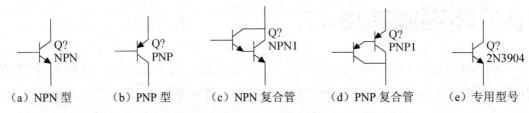

（a）NPN 型　　（b）PNP 型　　（c）NPN 复合管　　（d）PNP 复合管　　（e）专用型号

图 2.28　各种三极管的原理图符号

5．电感

各种电感的原理图符号如图 2.29 所示。

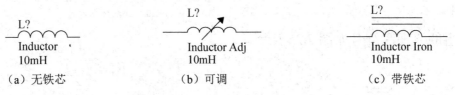

（a）无铁芯　　　　　　（b）可调　　　　　　（c）带铁芯

图 2.29　各种电感的原理图符号

6．场效应晶体管

各种场效应晶体管的原理图符号如图 2.30 所示。

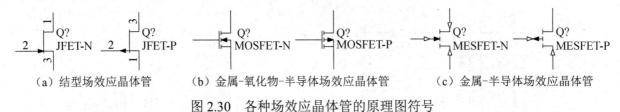

（a）结型场效应晶体管　　（b）金属-氧化物-半导体场效应晶体管　　（c）金属-半导体场效应晶体管

图 2.30　各种场效应晶体管的原理图符号

7．继电器

各种继电器的原理图符号如图 2.31 所示。

8．开关

各种开关的原理图符号如图 2.32 所示。

9．变压器

各种变压器的原理图符号如图 2.33 所示。

10．电机

各种电机的原理图符号如图 2.34 所示。

11．光电耦合器

各种光电耦合器的原理图符号如图 2.35 所示。

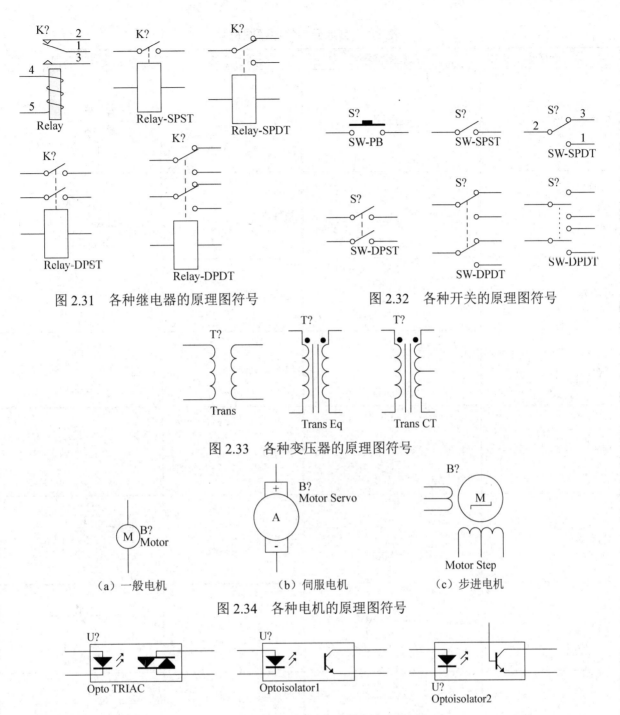

图 2.31　各种继电器的原理图符号　　　　图 2.32　各种开关的原理图符号

图 2.33　各种变压器的原理图符号

（a）一般电机　　　　　（b）伺服电机　　　　　（c）步进电机

图 2.34　各种电机的原理图符号

图 2.35　各种光电耦合器的原理图符号

12．光电接收管

各种光电接收管的原理图符号如图 2.36 所示。

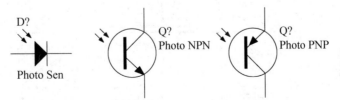

图 2.36　各种光电接收管的原理图符号

13．其他元件

其他元件的原理图符号如表 2.1 所示。

表 2.1 其他元件的原理图符号

元件名称	原理图符号	元件名称	原理图符号
熔断器一	F? Fuse 1	桥堆一	D? Bridge1
熔断器二	F? Fuse 2	桥堆二	D? 2 AC AC 4 1 V+ V- 3 Bridge2
扬声器	LS? Speaker	晶体振荡器	Y? 1 2 XTAL
天线	E? Antenna	电池或电源	BT? Battery
电铃	LS? Bell	蜂鸣器	LS? Buzzer
话筒一	MK? Mic1	晶闸管	Q? SCR
话筒二	MK? Mic2	双向晶闸管	Q? Triac
三端稳压器	VR? Vin Vout GND Volt Reg	数码管	DS? Dpy Amber-CA
灯泡	DS? Lamp	数码符号	DS? Dpy Overflow

2.6　放置原理图元件并设置其属性

将所需的元件库载入原理图编辑器后，就可以从元件库中调用原理图元件并把它们放置到图纸上了。下面介绍具体的放置方法。

1．打开库文件面板，选择所需的元件库

此处以放置二极管为例讲解原理图元件的放置过程。经过前面的分析，二极管的原理图元件位于 Miscellaneous Devices.IntLib 中，因此在库文件面板中选择 Miscellaneous Devices.IntLib。

2．找到原理图元件

在库文件面板中浏览原理图元件，找到二极管的原理图元件，如图 2.37 所示。

当然，为了加快寻找的速度，可以使用关键字过滤功能。由于二极管原理图元件的名称为 "Diode"，因此在关键字过滤栏中输入 "Diode" 或 "Dio*"（*为通配符，可以表示任意多个字符），便可找到所有含有字符 Diode 或 Dio 的元件。常用元件的关键字如下。

（1）Diode：二极管。

（2）Cap：电容。

（3）Res：电阻。

（4）PNP：PNP 型三极管。

（5）NPN：NPN 型三极管。

3．取出原理图元件

找到二极管的原理图元件后，双击它或单击库文件面板中的【Place Diode】按钮，将光标移到图纸上，可以看到光标下已经带出了二极管原理图元件的虚影，如图 2.38 所示。

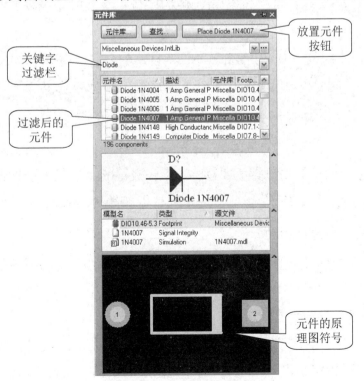

图 2.37　找到二极管的原理图元件

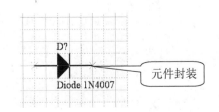

图 2.38　二极管原理图元件的虚影

4. 设置原理图元件的属性

对于从原理图元件库中取出的原理图元件，还没有设置标识符、注释等属性。按下【Tab】键，将弹出"元件属性"对话框，如图 2.39 所示。

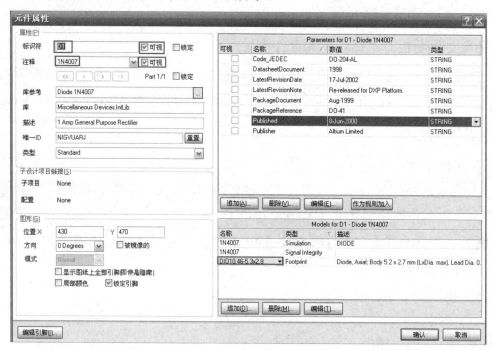

图 2.39 "元件属性"对话框

在"元件属性"对话框中，主要设置如下几项。

【标识符】：行业中常称之为元件编号。它是图纸中唯一代表某元件的代号，由字母和数字两部分组成，字母部分通常表示元件的类别，例如电阻一般以 R 开头、电容一般以 C 开头、二极管一般以 D 开头、三极管一般以 Q 开头等；数字部分为元件的序号。其后的【可视】复选框用于设置标识符在图纸中是否显示出来。

> **提示**：标识符是同一项目中每个元件的唯一标识，因此同一项目中的每个元件都必须有唯一的标识符，即同一项目中不能出现两个及以上元件的标识符相同或某个元件没有标识符的情况，否则后面更新 PCB 时会出错。

【注释】：一般为元件型号，如三极管、二极管的型号等。

根据原理图的需要，将二极管的【标识符】项设置为"D1"，将二极管的【注释】项设置为"1N4007"，引脚封装采用默认封装，如图 2.39 所示，单击【确认】按钮完成设置。

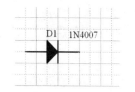

图 2.40 放置原理图元件 D1

5. 放置原理图元件

设置好原理图元件的属性后，原理图元件仍位于光标下且处于浮动状态。此时，将原理图元件移动到合适的位置并单击，即可将原理图元件放置到图纸中，如图 2.40 所示。

将原理图元件放置到图纸中后，此时图纸仍处于同类型原理图元件的放置状态，并且原理图元件的标识符自动增加 1，可以继续移动光标、单击，放置其他二极管的原理图元件。

放置好二极管 D1～D4 的原理图元件后，右击，结束原理图元件的放置状态。

采用相同的方法，可以将图 2.19 所示的其他原理图元件放置到图纸中。三端稳压电源原理图元件表如表 2.2 所示。三端稳压电源原理图元件的放置如图 2.41 所示。

表 2.2　三端稳压电源原理图元件表

原理图元件的类型和标识符	原理图元件的名称	元 件 库
电源插座 JP1、JP2	Header 2	Miscellaneous Connectors.IntLib
熔断器 F1	Fuse 1	Miscellaneous Devices.IntLib
整流二极管 D1～D4	Diode 1N4007	
电感 L1	Inductor	
电解电容 C1、C4	Cap Pol1	
无极性电容 C2、C3	Cap	
三端稳压器 VR1	Volt Reg	
电阻 R1	Res2	
发光二极管 DS1	LED1	

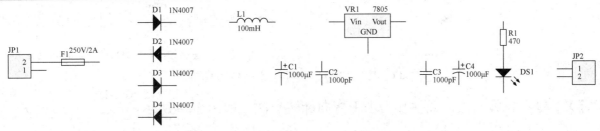

图 2.41　三端稳压电源原理图元件的放置

6．带参数元件的属性设置

电阻、电容、电感等带参数的元件，其属性对话框的设置稍有不同。图 2.42 所示为电阻的属性对话框，由于其参数栏的【Value】项可以输入参数，所以【注释】项可以不设置，并且其后的【可视】复选框也不勾选。

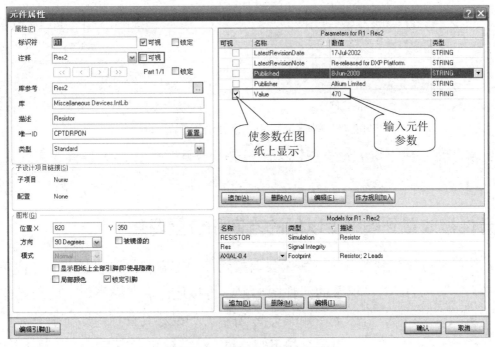

图 2.42　电阻的属性对话框

2.7 原理图元件的布局调整

一幅好的原理图应该布局均匀、连线清晰、模块分明，所以在元件（本节中的元件均指原理图元件）的放置过程或连线过程中，不可避免地要对元件的方向、位置等进行调整。

2.7.1 在元件的放置过程中调整元件的方向

在元件刚从元件库中调出还未被放置到图纸中时，它的方向默认为水平正方向，但有时可能要以垂直方向或其他方向放置，此时可以利用键盘上的按键调整元件的方向，具体的按键操作如下。

空格键：每按一次，元件都沿逆时钟方向旋转90°，如图2.43所示。可以连续按键操作。

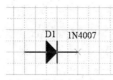 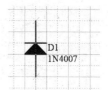

（a）元件原本的方向　　　　　　　　（b）按一次空格键，元件就沿逆时钟方向旋转90°

图2.43　按空格键，元件沿逆时钟方向旋转

【X】键：每按一次，元件都沿水平方向翻转一次，如图2.44所示。

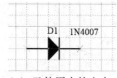 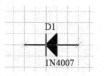

（a）元件原本的方向　　　　　　　　（b）按一次【X】键，元件就沿水平方向翻转一次

图2.44　按【X】键，元件沿水平方向翻转

【Y】键：每按一次，元件都沿垂直方向翻转一次，如图2.45所示。

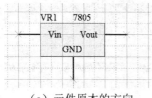 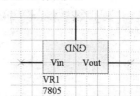

（a）元件原本的方向　　　　　　　　（b）按一次【Y】键，元件就沿垂直方向翻转一次

图2.45　按【Y】键，元件沿垂直方向翻转

提示：在调整元件方向的过程中，有时需要综合运用以上三个按键来满足元件的摆放要求。

2.7.2 元件被放置到图纸上以后的方向和位置调整

如果元件已经被放置到图纸上，那么要调整元件的方向和位置，就必须先将光标移到要

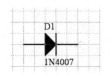

图2.46　元件黏附在光标下

调整的元件图形上，再按住鼠标左键不放，此时元件黏附在光标下，如图2.46所示。如果移动鼠标，即可调整元件的位置；如果同时按下空格键、【X】键和【Y】键，即可调整元件的方向。

2.7.3　元件的选取

2.7.2 节介绍了对单个元件的位置和方向进行调整的方法。当要同时对多个元件进行调整时，必须先选取它们。

1．多个元件的选取

若想选取多个元件，则先将鼠标指针移到要选取元件的左上角，按住鼠标左键不放，此时出现十字光标；然后，移动鼠标，光标下方出现矩形虚线框；继续移动鼠标，确保所有要选取的元件都包含在虚线框中；最后，松开鼠标左键，此时虚线框中的所有元件都处于选中状态，如图 2.47 所示。

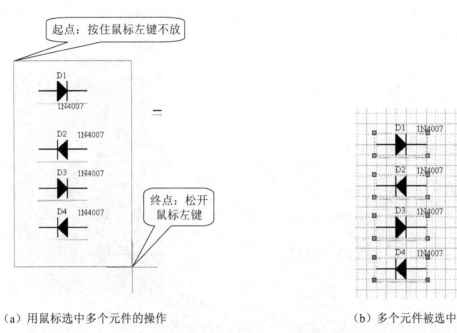

（a）用鼠标选中多个元件的操作　　　　　　　　　　（b）多个元件被选中

图 2.47　利用鼠标选中多个元件

小技巧：如果一次无法选取所有对象，则可以按下【Shift】键，继续增加选取对象。

2．单个元件的选取

当只想单独选取某个元件时，可以将光标移到该元件上，单击即可。

提示：元件的选取实际上是在为其他操作做准备。选取元件后，不仅可以对其进行移动、旋转、翻转等调整工作，还可以对其进行删除、复制等编辑工作。

当多个元件处于选中状态时，在调整、编辑过程中就可以将其当成一个元件来操作。例如，移动多个元件时，只需先选取多个元件，再将光标移到处于选中状态的任何一个元件上，按照移动单个元件的方法，按住鼠标左键不放，移动鼠标，即可同时移动多个元件。

3．选中状态的结束

当对多个元件完成选取、调整、编辑工作后，可以单击图纸的空白处，或者单击工具栏中的■按钮，结束元件的选中状态。

2.7.4　元件的删除、复制和粘贴

1．元件的删除

元件的删除有两种方法：一种是选取元件后，通过按【Delete】键，将选取的元件删除；另一种是先执行菜单命令【编辑】/【删除】，将十字光标对准要删除的元件并单击，再将选取的元件删除。删除该元件后，编辑器仍处于删除状态，可以继续删除其他元件，最后右击，结束删除状态。

2．元件的复制和粘贴

先选取要复制的元件，使其处于选中状态，再按【Ctrl+C】键，即将选取的元件复制到剪贴板中。按【Ctrl+V】键，十字光标下出现被复制的元件，如图 2.48 所示。将光标移到合适的位置，单击，即可完成元件的粘贴。继续按【Ctrl+V】键，可以继续粘贴元件。

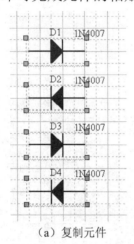
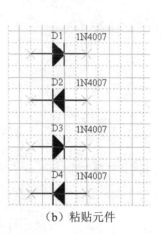

（a）复制元件　　　　　　　　　　　（b）粘贴元件

图 2.48　元件的复制和粘贴

> **提示**：2.7 节所讲的元件调整、选取、删除、复制等操作方法同样适用于其他图件（如导线、节点等）和编辑器（如 PCB 编辑器等），学生可以自行练习，举一反三，后面的项目中将不再复述。

2.8　原理图元件的连线

将元件（本节中的元件均指原理图元件）放置到图纸上以后，就要用具有电气特性的导线将孤立的元件通过引脚连接起来，此时必须用到配线工具。

2.8.1　打开配线工具栏

元件之间的连线表示实际电路中元件引脚的电气连接关系，因此必须使用具有电气特性的配线工具来绘制，而不能使用没有电气特性的实用工具来代替。

图 2.49　配线工具栏

在默认情况下，配线工具已经位于配线工具栏中。如果配线工具栏没有打开，则可以通过执行菜单命令【查看】/【工具栏】/【配线】，打开图 2.49 所示的配线工具栏。

配线工具栏中各工具的作用如表 2.3 所示。

表 2.3　配线工具栏中各工具的作用

工具符号	作　用	工具符号	作　用
≈	绘制导线	⊸⊃	放置元件
⅂╘	绘制总线	▨	绘制图纸符号
↖	绘制总线入口	▷	放置图纸入口
Net1	网络标签	D1▷	放置端口
⏚	放置接地符号	✕	设置忽略电气法则测试
Ucc	放置电源符号		

为了绘图方便，也可以将配线工具栏拖动到图纸边框的工具栏中。

2.8.2　连接导线

图 2.50 所示为要连接的导线，以连接元件 VR1 的 Vout 引脚和 JP2 的第 1 引脚之间的导线为例，讲解导线的绘制过程。

（1）选择配线工具栏中的绘制导线工具 ≈，光标变为十字形，此时可以按下【Tab】键，弹出图 2.51 所示的对话框。在该对话框的【导线宽】下拉列表中可以修改导线的宽度，其中有 Smallest（最小）、Small（小）、Medium（中）、Large（大）几个选项，默认为 Small。还可单击【颜色】颜色框，在弹出的对话框中设置不同的颜色。设置好后，单击【确认】按钮，完成设置。

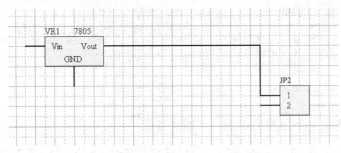

图 2.50　要连接的导线

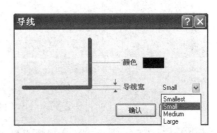

图 2.51　修改导线属性对话框

（2）将光标移动至接近 VR1 的 Vout 引脚处，这时由于图纸中设置了自动搜索电气节点的功能，因此光标自动跳到 VR1 的 Vout 引脚电气节点上，并出现小的十字形黑点，表示接触良好，如图 2.52 所示。

（3）单击并移动鼠标，即可带出一段导线，如图 2.53 所示。

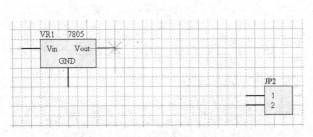

图 2.52　连接 VR1 的 Vout 引脚

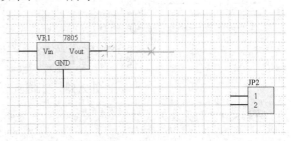

图 2.53　绘制导线（一）

（4）移动鼠标，在要出现拐角的地方单击，继续移动鼠标，绘制导线，如图 2.54 所示。

（5）在光标接近 JP2 的第 1 引脚时，同样由于图纸中设置了自动搜索电气节点的功能，因此光标会自动跳到 JP2 的第 1 引脚电气节点上，单击，即可将导线连到该引脚上，如图 2.55 所示。

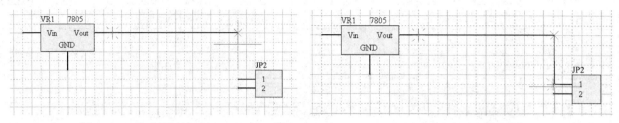

图 2.54　绘制导线（二）　　　　　　　图 2.55　完成导线绘制

（6）光标仍为十字形，图纸仍处于导线绘制状态。采取相同的方法，可以继续绘制其他导线。全部导线绘制完成后，右击，结束导线绘制状态。

2.8.3　放置节点

原理图中有无节点的区别如图 2.56 所示。

（a）没有节点，表示两导线不连接　　　　　（b）有节点，表示两导线连接

图 2.56　原理图中有无节点的区别

原理图编辑器对部分 T 字形相交导线自动添加节点，如图 2.57 所示。

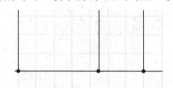

图 2.57　原理图编辑器对 T 字形相交导线自动添加节点

对于图 2.56（b）所示的情况，用户必须自己添加节点。先执行菜单命令【放置】/【手工放置节点】，再将十字光标对准相交导线的交点处，单击，即可放置一个节点。

采用相同的方法，连接好三端稳压电源原理图的其他导线，如图 2.58 所示。

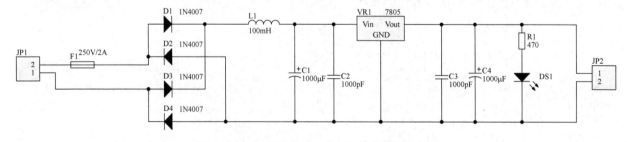

图 2.58　完成连线的三端稳压电源原理图

提示：在导线的绘制过程中，为了连线方便，可以进一步调整元件的位置、方向，以及元件编号和参数的位置。导线绘制最好采取分模块、分单元电路的方式从左到右、从上到下依次进行，以免漏掉某些导线。

2.9　放置电源和接地符号

导线绘制完成后，就可以放置电源和接地符号了。放置电源和接地符号有以下两种方法。

2.9.1　通过电源及接地符号栏放置

（1）打开电源及接地符号栏。单击打开电源及接地符号栏，如图 2.59 所示。

（2）选取电源及接地符号栏中的一个符号（本例中选取放置 GND 端口⊥）后，移动鼠标即可看到光标下带出一个接地符号，如图 2.60 所示。将其移动到合适的位置，单击，即可将接地符号⊥放置到图纸中，如图 2.61 所示。

图 2.59　电源及接地符号栏 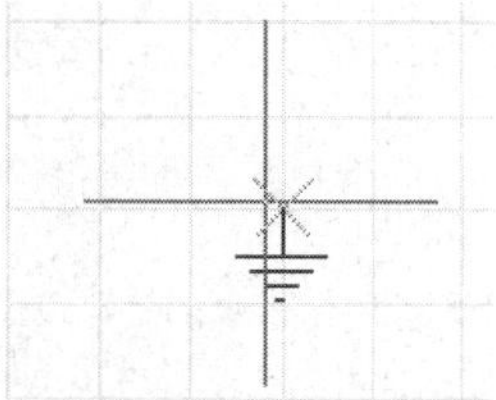　　　　　　图 2.60　放置接地符号

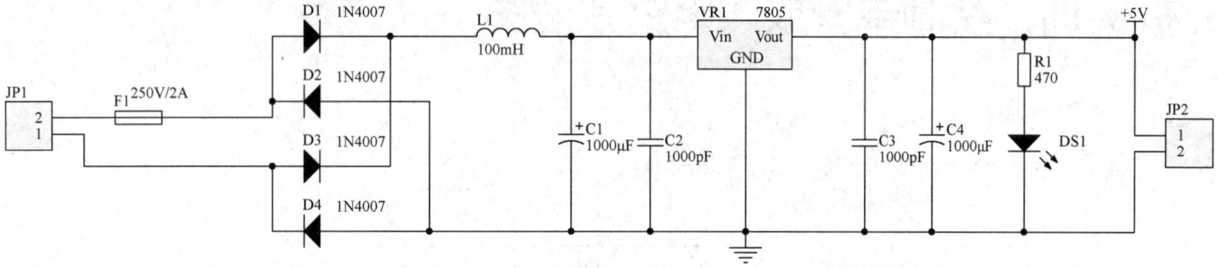

图 2.61　放置了电源、接地符号的三端稳压电源原理图

> **建议**：在放置接地符号之前，最好按下【Tab】键，在弹出的对话框中确认网络属性是否为 "GND"。

2.9.2　通过配线工具栏放置

在配线工具栏中单击电源 ᵛᶜᶜ⊥和接地符号⊥按钮，按下【Tab】键，将弹出图 2.62 所示的电源和接地符号属性对话框。其中，重要的参数如下。

【网络】：网络属性一般由字母和数字组成，指电路中的电气连接关系。具有相同网络属性的导线在电气上是连接在一起的。

【风格】：电源和接地符号的形状，有以下 7 种。

（1）【Circle】：圆形，♀。

（2）【Arrow】：箭形，⇧。

（3）【Bar】：T 形，⊤。

（4）【Wave】：波浪形，ᔑ。

（5）【Power Ground】：电源地，⊥。

（6）【Signal Ground】：信号地，⏁。

（7）【Earth】：接大地，⊥。

此处我们添加的为电源地符号，所以网络属性为"GND"，风格为【Power Ground】。

提示：电源和接地符号的电气特性由网络属性决定，也就是说，即使风格为接地符号，如果网络属性为"VCC"，也表示该符号将连接到电源 VCC 网络。

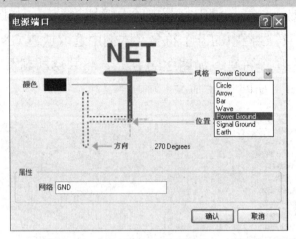

图 2.62　电源和接地符号属性对话框

上机实训：绘制单管放大电路原理图

1．上机任务

绘制图 2.63 所示的单管放大电路原理图。

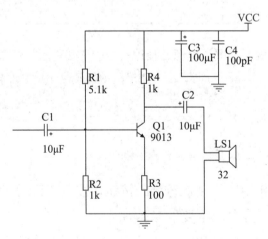

图 2.63　单管放大电路原理图

2．任务分析

图 2.63 中的元件并不复杂，学生不太熟悉的元件可能是扬声器 LS1，它的原理图元件名称为"Speaker"。该图中所有元件均位于 Miscellaneous Devices.IntLib 中。

3．操作步骤和提示

（1）新建项目文件，并将其保存为"单管放大.PRJPCB"。

（2）新建原理图文件，并将其保存为"单管放大.SCHDOC"。

（3）设置图纸参数。将图纸设为 A 号，显示标准模式的标题栏，将可视网格属性设为"10"，将捕获网格属性设为"20"，将电气网格属性设为"7"。

（4）先移除元件库 Miscellaneous Devices.IntLib，再将其添加到库文件面板中。

（5）放置元件 R1，并设置 R1 的属性。

（6）将捕获网格属性设为"10"，再放置元件 R2，观察元件的移动步距。

（7）依次放置其他元件，并对元件的位置进行调整。

（8）进行元件连线。

（9）放置电源和接地符号。

 本章小结

本章以绘制三端稳压电源的原理图为例，讲解了原理图的基本绘制方法，重点介绍了原理图图纸的设置方法，元件库的添加方法，原理图元件的放置、属性设置、位置调整、选取、删除、复制、粘贴方法，以及原理图元件之间的连线方法，最后讲解了电源和接地符号的放置方法。

 习题 2

2.1　绘制题图 2.1 所示的功率放大器原理图。

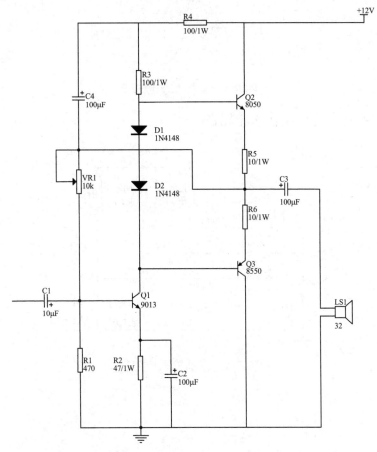

题图 2.1　功率放大器原理图

2.2 绘制题图2.2所示的电源电路原理图。

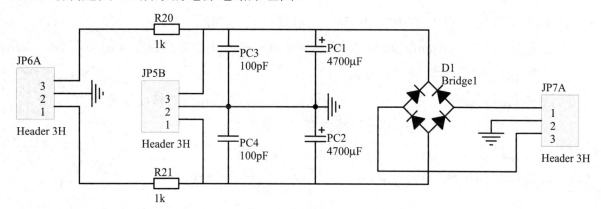

题图2.2 电源电路原理图

2.3 绘制题图2.3所示的某控制器原理图。

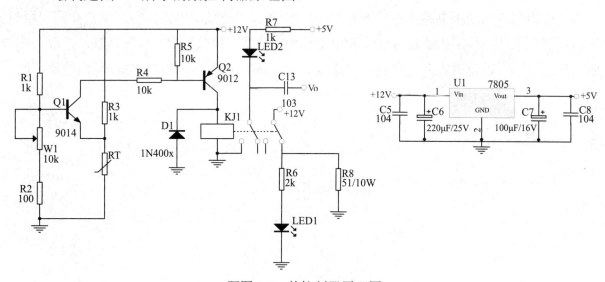

题图2.3 某控制器原理图

2.4 绘制题图2.4所示的按键输入电路图。

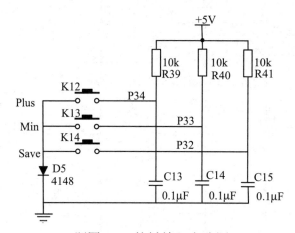

题图2.4 按键输入电路图

第 3 章　创建原理图元件

3.1　放置原理图元件的常见问题

通过对前面项目的学习，可以基本掌握一般原理图的绘制技巧，并掌握原理图元件的放置方法。放置原理图元件最理想的情况是，既知道原理图元件的符号和名称，又知道其位于哪个元件库中。此时可以先利用第 2 章介绍的方法轻松地加载元件库，再利用关键字过滤功能快速地找到该元件并将其放置到图纸中。可是对初学者而言，在实际的绘制原理图的过程中经常会遇到以下问题。

（1）知道原理图元件的符号，并且知道其位于哪个元件库中，但不知道其原理图符号在元件库中的名称。

（2）知道原理图元件的符号和名称，但不知道其位于哪个元件库中。

（3）DXP 2004 SP2 元件库中根本就没有该原理图元件。

（4）DXP 2004 SP2 元件库中虽然有该类型的原理图元件，但原理图符号不符合实际的需要。

对于以上问题，解决办法如下。

（1）在元件库面板中添加该元件库，选中第一个原理图元件后，利用【↓】键和【↑】键逐个浏览元件库中的原理图符号，直到找到该原理图元件。

（2）利用元件的查找功能，找到该元件库和原理图元件。

（3）自己创建该原理图元件。

（4）复制该原理图元件后，编辑、修改该原理图元件。

3.2　查找原理图元件

用户在知道原理图元件的符号和名称，但不知道其位于哪个元件库中的情况下，可以利用查找功能找到该元件库和原理图元件。下面以查找图 3.1 所示的存储器 M27256-25F1 为例，介绍具体操作步骤。

（1）打开图 3.2 所示的元件库面板，单击【查找…】按钮，将弹出图 3.3 所示的"元件库查找"对话框。

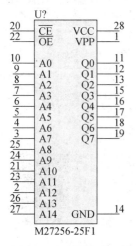

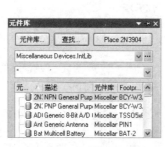

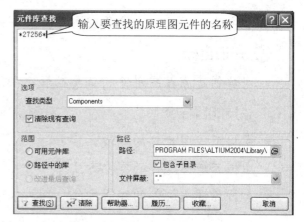

图 3.1　要查找的原　　　图 3.2　元件库面板　　　图 3.3　"元件库查找"对话框
　　　　理图元件

（2）确定查找路径。在【范围】选区中选中【路径中的库】单选按钮，表示由指定路径查找元件库和原理图元件。此时，可以在右边的【路径】选区中，单击 📁 按钮，指定 DXP 2004 SP2 常用元件库的路径，如 "C:\PROGRAM FILES\ALTIUM2004\Library\"，并且勾选【包含子目录】复选框，表示查找范围包含文件夹下的子目录。

（3）指定要查找的原理图元件。在文本框中输入要查找的原理图元件的名称。

> **建议：** 输入时，最好使用通配符（*），以增加找到原理图元件的机会。这是因为同一类元件，特别是集成电路，有很多厂家生产，产品名称各不相同，但产品名称的数字部分基本相同。例如，同样是四路二输入与非门电路 74LS00，不同厂家的产品名称各不相同，National 公司的产品名为 DM74LS00，GoldStar 公司的产品名为 GD74LS00。但不同厂家生产的 74LS00 的原理图符号相同或相近，所以查找原理图元件时，一般采用通配符（*）代替表示厂家名称的字母，保留数字部分。例如，查找元件 DM74LS00 时，一般输入 "*74LS00*" 或 "*74*00*" 进行查找，忽略厂家名称。本例中所要查找的原理图元件的名称为 "M27256-25F1"，可以输入 "*27256*" 进行查找。

输入完毕，可以单击【查找】按钮，启动查找过程。此时，"元件库查找"对话框自动转到元件库面板，随着查找的进行，将在元件库面板中显示查找的结果，如图 3.4 所示。

（4）在查找的结果中，选取原理图元件和封装最合适的一个，如图 3.5 所示。单击【Place】按钮，可以将查找到的原理图元件放置到图纸中。如果该元件库原来没有被添加到元件库列表中，则会弹出是否添加该元件库对话框，单击【是】按钮，便可添加该元件库。

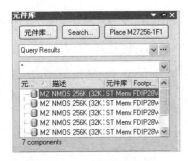

图 3.4　查找的结果

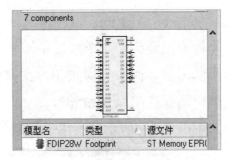

图 3.5　在元件库面板中查找到的原理图元件

3.3　创建原理图元件的具体操作

3.3.1　创建原理图元件的必要性

由于电子技术的飞速发展，新的电子元件不断涌现，DXP 2004 SP2 元件库中不可能包含所有元件的原理图符号，特别是 Protel DXP 推出以后才出现的元件和非标准的元件，此时必须自己创建原理图元件。而 DXP 2004 SP2 以元件库的形式来管理各种原理图元件，因此必须首先创建原理图库文件，然后在该文件中新建原理图元件。

下面将以创建图 3.6 所示的数码管原理图元件为例，讲解创建原理图元件的具体过程。

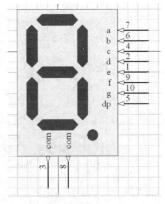

图 3.6　需新建的数码管原理图元件

3.3.2　创建原理图库文件

（1）打开或创建一个项目文件，执行菜单命令【文件】/【创建】/【库】/【原理图库】，将在项目文件下新建一个默认名称为"Schlib1.SchLib"的原理图库文件，并自动进入原理图库文件编辑器，如图 3.7 所示。

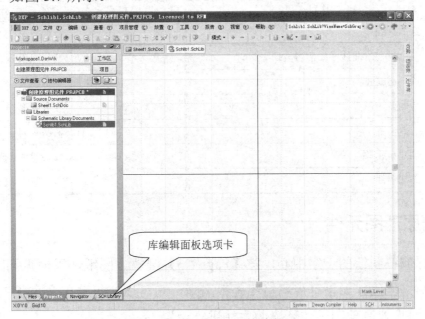

图 3.7　原理图库文件编辑器

（2）单击【SCH Library】选项卡，打开库编辑面板，如图 3.8 所示，此时可以看到【元件】列表框中已经有了一个默认元件名为"Component_1"的元件。

（3）单击工具栏中的 按钮，在弹出的文件保存对话框中确定保存路径和文件名，例如保存为"自制原理图库.SchLib"。

（4）单击图 3.9 所示的实用工具栏。

图 3.8 库编辑面板

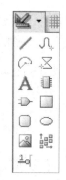

图 3.9 实用工具栏

实用工具栏中各工具的作用如表 3.1 所示。

表 3.1 实用工具栏中各工具的作用

工具符号	作　用	工具符号	作　用
/	绘制直线	▦	绘制矩形
∿	绘制贝塞尔曲线（如信号波形）	▢	绘制圆角矩形
⌒	绘制椭圆弧	◯	绘制椭圆
⋈	绘制多边形	▨	放置图形
A	放置文字	⣿	粘贴队列
▯	创建新元件	₁₀	放置元件引脚
⊐-	添加子件		

3.3.3 绘制原理图元件

（1）将光标放在图纸的十字中心，按【Page Up】键放大图纸，以便见到网格。

（2）调整网格颜色。如果可视网格不是很清晰，则可以执行菜单命令【工具】/【原理图优先设定】，按照设置原理图工作环境的方法进行设置。

（3）绘制矩形框。选择绘制矩形工具▨，根据元件引脚的多少，在图纸中心绘制一个大小合适的矩形，该矩形大约包含 10×14 个可视网格，如图 3.10 所示。

图 3.10　绘制矩形框

（4）绘制数码管的笔段。

3.3.4　技能链接：修改捕获网格，绘制小图形

（1）如果要绘制较小的图形，则可以通过修改光标的移动步距来实现。执行菜单命令【工具】/【文档选项】，弹出图 3.11 所示的“库编辑器工作区”对话框，设置绘图时光标移动的最小步距，例如在【捕获】文本框中输入“5”（或其他值），以便以半格为单位绘制较小的图形。

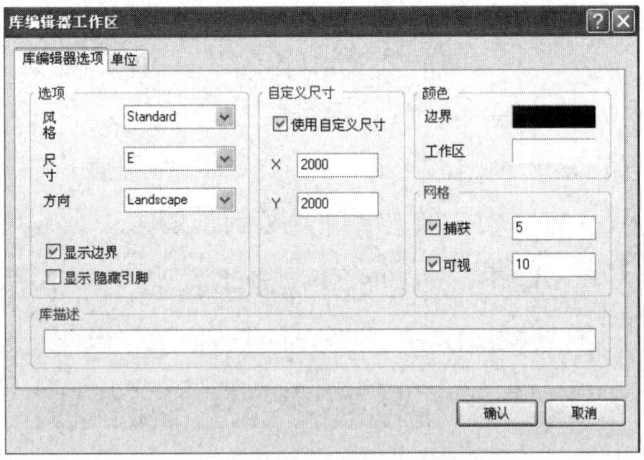

图 3.11　设置光标的移动步距

（2）选择绘制多边形工具⌧，按下【Tab】键，弹出“多边形”对话框，如图 3.12 所示。单击【填充色】颜色框，将弹出图 3.13 所示的“选择颜色”对话框。选择红色后，单击【确认】按钮，完成颜色的修改。采用同样的方法，可以将边缘色也修改为红色。在图 3.12 所示的对话框中勾选【画实心】复选框，使绘制的多边形实现填充效果。

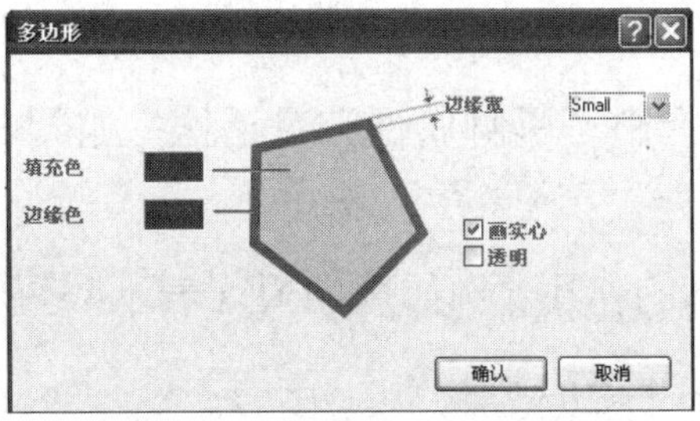

图 3.12　“多边形”对话框

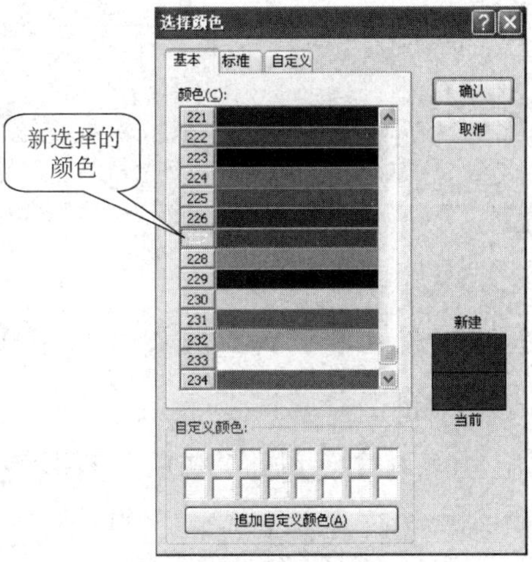

图 3.13　“选择颜色”对话框

（3）单击【确认】按钮完成设置后，按【Page Up】键放大图纸，按图 3.14（a）所示的顺序绘制多边形边框（大约为 4×1 个可视网格），将其作为数码管的笔段。选中刚绘制的多边形，采取按【Ctrl+C】键复制、按【Ctrl+V】键粘贴的办法，绘制数码管的其他笔段，笔段绘

制完成后的效果如图 3.14（b）所示。

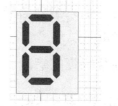

（a）绘制的顺序　　　　　　　　　　　（b）笔段绘制完成后的效果

图 3.14　绘制数码管的笔段

（4）选择绘制椭圆工具 ，按照图 3.15 所示的步骤绘制小圆点，即可完成数码管小数点的绘制。

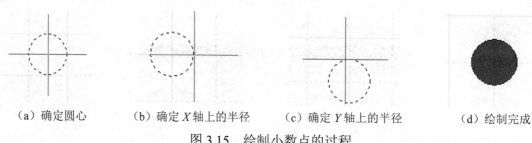

（a）确定圆心　　　（b）确定 X 轴上的半径　　　（c）确定 Y 轴上的半径　　　（d）绘制完成

图 3.15　绘制小数点的过程

提示： 绘制前可以按【Tab】键，绘制后双击该小数点，弹出"椭圆"对话框，可以在其中设置半径和颜色等参数，如图 3.16 所示。

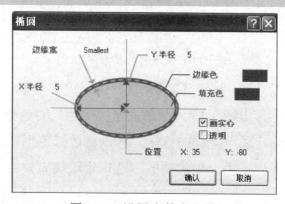

图 3.16　设置小数点参数

提示： 小数点绘制完成后，必须及时将图 3.11 所示"库编辑器工作区"对话框中的【捕获】文本框数值改回 10，否则可能导致后面的引脚不被放置到整格上面。

（5）添加元件引脚。

选择放置元件引脚工具 ，按下【Tab】键，弹出"引脚属性"对话框，如图 3.17 所示。该对话框中的主要属性如下。

【显示名称】（引脚名称）：一般用字母表示引脚的作用，例如用字母 a 表示数码管的 a 段。勾选其后的【可视】复选框，可以将字母在图纸上显示出来。

【标识符】（引脚序号）：一般用数字表示实际元件的引脚序号。勾选其后的【可视】复选框，可以将引脚序号在图纸上显示出来，例如 a 笔段的引脚序号为 7，即 a 笔段为该数码管的第 7 引脚。

【电气类型】（引脚电气特性）：可以根据实际元件的引脚在其下拉列表中进行设置。常用的电气类型属性有【Input】（输入）、【IO】（双向）、【Output】（输出）、【Open Collector】（集电极开路）、【Power】（接电源）、【Passive】（接地）等，并在图纸上用相应的箭头表明信号方向。本例中的 a 笔段为输入引脚，因此将电气类型属性设置为【Input】。当然，如果用户不能确定引脚的电气特性，则可将电气类型属性设置为【Open Collector】，这样不影响后面 PCB 的制作。

　　【符号】：在【符号】选区中设置引脚的各种附带符号，以表示数字电路等的元件引脚的输入信号类型等。如果要将该引脚设置为时钟引脚且低电平有效，则可在【内部边沿】下拉列表中选择【Clock】选项（表示该引脚为时钟），而在【外部边沿】下拉列表中选择【Dot】选项（表示该引脚低电平有效），在引脚预览图片框中会出现相应的符号。

　　对于【符号】选区中选项的具体含义，在此不再详细介绍，用户可以根据实际引脚要求自行选择选项，并在引脚预览图片框中查看符号图形。

　　【长度】：在【长度】文本框中，可以设置引脚的长度。

　　【隐藏】：如果采用数字集成电路的电源引脚和接地引脚，则可以通过勾选【隐藏】复选框将两个引脚隐藏起来，从而在图纸上不显示该引脚。因为在默认情况下，数字集成块的左上角引脚接电源网络 VCC，右下角引脚接接地网络 GND。

　　设置好引脚属性后，单击【确认】按钮，此时光标变为十字形，并且在光标下带出设置好的引脚，如图 3.18 所示。单击，放置该引脚，注意放置时引脚的方向，确保电气节点朝向元件外部，以便在原理图中进行该引脚的连线。

图 3.17　设置引脚属性

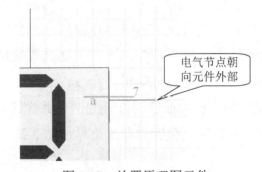

图 3.18　放置原理图元件

　　提示：放置引脚时，必须保证引脚与网格整格对齐，否则会影响将元件放置到原理图上以后的连线。

　　（6）采用相同的方法，放置其他引脚，完成后的效果如图 3.6 所示。

　　（7）元件重命名。元件绘制完成后，单击图 3.8 所示库编辑面板中第一栏的【编辑】按钮，将弹出图3.19所示的元件属性对话框。可以在【库参考】文本框中输入元件的名称，在【Default Designator】文本框中输入元件的默认编号。

图3.19 元件属性对话框

提示：还可通过单击【Models for SMG】列表框下方的【追加】按钮，添加元件的引脚封装。

3.4 复制、编辑原理图元件

3.4.1 复制、编辑原理图元件的必要性

在绘制原理图的过程中，有时可能遇到以下情况：虽然DXP 2004 SP2元件库中有该类型的原理图元件，但原理图符号和实际需要之间存在一定差异。对于该情况，当然可以采用创建原理图元件的方法重新创建原理图符号，但需要花费一定的时间，特别是对于引脚较多的元件。此时可以采取编辑该原理图元件的方法，但如果直接在原元件库中编辑、修改，则可能破坏原元件库，而且下次可能又要使用该元件未编辑时的原理图符号，所以最好先复制原理图元件，再进行编辑、修改，这样既不破坏原元件库，又保留了原理图元件。下面以修改NPN型三极管原理图符号为例，讲解具体的操作步骤。原三极管原理图符号如图3.20（a）所示，需要的三极管原理图符号如图3.20（b）所示。

（a）原三极管原理图符号 　　　　　　　（b）需要的三极管原理图符号

图3.20 要修改的三极管原理图符号

3.4.2　打开原元件库，复制原理图元件

（1）打开原元件库。在 DXP 2004 SP2 中，NPN 型三极管原理图符号位于元件库 Miscellaneous Devices.IntLib 中，要复制该元件，必须先打开该元件库。单击工具栏中的 按钮，在弹出的对话框中按路径 "*:\Program Files\Altium\Library\Miscellaneous Devices.IntLib" 操作，弹出图 3.21 所示的"抽取源码或安装"对话框。单击【抽取源】按钮，将打开该元件库，如图 3.22 所示。

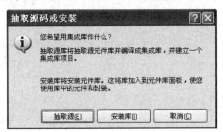

图 3.21　"抽取源码或安装"对话框[①]

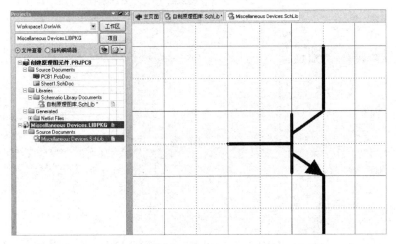

图 3.22　打开元件库 Miscellaneous Devices.IntLib

（2）转到库编辑面板，在【元件】列表框中选择 NPN 型三极管原理图符号，如图 3.23 所示。

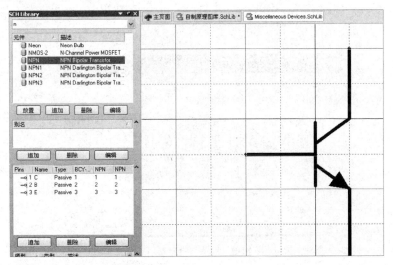

图 3.23　选择 NPN 型三极管原理图符号

（3）选取该三极管原理图符号，按【Ctrl+C】键，将其复制到剪贴板中。

---

① "作什么"应为做什么。

3.4.3　在自制元件库中粘贴原理图元件

（1）在自制元件库中，例如在 3.3.2 节创建的自制原理图库.SchLib 中，单击图 3.8 所示库编辑面板中的第一个【追加】按钮，将弹出输入新元件名称对话框，如图 3.24 所示，输入新元件名称"ZZNPN"，表示自制的 NPN 型三极管。

（2）粘贴原理图元件。单击【OK】按钮，进入原理图元件编辑器，单击图纸中心，按【Ctrl+V】键，粘贴复制的三极管原理图元件，如图 3.25 所示。

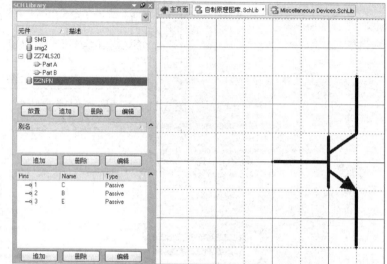

图 3.24　输入新元件名称对话框　　　　图 3.25　粘贴复制的三极管原理图元件

3.4.4　编辑原理图元件

（1）设置椭圆的属性。要为原三极管原理图符号绘制圆圈，选择绘制椭圆工具◯，按【Tab】键，弹出图 3.26 所示的对话框。因为椭圆内部不需要填充，所以不勾选【画实心】复选框，并将边缘宽属性设置为"Small"，将 X 轴、Y 轴上的半径都设置为"15"，单击【确认】按钮，完成设置。

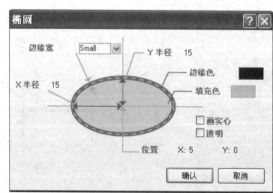

图 3.26　"椭圆"对话框

（2）绘制椭圆。如图 3.27 所示，在三极管原理图符号上绘制外围圆圈。

提示：绘制完成后，半径将以绘制过程中鼠标指针移动的距离为准，不一定是 15。可以双击椭圆，弹出"椭圆"对话框，再次对半径进行设置。

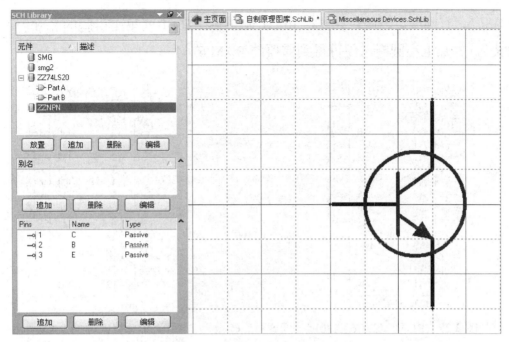

图 3.27　修改好的三极管原理图元件

建议：完成原理图元件的复制和粘贴后，最好及时将打开的原元件库关闭。如果关闭时出现是否保存修改对话框，则应注意在原元件库 Miscellaneous Devices.IntLib 后选择【不保存】选项。不保存对原元件库的修改，如图 3.28 所示，以免破坏原元件库。

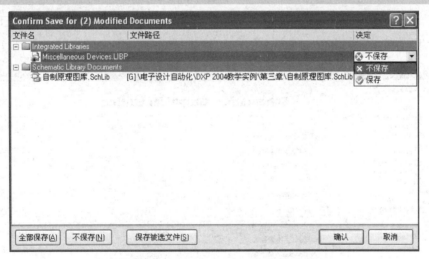

图 3.28　不保存对原元件库的修改

3.5　在原理图中直接修改元件引脚

3.5.1　在原理图中直接修改元件引脚的必要性

原理图元件的修改量很小，例如只有个别引脚需要修改，并且该元件已经被放置到原理图中，如果不想采取复制、粘贴、修改的方法，则可以直接在原理图中对该元件进行修改。图 3.29 所示为只读存储器（ROM）M27C64A20F1，而图 3.30 所示为修改好的随机存储器（RAM）6164。这两个存储器之间仅有的区别在于第 1 引脚的名称和第 1 引脚处的圆圈，ROM M27C64A20F1 的第 1 引脚为编程引脚"VPP"，没有圆圈；而 RAM 6164 的第 1 引脚为写引脚"$\overline{WR}$"，有圆圈。因此，只要将 ROM M27C64A20F1 的第 1 引脚的名称由"VPP"修改为"$\overline{WR}$"，并加上小圆圈，便可得到需要的 RAM 6164。

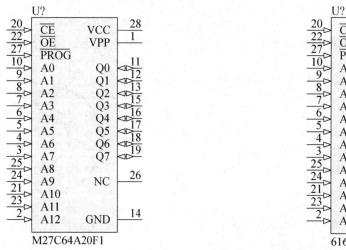

图 3.29　ROM M27C64A20F1　　　　　图 3.30　修改好的 RAM 6164

3.5.2　修改原理图工作环境

怎样输入引脚名称"$\overline{WR}$"中的上横线呢？答案是修改原理图工作环境。执行菜单命令【工具】/【原理图优先设定】，在弹出的"优先设定"对话框中单击 Graphical Editing，再勾选【单一'\'表示'负'】复选框，如图 3.31 所示，这样才能在引脚前使用"\"，达到在引脚名称上添加上横线的效果。

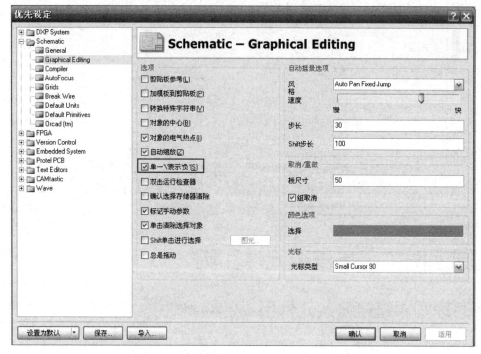

图 3.31　勾选【单一'\'表示'负'】复选框

3.5.3　结束元件引脚的锁定状态

为了能够直接在原理图中修改元件的引脚，必须结束元件引脚的锁定状态。双击图 3.29

所示的 ROM M27C64A20F1，在弹出的对话框中取消对【锁定引脚】复选框的勾选，如图 3.32 所示，这样就可以修改该元件的引脚了。

图 3.32　取消对【锁定引脚】复选框的勾选

3.5.4　修改元件引脚的属性

双击图 3.29 所示 ROM M27C64A20F1 的第 1 引脚，弹出图 3.33 所示的"引脚属性"对话框，将显示名称修改为"\WR"即可，其中"\"就是引脚名称"$\overline{\text{WR}}$"的上横线。选择【外部边沿】下拉列表中的【Dot】选项，使引脚显示小圆圈，表示该引脚低电平有效。

图 3.33　修改第 1 引脚的名称

提示：元件引脚修改完成后，在图 3.32 所示"元件属性"对话框中勾选【锁定引脚】复选框，恢复元件引脚的锁定状态。

3.6　制作含有子件的原理图元件

3.6.1　子件的概念

对很多数字集成电路而言，其内部往往由结构完全相同的各部分组成。从图 3.34 所示的 74LS08 的内部结构和引脚排列图中，可以看到 74LS08 由 4 个结构完全相同的二输入与门单元组成，右下角的第 7 引脚为接地引脚，左上角的第 14 引脚为电源 VCC 引脚。

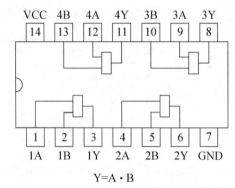

图 3.34　74LS08 的内部结构和引脚排列图

在实际使用数字集成电路的过程中，有时可能只使用一个单元，如果按照图 3.34 所示制作原理图元件，可能会使原理图面积过大。在原理图中主要表达电路功能、信号流向及信号处理过程，表达的重点不在于实际元件的引脚排列顺序和数字集成块的形状。为了使原理图更加清晰地体现电路的信号流向和处理过程，原理图中的数字集成块并没有采用图 3.34 所示的绘制方法，而是采用了图 3.35 所示的分单元绘制的方法。这样在绘制原理图时，便可以用到哪个单元就使用哪个单元对应的原理图符号，而各个单元对应的原理图符号被称为该元件的子件，用字母 A、B、C 等进行区分，如 Part A 表示第 1 个单元。

本节以制作图 3.36 所示的国家标准 74LS20 的原理图元件为例，讲解含有子件的原理图元件的制作方法。

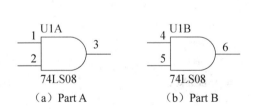

（a）Part A　　　（b）Part B

图 3.35　分单元绘制的 74LS08 原理图元件

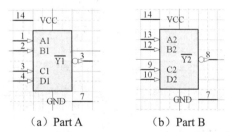

（a）Part A　　　（b）Part B

图 3.36　国家标准 74LS20 的原理图元件

在数字集成电路中，由于右下角默认为接地引脚，左上角默认为电源 VCC 引脚，所以在原理图中不必显示这两个引脚。本例要求将电源引脚和接地引脚隐藏，因此在原理图中看不到这两个引脚。

3.6.2 绘制第一个子件

（1）在自制元件库中，例如在 3.3.2 节创建的自制原理图库.SchLib 中，单击【SCH Library】栏中的【追加】按钮，如图 3.37 所示，弹出输入新元件名称对话框，如图 3.38 所示，输入新元件名称"ZZ74LS20"，表示自制的 74LS20 元件。

图 3.37　单击【追加】按钮

图 3.38　输入新元件名称对话框

（2）利用前面介绍的方法，绘制 74LS20 的第一个子件 Part A，如图 3.39 所示。

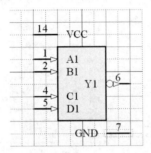
图 3.39　74LS20 的第一个子件 Part A

注意： 图 3.39 中第 6 引脚的属性设置如图 3.40 所示。

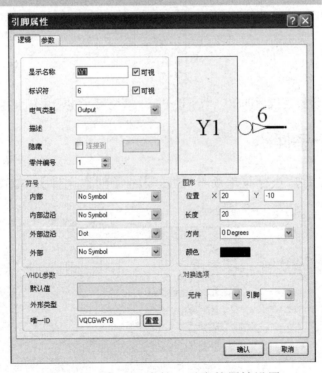
图 3.40　图 3.39 中第 6 引脚的属性设置

（3）设置电源引脚、接地引脚的属性。

为了在原理图中隐藏电源引脚和接地引脚，可以在"引脚属性"对话框中勾选【隐藏】复选框，如图 3.41 所示。在原理图中，为了使电源引脚和接地引脚自动和原理图中的电源网络 VCC、接地网络 GND 相连，必须设置引脚的默认网络属性，因此在电源引脚的"连接到"文本框中输入"VCC"，并将电气类型设置为"Power"。

采用同样的方法，可以设置接地引脚的属性，如图 3.42 所示。设置完成后的第一个子件 Part A（隐藏了电源引脚和接地引脚）如图 3.43 所示。

图 3.41　设置电源引脚的属性　　　　图 3.42　设置接地引脚的属性

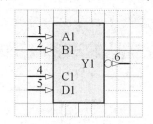

图 3.43　设置完成后的第一个子件 Part A（隐藏了电源引脚和接地引脚）

3.6.3　绘制第二个子件

绘制完第一个子件后，执行菜单命令【工具】/【创建元件】，如图 3.44 所示，编辑器将新建下一个子件 Part B，如图 3.45 所示。

图 3.44　新建下一个子件的菜单命令

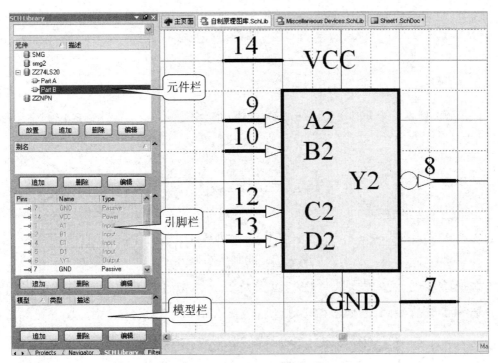

图 3.45 新建下一个子件 Part B

采用绘制第一个子件 Part A 的方法，绘制第二个子件 Part B。

上机实训：绘制开关变压器的原理图符号

1. 上机任务

绘制图 3.46 所示的开关变压器的原理图符号。

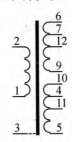

图 3.46 开关变压器的原理图符号

2. 任务分析

DXP 2004 SP2 的原理图库中没有图 3.46 所示的开关变压器的原理图符号，也没有相近的原理图符号，所以采取重新创建的方法制作开关变压器原理图符号。可能学生不知变压器绕组怎样绘制，其实它的原理图符号由多个半圆组成。图 3.46 中引脚的长度为 10。

3. 操作步骤和提示

（1）新建项目文件，并将其并保存为 "原理图库.PRJPCB"。

（2）新建原理图库文件，并将其保存为 "新建原理图库 1.SchLib"。

（3）将捕获网格属性修改为 "5"。

（4）绘制半圆弧。选择绘制椭圆弧工具 ，按照图 3.47 所示步骤绘制。

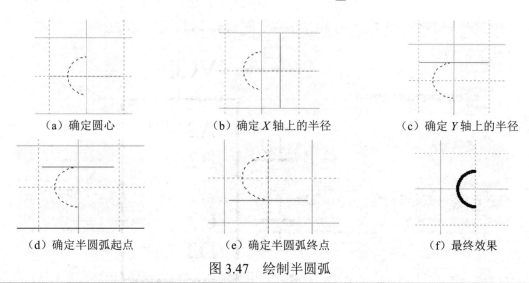

（a）确定圆心 （b）确定 X 轴上的半径 （c）确定 Y 轴上的半径

（d）确定半圆弧起点 （e）确定半圆弧终点 （f）最终效果

图 3.47 绘制半圆弧

提示：如果不能确认半圆弧的属性是否满足要求，则可以双击半圆弧，弹出图 3.48 所示的对话框，进一步进行精确设置。

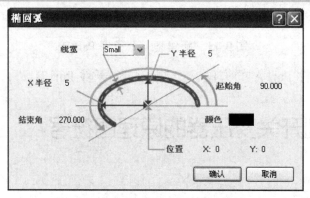

图 3.48 "椭圆弧"对话框

（5）绘制变压器绕组。先利用复制、粘贴的方法绘制其他半圆弧，形成变压器的一组绕组，如图 3.49（a）所示；再复制这组绕组，利用粘贴的方法绘制其他两组绕组，如图 3.49（b）所示。

（a）变压器的一组绕组 （b）变压器的三组绕组

图 3.49 绘制变压器绕组

（6）绘制支架。利用绘制直线工具 ╱，按【Tab】键，弹出图 3.50 所示的对话框。其中两个参数如下。

【线宽】（导线宽度）：有 Smallest（最小）、Small（小）、Medium（中）、Large（大）4 个选项，本例中选择 Medium。

【线风格】（导线形状）：有 Solid（实线）、Dashed（点划线）、Dorred（点状线）3 个选项。

对图 3.50 所示属性对话框中的参数进行设置，便可得到期望的支架，如图 3.51 所示。

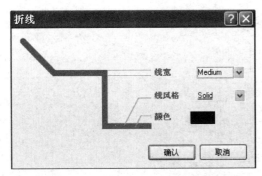

图 3.50　绘制直线工具属性对话框

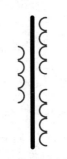

图 3.51　绘制支架

（7）添加引脚。注意将元件引脚长度设为 "10"，最终效果如图 3.46 所示。

 本章小结

本章主要讲解了原理图元件的制作和编辑方法。学生要理解创建原理图元件的必要性，并学会针对原理图元件放置过程中遇到的不同问题采取不同的措施，还要掌握原理图元件的查找、创建、编辑方法。

习题 3

3.1　为什么要自制原理图元件？针对不同的情况，有几种不同的制作、编辑原理图元件的方法？

3.2　制作题图 3.1 所示的电压变换器 AT1201 的原理图元件。

3.3　制作题图 3.2 所示的双联电位器的原理图元件。

3.4　制作题图 3.3 所示的开关变压器的原理图元件。

3.5　制作题图 3.4 所示的交流电感滤波器的原理图元件。

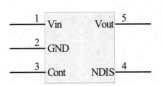

题图 3.1　电压变换器 AT1201 的原理图元件

题图 3.2　双联电位器的原理图元件

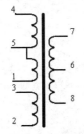

题图 3.3　开关变压器的原理图元件

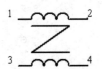

题图 3.4　交流电感滤波器的原理图元件

3.6　绘制题图 3.5 所示的某单片机控制系统原理图，自制元件库中没有的元件。

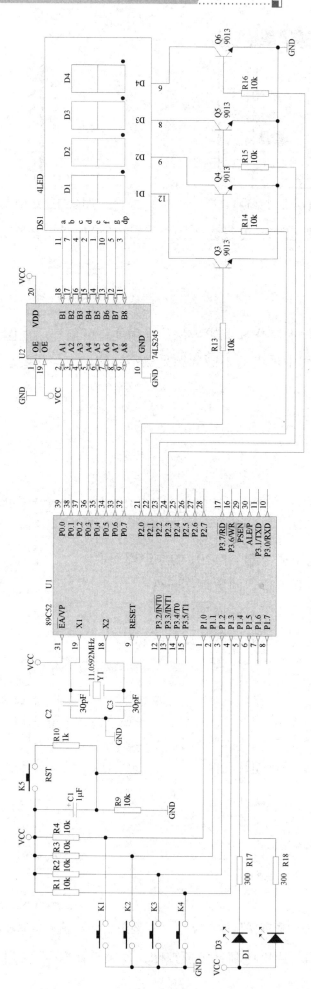

题图 3.5 某单片机控制系统原理图

第 4 章　绘制单片机显示原理图

4.1　总线、总线入口、网络标签的基本概念

单片机显示原理图如图 4.1 所示。分析该图可知，该电路主要由单片机 U1（80C31）、驱动芯片 U2（74LS245）及数码管组成。由于驱动芯片和数码管之间的连线比较复杂，达到 8 条之多，如果还是采用前面介绍的方法直接连线，则势必导致连线交叉太多、距离过长，既不便于绘制，又不便于原理图的识别和分析，因此必须采用添加网络标签的方法和总线方式进行绘制。

总线： 原理图中的连线数量较多、距离较长，并且具有功能相同或相近的一组导线。例如，在图 4.1 中，驱动芯片和数码管之间的连线数量很多，达到 16 条，距离也较长，如果一条一条直接连接，势必导致原理图中的导线纵横交错，绘制的原理图不美观且容易连错。而看图时，由于平行线较多，极易由一条导线看到另一条导线上，导致识图不便。它们都是驱动数码管笔段的导线，电气特性相同。此时，可以将该组导线组合为电缆形式（像网线一样），用一条粗线来表示一组导线，这就是总线。图 4.1 中 R1～R8 和 DLED1、DLED2 之间的粗线就是总线。

总线入口： 从总线中引出的分支端口。总线和电缆一样，在中间传输过程中是整条电缆架线，但到终端与具体的电气设备和控制元件引脚相连时，要分导线引出，分别相连。总线代表具有相同电气特性的一组导线，因此它不是单独的一条普通导线，必须从总线入口引出各条分导线，如图 4.2 所示。

网络标签： 导线的电气标注。具有相同网络标签的导线表示在电气上是连接在一起的相同导线，只是由于从总线入口引出，或者距离过长、减少交叉等原因，没有直接连接在一起。网络标签一般由字母（或字母加数字）组成，用于表示图纸中相同的导线，如图 4.1 和图 4.2 所示。

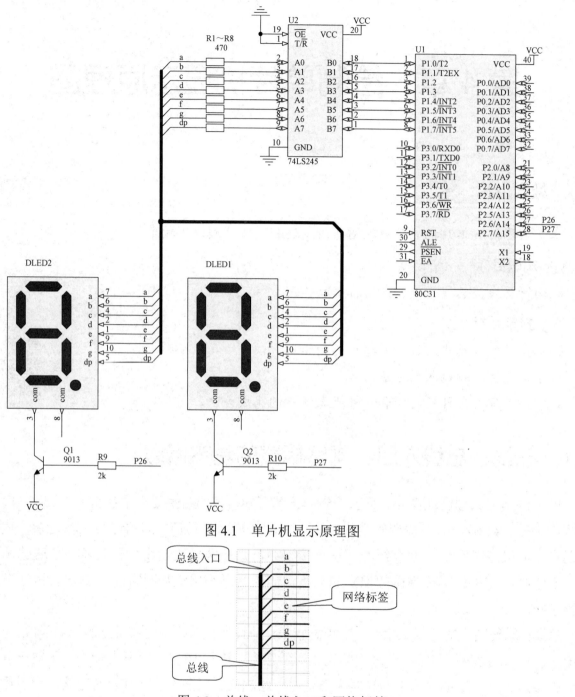

图 4.1　单片机显示原理图

图 4.2　总线、总线入口和网络标签

　　电路图是否采用总线方式进行绘制，主要看需要相连的多条导线是否具有相同或相近的功能。如果具有，那么电路图就可以采用总线方式进行绘制。如果连接的导线虽然距离较长，但彼此间功能不同，或者需连接的导线数量不多，则不宜采用总线方式绘制电路图，但可以采用添加网络标签的方法表示需连接的导线，参见图 4.1 中的 P26、P27。

4.2　查找、放置核心元件

4.2.1　新建原理图文件

　　（1）参考 3.3.2 节，执行菜单命令【文件】/【创建】/【项目】/【PCB 项目】，新建一个项目文件。

（2）右击该项目文件，在弹出的快捷菜单中选择【保存项目】命令，将新建的项目文件保存为"单片机数码管显示电路.PRJPCB"。

（3）执行菜单命令【文件】/【创建】/【原理图】，新建一个原理图文件。

（4）单击工具栏中的🖫按钮，弹出文件保存对话框，将新建的原理图文件保存为"单片机数码管显示电路.SCHDOC"。

4.2.2　查找并放置核心元件

（1）项目中的核心元件为 U1 和 U2，U1 的型号为 80C31，利用查找功能找到该元件。查找时，使用通配符（*），在【Name】文本框中输入"*80*31*"，可以在 Dallas Microcontroller 8-Bit.IntLib 中找到元件 DS80C310-MCG。

（2）U2 的型号为 74LS245，利用查找功能找到该元件。查找时，使用通配符（*），在【Name】文本框中输入"*74*245*"，可以在 FSC Interface Line Transceiver.IntLib 中找到元件 74AC245MTC。

> **小技巧**：利用元件的拖动功能，可以自动产生导线。

对于并列相连的多条导线，为了加快电路的绘制速度，可以利用元件的拖动功能自动产生导线，这是因为在拖动元件的过程中，相连的导线不会断裂。

放置 U2 时，将 U2 与 U1 要连的引脚连接起来，如图 4.3 所示。

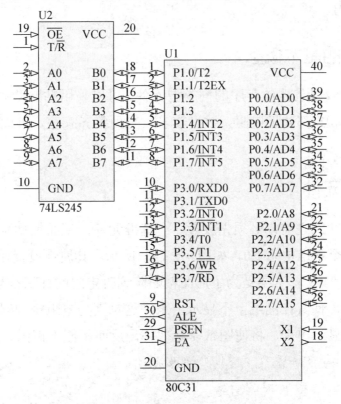

图 4.3　放置元件时，U2 与 U1 的引脚相连

执行菜单命令【编辑】/【移动】/【拖动】，出现十字光标，将十字光标对准要拖动的元

件 U2，单击，即可拖动元件 U2，并自动在原来连接的引脚间产生导线，如图 4.4 所示。

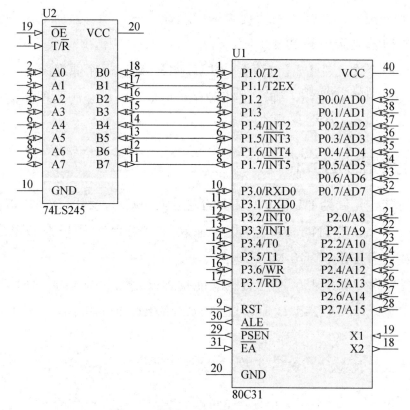

图 4.4　拖动元件，自动产生导线

4.3　粘贴队列

4.3.1　粘贴队列的基本概念

对于电路中数量较多且摆放有序的同类型元件，可以采用粘贴队列的方式快速放置。例如，本实例中的 R1～R8 都属于电阻，数量较多，排列整齐有序，可以利用粘贴队列功能来放置。

4.3.2　放置基准元件

在利用粘贴队列功能之前，必须先放置一个基准元件，后面粘贴队列时将以此为原型。先在原理图中放置一个基准电阻 R0，如图 4.5（a）所示，其属性设置如图 4.5（b）所示；再将电阻的标识符设为"R0"，主要是为了后面粘贴队列时电阻的标识符从 R1 开始；最后隐藏标识符、注释、参数，使其在图纸上不显示出来，这是因为电阻排列得非常紧密，如果标识符、注释、参数全部显示出来，将使图纸非常拥挤，反而不便于识图。

> **误区纠正：**电阻 R0 的标识符、参数只是没有显示而已，并非没有或可随便设置，不要将其设置为空，否则在制作 PCB 时将出错。

放置好电阻 R0 后，复制该电阻，以便后面粘贴队列时以此为原型。

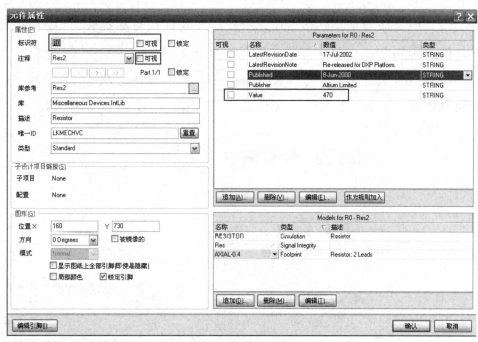

（a）基准电阻 R0　　　　　　　　　　　　（b）基准电阻 R0 的属性设置

图 4.5　放置基准电阻 R0

4.3.3　粘贴队列的操作方法

（1）设置粘贴队列的参数。放置好基准电阻后，执行菜单命令【编辑】/【粘贴队列】，弹出图 4.6 所示的"设定粘贴队列"对话框。其中，各参数的含义如下。

【项目数】：粘贴元件的个数，例如本例中为 8 个。

【主增量】：元件标识符增加的步距，例如本例中将其设为"1"，则粘贴的电阻标识符从 R1 逐步增加到 R8；如果将其设为"2"，则电阻的标识符为 R2、R4、R6、R8 逐步增加。

【次增量】：一般设置为"0"。

【水平】：水平方向排列步距，即被粘贴元件在水平方向上按此步距依次排列。本例要求电阻在水平方向上对齐，所以将该项设为"0"。

【垂直】：垂直方向排列步距，即被粘贴元件在垂直方向上按此步距依次排列。本例要求电阻在垂直方向上相隔 10 个单位，并且向下排列，所以将该项设为"-10"。

（2）单击放置。设置好粘贴队列的参数后，单击【确认】按钮，将光标对准目标放置位置，单击，即可在该位置垂直放置 8 个电阻，如图 4.7 所示。

图 4.6　"设定粘贴队列"对话框

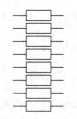

图 4.7　粘贴队列产生的 8 个电阻

（3）检查放置结果（检查电阻 R1～R8 的标识符和参数）。双击电阻，弹出元件属性对话框，检查电阻的标识符和参数是否符合要求。

（4）添加文字说明。电阻 R1～R8 的标识符和参数都隐藏了，为了方便工程人员读图，为电阻 R1～R8 添加文字说明。选择文字工具 **A**，按【Tab】键，弹出"注释"对话框，如图 4.8 所示。完成后的效果如图 4.9 所示。

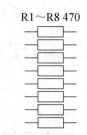

R1～R8 470

图 4.8　"注释"对话框　　　　　　　　　图 4.9　添加文字说明

> 提示：粘贴队列可以快速放置较多相同的元件，但对初学者而言，操作较麻烦。如果暂时不会使用这种方法，则可以采用原来的方法逐个放置。

4.4　绘制、放置、更新自制元件

4.4.1　绘制自制元件

参考前面介绍的方法，自制图纸中所示的数码管原理图元件。

> 提示：将原自制数码管原理图元件的库文件添加到本项目中。具体方法为：选中本项目的"单片机数码管显示电路.PRJPCB"，右击，弹出快捷菜单，选择【追加已有的文件到项目中】命令，在弹出的打开文件对话框中选中 3.3 节中已经建立的"自制原理图库.SchLib"。

4.4.2　放置自制元件

可采用两种方法将已经制作好的原理图元件放置到图纸上。

1．通过库编辑面板放置

如图 4.10 所示，单击【放置】按钮，编辑器自动转到原理图图纸。在光标处带出自制的数码管原理图元件，如图 4.11 所示，单击，即可将该原理图元件放置到图纸上。

2．通过元件库放置

将数码管原理图元件绘制好并保存后，在元件库中就有了自制的元件，像使用 DXP 2004 SP2 自带的元件库一样，双击数码管原理图元件可以将其从元件库中取出并放置到图纸中，如图 4.12 所示。

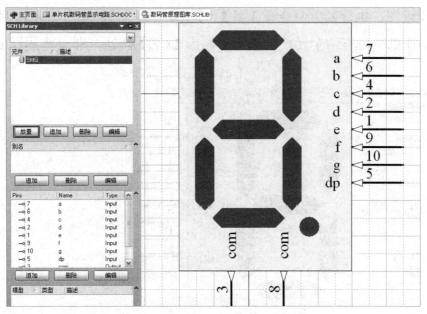

图 4.10　通过库编辑面板放置自制元件

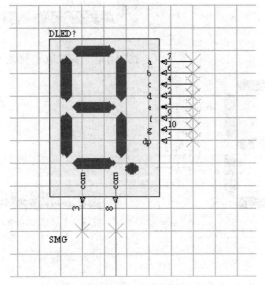

图 4.11　放置数码管原理图元件

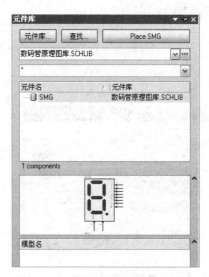

图 4.12　元件库中自制的元件

4.4.3　更新自制元件

若自制元件已经被放置到图纸中，但后来发现元件绘制错误，则在对原来绘制的元件进行修改后，必须更新原理图中已经放置的元件。下面以将数码管的小数点由实心改为空心为例，讲解具体操作步骤。

（1）打开自制的原理图库文件，如图 4.13 所示。

（2）对数码管进行修改。双击小数点中心，由于该处有两个对象，一个是数码管矩形框（Rectangle），一个是小数点椭圆（Ellipse），因此弹出多对象选择对话框，如图 4.14 所示。选择【Ellipse】选项，弹出"椭圆"对话框，如图 4.15 所示。为了将小数点由实心改为空心，取消对【画实心】复选框的勾选，同时将边缘宽属性设置为"Medium"，单击【确认】按钮，小数点变为空心的，如图 4.16 所示。

（3）保存修改结果。

（4）更新原理图。执行菜单命令【工具】/【更新原理图】，弹出图 4.17 所示的更新原理图提示框，提示图纸中将有两个元件被更新。单击【OK】按钮，即可将图纸中的数码管全部更新。

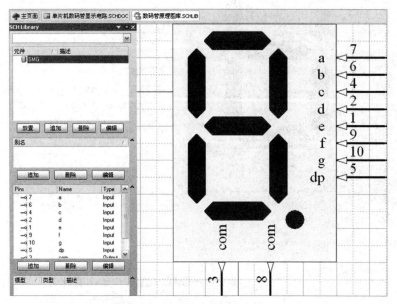

图 4.13　打开自制的原理图库文件

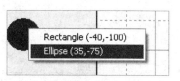

图 4.14　多对象选择对话框

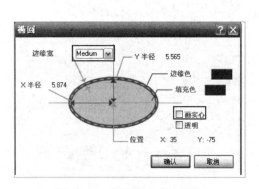

图 4.15　"椭圆"对话框

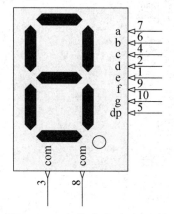

图 4.16　小数点变为空心的

图 4.17　更新原理图提示框

4.5　添加网络标签和绘制总线

4.5.1　添加网络标签

网络标签用来表示图纸中本该相连的导线，不同的导线拥有相同的网络标签表示这些导线在电气上是连接在一起的，如图 4.18 所示。下面以添加图 4.18 中的网络标签 P26、P27 为例，讲解具体的操作方法。网络标签由于表示导线连接在一起，因此具有电气特性，必须使用配线工具栏中的网络标签工具 来添加，同时注意必须将网络标签添加在其代表的导线上。

提示：细心的学生可能会发现图 4.18 所示的单片机 80C31 右边有红色细波浪线。该线表示该元件的属性设置有错误，例如没有元件标识符或其元件标识符与其他元件标识符重复。

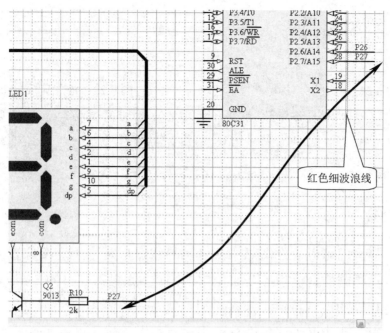

图 4.18　不同的导线拥有相同的网络标签表示这些导线在电气上是连接在一起的

1．绘制要添加网络标签的导线

由于一定要将网络标签添加在导线上，因此在添加前，必须先绘制一段导线，如图 4.19 所示。不要将网络标签直接添加在元件引脚或导线附近的空白区域，否则网络标签和导线之间不会建立电气联系。

2．设置网络标签

选择配线工具栏中的网络标签工具![Net]，按下【Tab】键，弹出"网络标签"对话框，如图 4.20 所示。先在【网络】文本框中输入"P26"，单击【变更...】按钮，改变文字的字体；再单击【确认】按钮，完成设置。

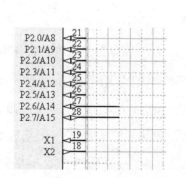

图 4.19　绘制要添加网络标签的导线

图 4.20　"网络标签"对话框

3．放置网络标签

光标变为十字形，并且带出网络标签 P26。将光标移动到要添加网络标签的导线上，导线上出现黑色小十字形电气节点，如图 4.21 所示，单击，即可放置该网络标签。

添加完网络标签 P26 后，标识符自动更新为 P27，可以继续放置网络标签。

4．添加另一端导线的网络标签

采用相同的方法，添加另一端导线的网络标签，完成后的效果如图 4.22 所示。

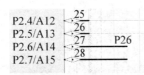
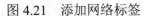

图 4.21　添加网络标签

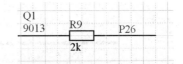

图 4.22　添加完成的 P26 网络标签

误区纠正： 有很多初学者经常误用文字工具**A**来添加网络标签，导致原理图从表面看和原图一致，但由于文字工具属于实用工具，不具有电气特性，因此导线没有连接在一起，导致后面的 PCB 制作错误。

4.5.2　绘制总线

单纯的网络标签虽然可以表示图纸中相连的导线，但是由于连接位置的随意性，给工程人员分析图纸和查找相同的网络标签带来一定的困难。如果需连接的一组导线虽然距离较长、数量较多，但具有相同的电气特性，那么采用总线方式绘制电路图可以使识图更加方便、直观，因为此时同一组导线的网络标签全部位于该总线上，缩小了查看的范围。

总线以总线入口来引出各条分导线，以网络标签来标识和区分各条分导线，具有相同网络标签的分导线采用同一条导线，如图 4.23 所示。因此，总线、总线入口和网络标签密不可分，下面介绍总线的绘制方法。

（1）绘制分导线。因为要添加网络标签来标识各条分导线，所以在添加各网络标签前，最好先绘制各条分导线，如图 4.24 所示。

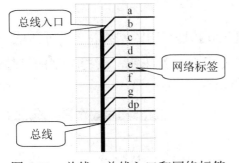

图 4.23　总线、总线入口和网络标签

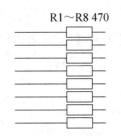

图 4.24　绘制各条分导线

（2）放置总线入口。总线中各条分导线的引出必须使用专用的绘制总线入口工具，不能将分导线直接连接在总线上。选择配线工具栏中的绘制总线入口工具 ，将弹出十字光标，并带出总线入口，如图 4.25 所示。将光标靠近分导线，同时可以通过按空格键调节总线入口的方向。当总线入口和分导线的端点接触，并出现十字形电气节点时，表示连接正常，单击，即可放置一个总线入口。

放置完一个总线入口后，可以继续放置。放置好全部总线入口后，右击，结束放置状态。

（3）添加网络标签。选择配线工具栏中的网络标签工具 ，为各条分导线添加网络标签，如图 4.26 所示。

（4）绘制总线。在完成以上步骤后，就可绘制总线了。选择配线工具栏中的绘制总线工具 ，出现十字光标。当它靠近总线入口时，出现电气节点，表示接触良好。单击，即可绘制总线。总线的绘制方法和导线基本相同，如图 4.27 所示。

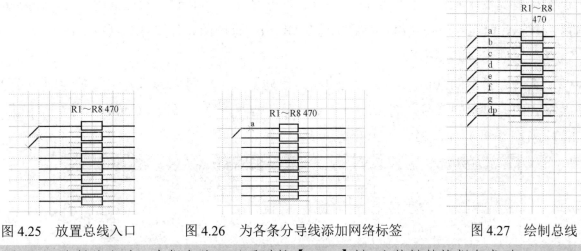

图 4.25　放置总线入口　　　图 4.26　为各条分导线添加网络标签　　　图 4.27　绘制总线

提示：绘制总线时，在拐角处可以通过按【Shift】键+空格键转换拐角类型。

（5）采用相同的方法，将总线的其余部分绘制完成。

4.6　生成元件报表清单

对比较复杂的设计项目而言，元件数量较多、种类繁杂，即使是同类型的元件，封装可能也不相同。如果靠人工统计，则很难将项目中用到的所有元件都统计正确。为了更好地安装、购买元件，可以利用 DXP 2004 SP2 提供的报表功能生成元件报表清单。下面以本章原理图的元件报表清单为例，讲解元件报表清单的生成方法。

（1）打开元件列表对话框。打开原理图文件，执行菜单命令【报告】/【Bill of Materials】，弹出图 4.28 所示的元件列表对话框。

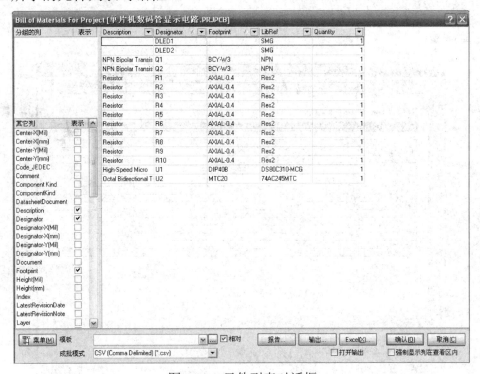

图 4.28　元件列表对话框

在默认情况下，元件列表将项目中所有元件的【Discription】（元件描述）、【Designator】（元件标识符）、【Footprint】（封装名称）、【LibRef】（原理图元件名称）、【Quantity】（元件数量）这几个属性都按顺序列出。

（2）更改要显示的列信息。在左边的【其他列】选区，可以通过勾选每项后面的复选框来更改报表中要显示的项目。例如，为了便于元件购买，可以添加【Comment】（元件型号）、【Value】（元件参数）项，如图 4.29 所示。

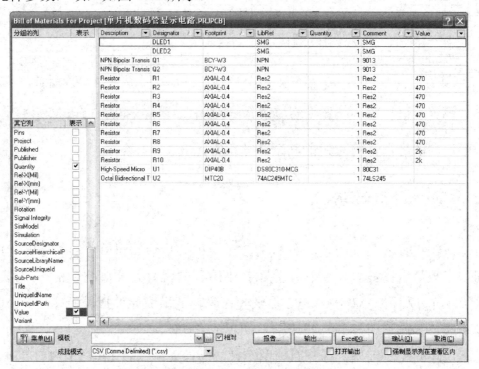

图 4.29　添加【Comment】和【Value】项

（3）生成元件报表清单。单击元件列表对话框中的【报告...】按钮，可以生成图 4.30 所示的元件报表清单。

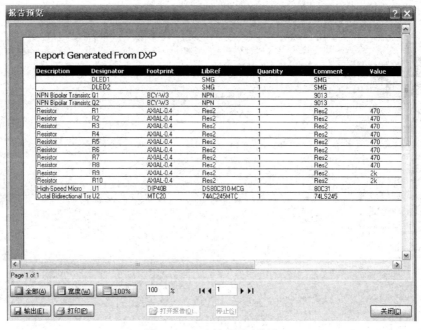

图 4.30　元件报表清单

在图 4.30 所示的对话框中单击【打印】按钮，就可以打印出元件报表清单了。单击【输出】按钮，将弹出导出元件报表清单对话框，如图 4.31 所示。可以在【保存类型】下拉列表中选定保存文件的类型，常用的有*.xls 和*.pdf 等。

图 4.31　导出元件报表清单对话框

4.7　打印原理图文件

1．打印预览

在原理图文件设计完成后，DXP 2004 SP2 可以方便地将原理图打印出来。执行菜单命令【文件】/【打印预览】，将弹出原理图打印预览对话框，如图 4.32 所示，可以预览和设置原理图的打印效果。

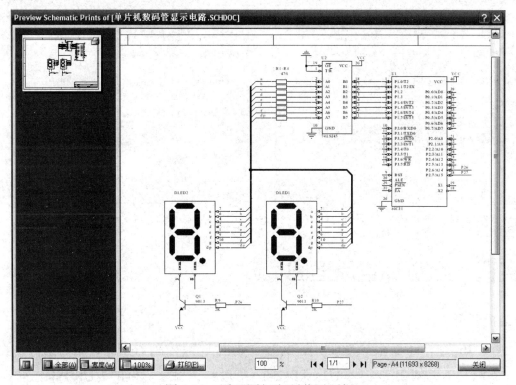

图 4.32　原理图打印预览对话框

提示： 在原理图打印预览对话框中，单击圖按钮，可以将左边的小图框隐藏，这样更方便图纸的预览。

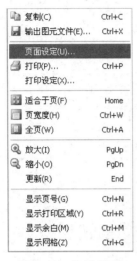

图 4.33　快捷菜单

2．设置纸张

右击图纸中心，将弹出图 4.33 所示的快捷菜单，其主要菜单命令的含义如下。

【复制】：复制图纸。

【输出图元文件】：以图片形式导出原理图。

【页面设定】：选择该命令，将弹出图 4.34 所示的纸张设置对话框。在该对话框中，可以在【尺寸】下拉列表中选择纸张的大小，在其下方选择图纸的方向，最好将刻度模式设置为默认的"Fit Document On Page"，这样将自动调整原理图比例，使其匹配纸张的大小。否则，用户需在原理图下方设置比例大小。还可在【彩色组】选区中选择原理图的输出模式。

【打印】：打印原理图。

【打印设定】：设置打印机。

3．设置打印机和打印

选择图 4.33 所示快捷菜单中的【打印】命令，弹出图 4.35 所示的打印设置对话框。可以进一步设置打印参数，设置好后，单击【确认】按钮，开始打印。

图 4.34　纸张设置对话框

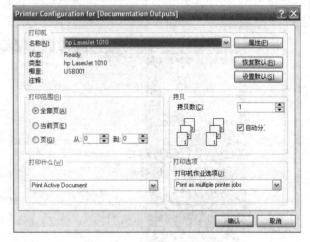

图 4.35　设置打印参数

上机实训：绘制 U 盘原理图

1．上机任务

绘制图 4.36 所示的 U 盘原理图。该电路主要由 U 盘控制器 U2（IC1114）和存储器 U3（K9F0BDUDB）组成，电压变换器 U1（AT1201）可以将计算机提供的 VUSB 电压转换为 VCC 电压。

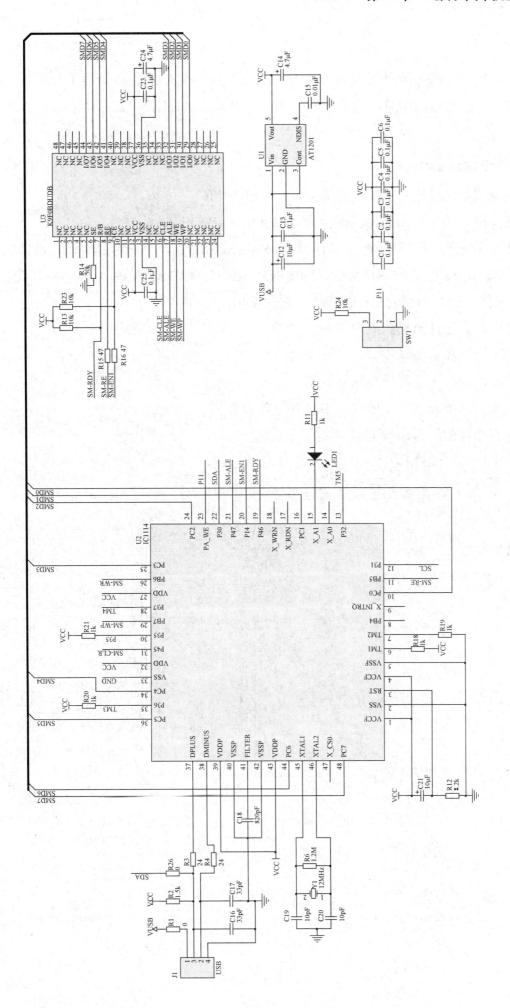

图 4.36　U 盘原理图

2．任务分析

原理图中的几个核心元件（电压变换器 U1、U 盘控制器 U2、存储器 U3 和写保护开关 SW1）都必须自己创建。同时，为了连线简单、清晰，U 盘控制器 U2 和存储器 U3 之间采用总线连接。

3．操作步骤和提示

（1）新建项目文件，并将其保存为"UPAN.PRJPCB"。

（2）新建原理图文件，并将其保存为"UPAN.SCHDOC"。

（3）新建原理图库文件，将其保存为"UPAN.SCHLIB"，并分别绘制 U 盘控制器 U2（IC1114，见图 4.37）的原理图符号、存储器 U3（K9F0BDUDB，见图 4.38）、电压变换器 U1（AT1201，见图 4.39）、写保护开关 SW1（见图 4.40）。

（4）将自制的元件放置到原理图中。

（5）绘制总线和其他导线。

（6）添加电源、接地符号及网络标签。

（7）生成元件报表清单，要求其中包含元件参数。

（8）练习原理图的打印预览。

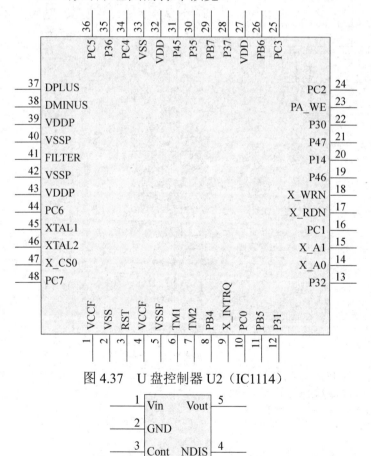

图 4.37 U 盘控制器 U2（IC1114）

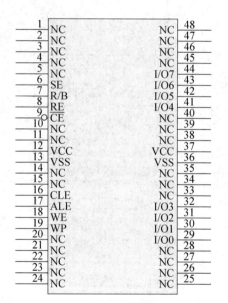

图 4.38 存储器 U3（K9F0BDUDB）

图 4.39 电压变换器 U1（AT1201）　　　　图 4.40 写保护开关 SW1

本章小结

本章以绘制单片机显示原理图为例，重点讲解了网络标签、总线的作用及绘制方法，同时介绍了元件报表清单的生成和原理图的打印等知识点和技能。

习题 4

4.1 为什么在原理图绘制过程中要使用网络标签和总线？在什么情况下适合采用总线连接？

4.2 绘制题图 4.1 所示的液晶显示屏原理图。绘制完成后，生成元件报表清单，打印预览原理图。

4.3 将题图 3.5 所示的某单片机控制系统原理图中 U2（74LS245）的 A1～A8、B1～B8 引脚的连线改为总线形式，绘制完成后，生成元件报表清单，打印预览原理图。

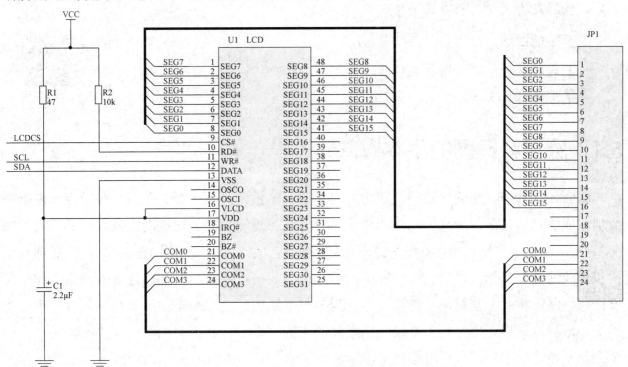

题图 4.1 液晶显示屏原理图

第 5 章　绘制单片机多路数据采集系统原理图

本章主要以绘制单片机多路数据采集系统原理图为例，介绍层次原理图的绘制方法，以达到以下教学目标。

◎ 知识目标

- 理解层次原理图的基本概念。

技能目标

- 掌握图纸符号的绘制和端口的设置方法。
- 掌握层次原理图的绘制方法。

教学微课

5.1　层次原理图的基本概念

前面各项目中绘制的原理图都是相对简单的电路系统，并且都是在同一张原理图图纸中绘制完成的。而复杂、庞大的电路系统，如大屏幕、高清数字电视机的电路系统等，其原理图和 PCB 都是十分复杂的，不便于或不可能将其在一张图纸中绘制完成。同时，为了适应公司和企业的需要，加快设计、绘制速度，缩短产品的研发周期，往往由几个人分工合作进行设计和绘制，将一个复杂的电路系统划分为多个子系统，而一个子系统又可能被划分为多个模块。这样，只要先定义好各个模块图纸间的连接关系，再将模块图纸分配给不同的部门或个人分开设计、绘制，最后组合起来，即可完成整个复杂系统的设计和制作。

而层次原理图正是为适应模块化设计的需要而生成的产物。它将一个完整、复杂的设计项目分割为几张相对独立但又彼此连接的图纸，分开同时设计这几张图纸，可以大大加快原理图的设计、绘制速度。

图 5.1 所示为层次原理图的层次结构。层次原理图主要由主原理图和各子原理图组成，主原理图主要规定各子原理图之间的连接关系，而子原理图则集中体现各模块内部具体的电路结构。

1. 图纸符号

在主原理图中，为了表示各子原理图之间的连接关系，需要有代表各子原理图的符号图形，即图纸符号，如图 5.2 所示。图 5.2 中的图纸符号代表子原理图 "display.SchDoc"。

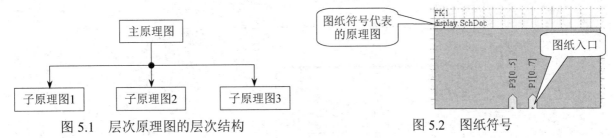

图 5.1　层次原理图的层次结构　　　　　　图 5.2　图纸符号

2. 图纸入口

为了表示各子原理图之间的电气连接关系，各图纸符号之间需要有相互连接的电气端口，即图纸入口，如图 5.2 所示。通过图纸入口，可以清晰地表达和实现各子原理图之间的电气连接关系。

3. 图纸符号之间的连接

各子原理图必须根据系统的要求相互连接，才能构成实用的电路系统。为了实现子原理图之间的电气连接，用户只需将图纸入口通过导线或总线连接起来即可。图 5.3 所示为单片机多路数据采集系统主原理图。

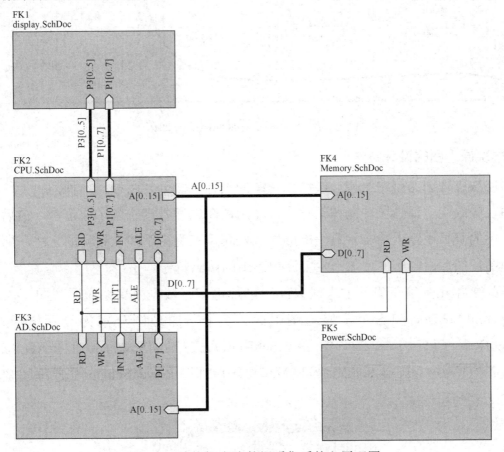

图 5.3　单片机多路数据采集系统主原理图

4. 图纸符号与子原理图的对应关系

每个图纸符号都代表一个子原理图，例如图 5.4 中的图纸符号 FK1 代表子原理图 "display.SchDoc"，图纸入口和子原理图中的端口是一一对应的。

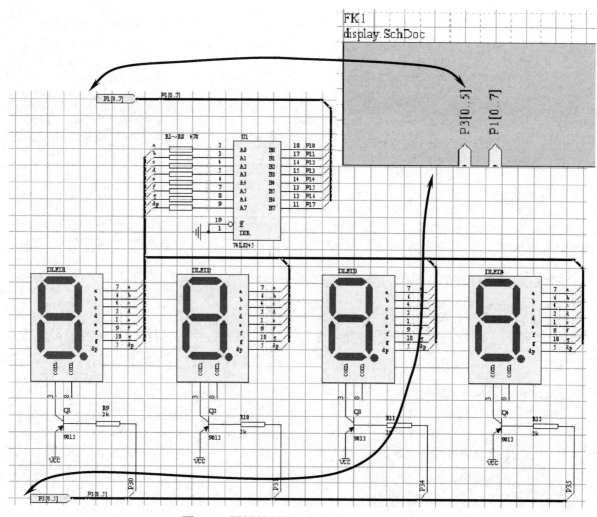

图 5.4　图纸符号与子原理图的对应关系

5. 层次原理图的设计方法

根据层次原理图的层次结构，层次原理图的设计方法分为两种：一种为由上往下设计的方法，即首先绘制主原理图中的图纸符号，然后由图纸符号产生各子原理图，最后分别绘制各子原理图的具体电路；另一种方法的顺序刚好相反，为由下往上设计的方法，即先设计好各子原理图，然后由各子原理图产生主原理图中的图纸符号。

本章先采用由上往下设计的方法来绘制单片机多路数据采集系统原理图。该系统由主原理图 parent.SchDoc 和 5 个子原理图组成，5 个子原理图分别为显示模块子原理图 display.SchDoc、CPU 模块子原理图 CPU.SchDoc、A/D 转换模块子原理图 AD.SchDoc、存储器模块子原理图 Memory.SchDoc 及电源模块子原理图 Power.SchDoc。原理图之间的层次结构如图 5.5 所示。

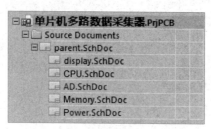

图 5.5　原理图之间的层次结构

5.2　绘制主原理图

本节采用由上往下设计的方法来绘制主原理图。下面介绍具体的绘制过程。

5.2.1　创建项目文件和主原理图文件

根据前面介绍的方法，先建立项目文件"单片机多路数据采集器.PrjPCB"，再新建原理图文件，将其保存为"parent.SchDoc"并作为主原理图。建立项目文件和主原理图，如图 5.6 所示。

图 5.6　建立项目文件和主原理图

采用由上往下设计的方法来绘制层次原理图，虽然各子原理图可以由图纸符号产生，但主原理图必须由用户新建。

5.2.2　绘制图纸符号

新建主原理图后，就可以在主原理图中绘制代表各子原理图模块的图纸符号了。下面以绘制显示模块的图纸符号为例，讲解具体的绘制方法。

（1）设置图纸符号属性。选择配线工具栏中的绘制图纸符号工具 ▦，光标变为十字形，并带出一个图纸符号的虚影轮廓，如图 5.7 所示。按【Tab】键，弹出图 5.8 所示的"图纸符号"对话框。

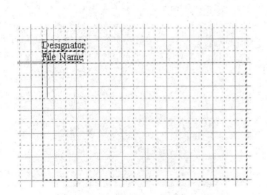

图 5.7　图纸符号的虚影轮廓

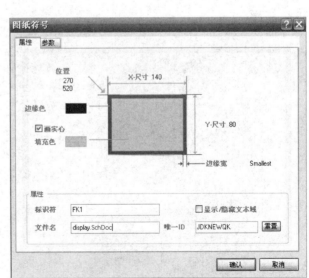

图 5.8　"图纸符号"对话框

"图纸符号"对话框中的主要属性如下。

【标识符】：图纸符号序号，和元件编号的作用相同，不再赘述。

81

【文件名】：图纸符号代表的子原理图的文件名称。

因为此处绘制的是显示模块的图纸符号，而且是第一个图纸符号，所以在【标识符】文本框中输入"FK1"，表示第一个图纸符号；在【文件名】文本框中输入"display.SchDoc"，表示显示模块。

（2）绘制图纸符号。在"图纸符号"对话框中单击【确认】按钮，完成设置，将光标移动到合适的位置，单击，将所得的点作为图纸符号的左上角端点，如图5.9（a）所示。移动光标，可带出图纸符号。当图纸符号大小合适时，再次单击，完成图纸符号FK1的绘制，如图5.9（b）所示。

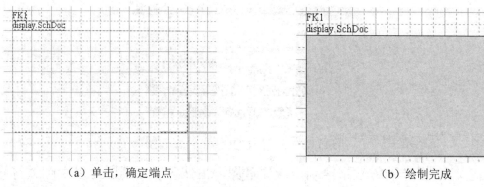

（a）单击，确定端点   （b）绘制完成

图5.9　绘制图纸符号

（3）绘制其他模块的图纸符号。采取相同的方法，绘制其他模块的图纸符号。图纸符号绘制完成后的效果如图5.10所示。

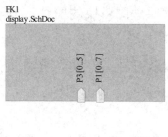

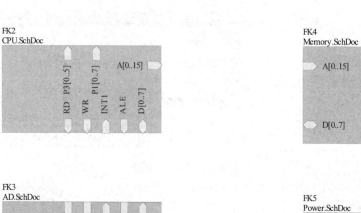

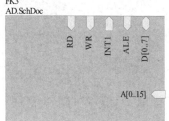

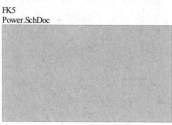

图5.10　图纸符号绘制完成后的效果

5.2.3　放置图纸入口

图纸符号绘制完成后，为了建立图纸符号之间的电气连接关系，必须为图纸符号添加图纸入口。下面以放置显示模块图纸符号中的端口"P1[0..7]"为例，讲解具体的放置方法。

（1）确定图纸入口要放置在哪个图纸符号上。单击配线工具栏中的放置图纸入口工具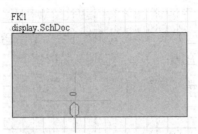，出现十字光标，将光标移到要放置端口的图纸符号 FK1 中的合适位置，单击，在光标下出现图纸入口的虚影轮廓，如图 5.11 所示。

图 5.11　确定将图纸入口放置在图纸符号 FK1 中的位置

（2）设置图纸入口属性。按【Tab】键，弹出图 5.12 所示的"图纸入口"对话框。

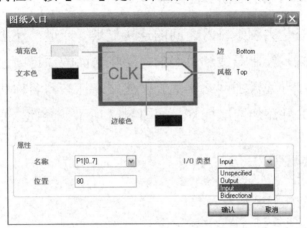

图 5.12　"图纸入口"对话框

"图纸入口"对话框中的主要属性如下。

【名称】：图纸入口的名称，一般由字母和数字组成。但需注意两点，如果端口接的是总线，则端口名称后接方括号和数字表示端口组，例如端口组 P1[0..7]表示端口 P10～P17；关于单片机的总线和引脚连接，其端口名称中不允许出现"."等，例如引脚 P3.1 只能命名为"P31"。

【I/O 类型】：端口信号的输入/输出类型，用于指定端口中信号的流向，有以下几个选项。

① 【Unspecified】：不确定。

② 【Output】：输出。

③ 【Input】：输入。

④ 【Bidirectional】：双向。

【风格】：图纸入口的箭头方向，一般用于指明端口中信号的流向，是端口信号输入/输出类型的外在表现形式，有如下几种类型。

① 【None(Horizontal)】：水平方向没有箭头。

② 【Left】：箭头向左。

③ 【Right】：箭头向右。

④ 【Left_ Right】：左右双向。

⑤ 【None(Vertical)】：垂直方向没有箭头。

⑥ 【Top】：箭头向上。

⑦ 【Bottom】：箭头向下。

⑧ 【Top_ Bottom】：上下双向。

根据实际需要，本例的 FK1 中要添加的端口连线为总线，并且连接的为单片机的 P1 端口，所以将名称设置为端口组 "P1[0..7]"，表示该端口组包含 P10～P17 这 8 个端口。而该端口组将信号送至图纸符号中控制数码管的各段，所以将 I/O 类型设置为 "Input"，而将风格设置为 "Top"，如图 5.12 所示。

采用相同的方法，放置其他图纸入口。图纸入口放置完成后的效果如图 5.10 所示。

5.2.4 连接图纸入口，添加网络标签

放置了图纸入口，只是为图纸符号之间的连接提供了通道，还必须根据电路原理用导线或总线将各端口连接起来。绘制导线和总线的方法在前面的项目中已有介绍，请参考前面的项目。同时，要为各连接导线添加网络标签。一般网络标签的名称和图纸入口的名称一致。绘制连接导线（或总线）并添加网络标签，如图 5.13 所示。至此，主原理图绘制完成。

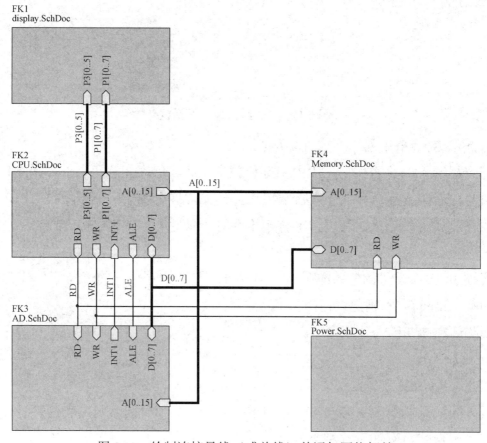

图 5.13 绘制连接导线（或总线）并添加网络标签

5.3　产生并绘制显示模块子原理图

完成主原理图的绘制后，就可以由各图纸符号产生各子原理图了。下面以产生显示模块子原理图 display.SchDoc 为例，介绍由图纸符号产生子原理图的方法。

（1）如图 5.14 所示，执行菜单命令【设计】/【根据符号创建图纸】，由图纸符号产生子原理图，出现十字光标后，将十字光标对准图纸符号 FK1，单击。

（2）弹出图 5.15 所示的是否反转端口的输入/输出方向对话框，单击【No】按钮，不反转端口的输入/输出方向。

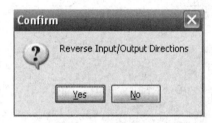

图 5.14　由图纸符号产生子原理图的快捷菜单　　　图 5.15　是否反转端口的输入/输出方向对话框

（3）产生新的子原理图 display.SchDoc，同时自动产生了与图纸入口属性一致的原理图端口，如图 5.16 所示。单击【保存】按钮，将该文件保存。

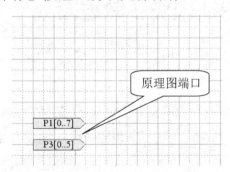

图 5.16　产生的子原理图和原理图端口

（4）绘制显示模块子原理图 display.SchDoc，如图 5.17 所示。

在绘制显示模块子原理图的过程中，应注意以下几点。

（1）将图纸入口组 P1[0..7]和 P3[0..5]用总线引出，并与其他元件引脚连接，分别为总线添加网络标签 P1[0..7]和 P3[0..5]，为各总线分支也添加相应的网络标签。

（2）数码管 DLED1～DLED4 可以自制，或者采用前面项目中自制的原理图元件。将自制原理图库.SchLib 添加到库文件面板中，或者采用常用元件库 Miscellaneous Devices.IntLib 中的 Dpy Blue-CA 或 Dpy Green-CA。

采用相同的方法，产生并绘制其他子原理图。

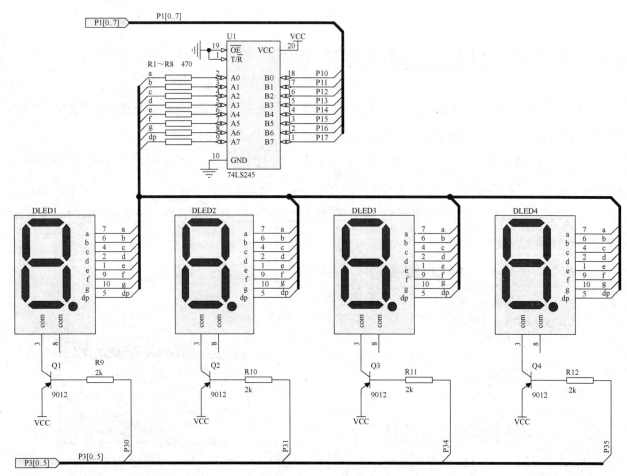

图 5.17　显示模块子原理图 display.SchDoc

5.4　产生并绘制 CPU 模块子原理图

产生并绘制 CPU 模块子原理图 CPU.SchDoc，如图 5.18 所示。在绘制过程中应注意以下几点：

（1）元件 U2 为 CPU，其型号为 89C51。它属于 8051 系列的单片机，原理图符号和 80C31 一致。可以在原理图库中查找到 80C31 的原理图符号，并将其放置在图纸中。

（2）元件 Y1 为晶体振荡器，位于 Miscellaneous Devices.IntLib 中，其原理图元件名为 "XTAL"。

（3）元件 S1 为按键开关，也位于 Miscellaneous Devices.IntLib 中，其原理图元件名为 "SW-PB"。

（4）在连线过程中，应注意图中端口较多，图纸入口组 P1[0..7]送往显示模块，用于数码管的段显示控制；端口组 P3[0..5] 送往显示模块子原理图 display.SchDoc，用于数码管的位显示控制。图纸入口组 A[0..15]为地址总线；图纸入口组 D[0..7]为数据总线；图纸入口 INT1 为中断信号输入端口；RD、WR 作为读、写控制线，分别连接至 A/D 转换模块、存储器模块，具体对接至 A/D 转换模块子原理图 AD.SchDoc、存储器模块子原理图 Memory.SchDoc；ALE 图纸入口为 A/D 转换器提供时钟信号。

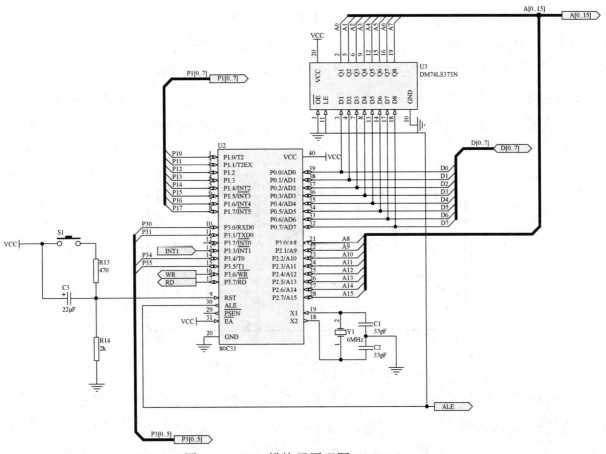

图 5.18　CPU 模块子原理图 CPU.SchDoc

5.5　产生并绘制 A/D 转换模块子原理图

产生并绘制 A/D 转换模块子原理图 AD.SchDoc，如图 5.19 所示。

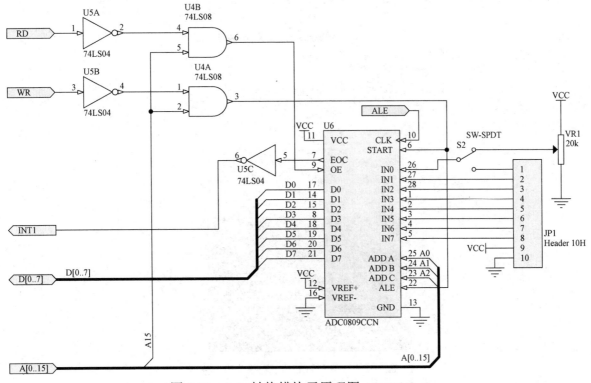

图 5.19　A/D 转换模块子原理图 AD.SchDoc

在绘制过程中，应注意：U5 为反相器 74LS04，U4 为二输入与门 74LS08，它们都是数字集成电路，可以利用查找元件的方法找到，但数字电路的原理图元件及其放置方法比较特殊。图 5.20 所示为 74LS04 的内部结构和引脚排列图，可以看到 74LS04 由 6 个结构完全相同的反相单元组成，第 7 引脚为接地引脚，第 14 引脚为电源 VCC 引脚。为了使原理图更加清晰地体现电路的信号流向和处理过程，原理图中的数字集成电路并没有采用图 5.19 所示的绘制方法。

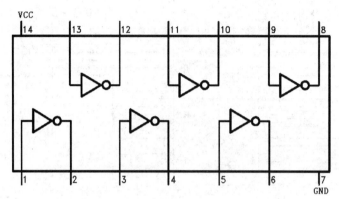

图 5.20　74LS04 的内部结构和引脚排列图

在 Protel 系列电子 CAD 软件中，数字电路采用分部分的方法绘制，如图 5.21 所示。在库文件面板中，74LS04 元件的下部包含 Part A～Part F，对应图 5.20 所示的 6 个单元部分，其中 Part A 对应第 1、2 引脚之间的第 1 个单元，以此类推，Part F 对应第 12、13 引脚之间的第 6 个单元。

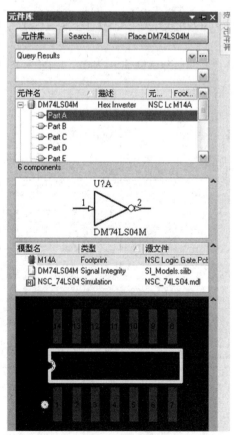

图 5.21　库文件面板中的 74LS04

放置元件 U5 时，选取图 5.21 中的 Part A，按下【Tab】键，弹出图 5.22 所示的"元件属性"对话框，在【标识符】文本框中输入"U5"，注意不要输入"U5A"。

图 5.22　"元件属性"对话框

在图 5.22 所示的 U5 属性对话框中，标签"Part 1/6"表示使用 74LS04 的哪个单元，可以使用其左边的 4 个按钮 ≪ < > ≫ 来确定使用哪个单元。如图 5.22 所示，选择第 1 个单元。此时单击【确认】按钮，将元件放置到图纸中，可以看到元件编号自动变为"U5A"，如图 5.23 所示。

U5A
74LS04
1 ▷○ 2

图 5.23　放置 74LS04 的第 1 个单元

采用同样的方法，选择图 5.21 中的 Part B，按下【Tab】键，在弹出的"元件属性"对话框的【标识符】文本框中，仍输入"U5"，注意不要输入"U5B"，利用 4 个按钮 ≪ < > ≫，确定使用第 2 个单元，使标签显示"Part 2/6"，放置之后的效果如图 5.24 所示。

可能有学生会感到困惑，74LS04 原理图中怎么没有电源引脚和接地引脚呢？这是因为在数字集成电路中默认右下角引脚接地，左上角引脚接电源，这两个引脚不必在原理图中明确表示出来。实际上，在原理图元件中是有电源引脚和接地引脚的，只是这两个引脚被隐藏起来了，只要在图 5.22 所示的对话框中勾选【显示图纸上全部引脚（即使是隐藏）】复选框，就可看到电源引脚和接地引脚，以及引脚的名称，如图 5.25 所示。

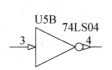

U5B
74LS04
3 ▷○ 4

U5A
74LS04
1 ▷○ 2
A Y
GND 7
14 VCC

图 5.24　放置 74LS04 的第 2 个单元　　　图 5.25　74LS04 中隐藏的电源引脚和接地引脚

A/D 转换器 ADC0809 可以用查找的方法找到,不同公司提供的原理图元件引脚的排列方式可能不同,无须强求和图 5.19 中完全相同。图 5.26 所示为原 Protel 99 SE 库中的 ADC0809 原理图元件,只要按照引脚的连接关系正确连线,就不会对后面的 PCB 制作产生影响。

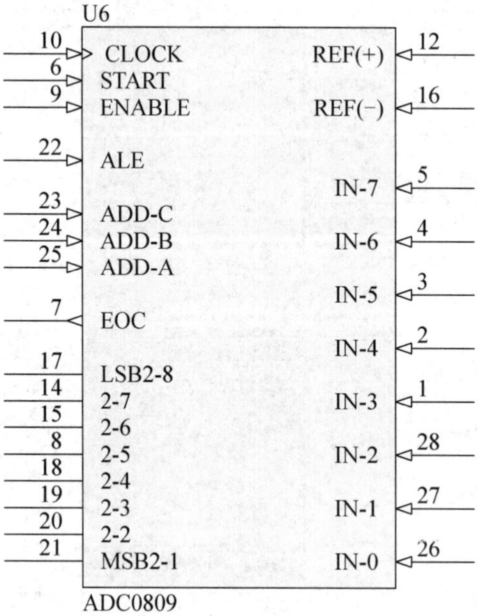

图 5.26　原 Protel 99 SE 库中的 ADC0809 原理图元件

5.6　产生并绘制存储器模块子原理图

存储器模块子原理图 Memory.SchDoc 如图 5.27 所示。

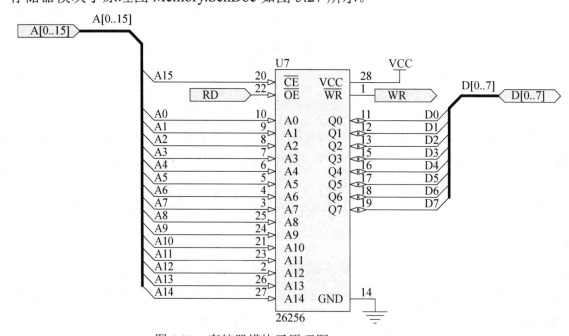

图 5.27　存储器模块子原理图 Memory.SchDoc

在绘制过程中需注意,虽然在原理图库中找不到 RAM U7（26256）,但是可以在其中找到 ROM M27256-25F1,它们之间唯一的不同在于第 1 引脚的名称,可以采取前面所讲的在原理图中直接修改引脚的方法进行修改。

5.7　产生并绘制电源模块子原理图

电源模块子原理图 Power.SchDoc 如图 5.28 所示。该电路较简单。

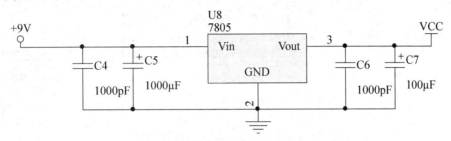

图 5.28　电源模块子原理图 Power.SchDoc

技能补充：可通过工具栏中的改变层次设计按钮■实现主原理图与子原理图之间的切换，具体方法如下。

（1）从主原理图的图纸符号转换到子原理图。单击■按钮，光标变为十字形，在主原理图中单击子原理图对应的图纸符号，即可打开图纸符号对应的子原理图。

（2）从子原理图转换到主原理图对应的图纸符号。单击■按钮，光标变为十字形，单击子原理图中某一个原理图电路端口，编辑器将自动切换到主原理图，并且光标停留在子原理图电路端口对应的图纸入口处。

完成转换后，右击，退出切换命令状态。

提示：在子原理图与主原理图相互转换的过程中，可能图纸处于蒙版状态，此时可以单击图纸空白处或屏幕右下角的【清除】按钮，使图纸恢复到正常状态。

上机实训：绘制数码抢答器层次原理图

1．上机任务

利用由上往下绘制层次原理图的方法，绘制数码抢答器层次原理图。

2．任务分析

数码抢答器层次原理图主要由编码、锁存、显示、响铃 4 个模块组成。编码模块主要将抢答开关 K1～K8 编码为 D3～D1，以及形成锁存脉冲 LOCK。锁存模块主要将 D3～D1 锁存下来并送往显示模块和响铃模块，因此编码模块和锁存模块之间主要有 4 个连接端口，用来连接编码信号 D3～D1 和锁存信号 LOCK。由于锁存模块和显示模块是用总线连接的，所以二者只有一个复合连接端口 A[1..3]。锁存模块和响铃模块通过响铃触发信号 XL 来连接。数码抢答器层次原理图如图 5.29 所示。

3．操作步骤和提示

（1）新建项目文件，并将其保存为"抢答器层次电路.PrjPCB"。

（2）新建原理图文件，并将其保存为"抢答器主原理图.SchDoc"。

（3）绘制图纸符号并连线，如图 5.29 所示。

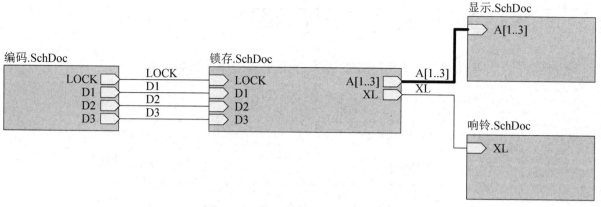

图 5.29　数码抢答器层次原理图

（4）产生并绘制编码模块原理图——编码.SchDoc，如图 5.30 所示。其中，PR1 为电阻排。要求自制原理图元件。

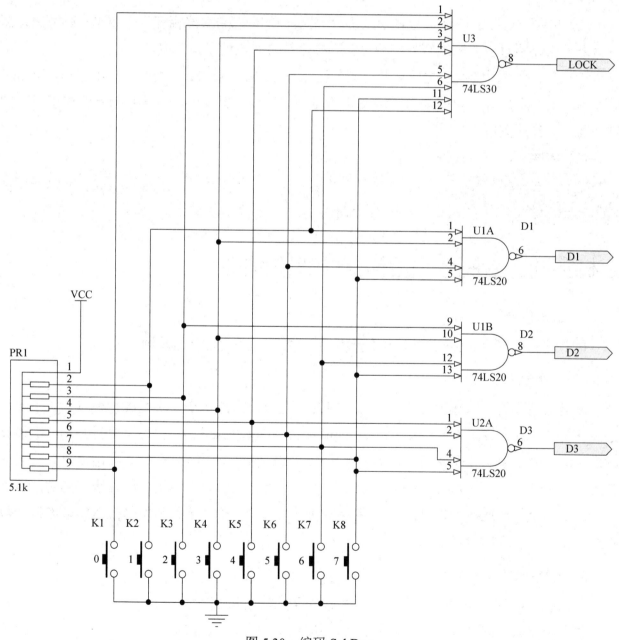

图 5.30　编码.SchDoc

（5）产生并绘制锁存模块原理图——锁存.SchDoc，如图 5.31 所示。

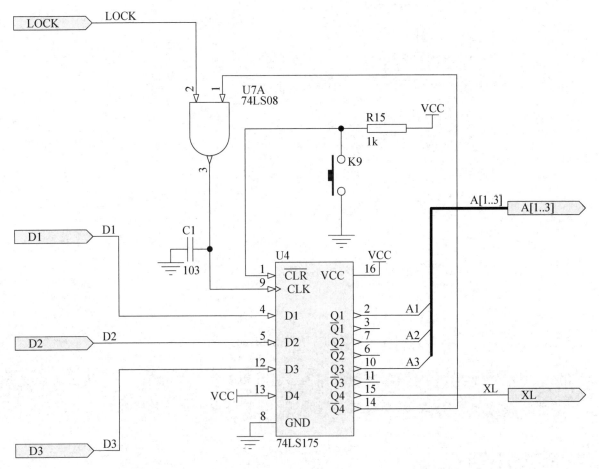

图 5.31 锁存.SchDoc

（6）产生并绘制显示模块原理图——显示.SchDoc，如图 5.32 所示。

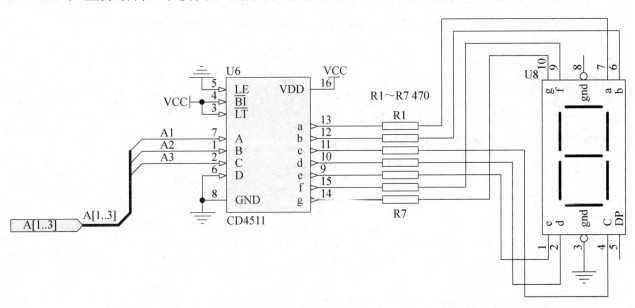

图 5.32 显示.SchDoc

（7）产生并绘制响铃模块原理图——响铃.SchDoc，如图 5.33 所示。

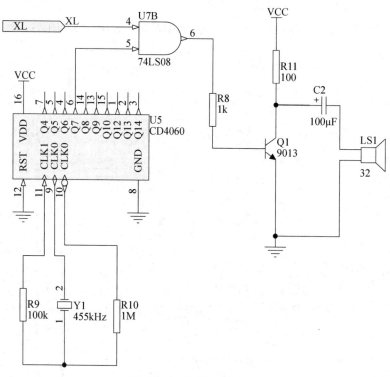

图 5.33 响铃.SchDoc

> **注意：** 图中的数字集成电路原理图元件不必强求和原图一模一样，因为不同的厂家提供的原理图元件可能存在差别，只要按照引脚的电气连接关系正确连接即可。

 **本章小结**

本章主要以绘制单片机多路数据采集系统原理图为例，重点介绍了层次原理图的基本概念和由上往下设计层次原理图的方法，还介绍了层次原理图之间的转换方法。

 习题 5

根据第 4 章的 U 盘原理图绘制层次原理图。

第6章 PCB 和元件封装概述

本章主要讲解 PCB 和元件封装的基本概念、创建和编辑方法，以达到以下教学目标。

知识目标

- 了解 PCB 的结构和种类。
- 理解 DXP 2004 SP2 PCB 编辑器中层面的概念。
- 理解元件封装的含义。
- 了解 PCB 的设计流程。

技能目标

- 掌握 PCB 编辑器中当前工作层面的设置方法。
- 熟悉常用元件的封装，能根据实际元件选用合适的封装。

6.1 认识 PCB

随着电子技术的飞速发展和各种电器的普及，人们对于 PCB 不再陌生。PCB 是用印制的方法制成的导电线路和元件封装。它的主要功能是实现电子元件的固定安装和引脚之间的电气连接。制作正确、可靠、美观的 PCB 是 PCB 设计的最终目的。

6.1.1 元件的外形结构

元件是实现电器功能的基本单元，其结构和外形各异。为了实现电器的功能，各种元件必须通过引脚相互连接，并且为了确保连接的正确性，对各引脚都按一定的标准规定了引脚序号。各元件制造商为了满足各公司在体积、功率等方面的要求，即使是同一类型的元件，也设计了不同的外形和引脚排列形式，即外形结构，如图 6.1 所示，同为数码管，但大小、外形、结构差别很大。

图 6.1 各种数码管的外形结构

6.1.2 PCB 的结构

PCB 是装载元件的基板。它的生产涉及电子、机械、化工等众多领域。图 6.2（a）所示为安装了元件的 PCB，图 6.2（b）所示为没有安装元件的 PCB。PCB 要提供元件安装所需的封装，要有实现元件引脚电气连接的导线，要保证电路设计所要求的电气特性，以及为元件装配、维修提供识别字符和图形。因此，它的结构较为复杂，制作工序较为烦琐，而了解 PCB 的相关概念是成功制作 PCB 的前提。

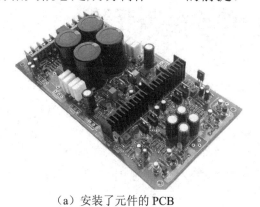

（a）安装了元件的 PCB   （b）没有安装元件的 PCB

图 6.2 PCB 样板

为了实现元件的安装和引脚连接，必须在 PCB 上按元件引脚的距离和大小钻孔，同时必须在钻孔的周围为焊接引脚的焊盘留出位置。为了实现元件引脚的电气连接，在有电气连接引脚的焊盘之间还必须覆盖一层导电能力较强的铜箔导线。同时，为了防止铜箔导线在恶劣环境中长期使用而氧化，并减少焊接、调试时短路的可能性，应在铜箔导线上涂抹一层绿色阻焊漆，并标明表示元件安装位置的元件编号。

6.1.3 PCB 的种类

PCB 的种类有很多，根据元件导电层面的多少可以分为单面板、双面板、多层板。

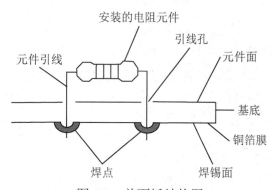

图 6.3 单面板结构图

1. 单面板

单面板在电器中的应用最为广泛，其结构图如图 6.3 所示。单面板所用的绝缘基板上只有一面是覆铜面，用于制作铜箔导线，而在另一面只印上不代表电气特性的元件型号和参数等，以便进行元件的安装、调试和维修。单面板由于只有一个覆铜面，因此无须过孔、制作简单、成本低，功能也较为简单，在对 PCB 面积要求不高的电子产品中得到了广泛的应用。例如，在电视机等家用电器中，为降低成本，一般采用单面板。但因为单面板只有一个导电覆铜面，所有引脚之间的电气连接导线都必须在焊锡面上完成，而同一信号层面引脚之间的连接导线不能交叉短路，所以单面板的设计难度比双面板高。这要求设计人员具备丰富的实际设计经验，如有必要，可采用短接跳线的办法来解决交叉导线问题。

2. 双面板

随着电子技术的飞速发展，人们对电子产品各方面的要求越来越高，在要求电路功能更加完善、智能化程度不断提高的同时，希望电子产品更加轻便，从而提高了电路板设计的元件密度。传统的单面板设计已经无法满足电子产品，特别是贴片元件电子产品的设计要求，为了从根本上突破元件连线和电路板面积的瓶颈，人们研制出了双面板。双面板结构图如

图 6.4 所示。在绝缘基板的上、下两面均有覆铜层，都可制作铜箔导线。底面和单面板的作用相同；而在顶面，除了可以印制元件的型号和参数，还可以和底层一样制作铜箔导线。元件一般仍安装在顶层，因此顶层属于元件面，底层属于焊锡面。为了解决顶层和底层相同导线之间的连接关系，人们还制作了金属化过孔，双面板的采用有效地解决了同一层面导线的交叉问题，而过孔的采用解决了不同层面导线的连通问题。与单面板相比，双面板极大地提高了电路板的元件密度和布线密度。

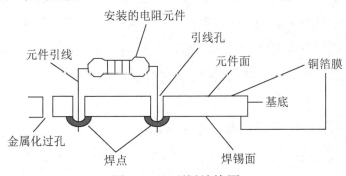

图 6.4　双面板结构图

3．多层板

随着大规模和超大规模集成电路的应用，元件引脚数目急剧增多，电路中元件引脚的连接关系越来越复杂。同时，为了降低功耗和提高效率，电路的工作频率也成倍提高。双面板逐渐不能满足复杂电路的连线和高频电路的电磁屏蔽要求。于是出现了多层板，多层板结构复杂，由电气导电层和绝缘材料层交替黏合而成，成本较高，导电层数目一般为 4、6、8 等，并且中间层（内电层）一般连接元件引脚数目最多的电源和接地网络，层间的电气连接同样利用层间的金属化过孔实现。多层板结构图如图 6.5 所示。在多层板中，可充分利用多层层叠结构解决高频电路布线时的电磁干扰、屏蔽问题。同时，由于内电层解决了电源和接地网络的大量连线问题，布线层的连线急剧减少，因此多层板的可靠性高、面积小。它在计算机主板、U 盘、MP3 等产品中得到了广泛的使用。

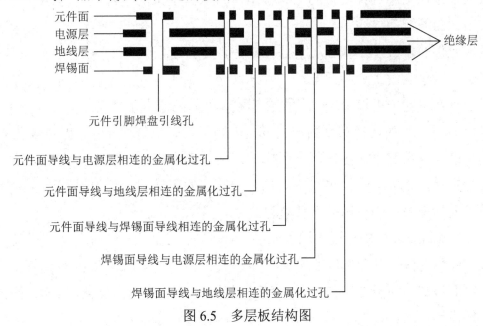

图 6.5　多层板结构图

双面板和多层板的采用极大地提高了电路板的元件密度和布线密度，但二者的制作成本也相对较高。

6.1.4 单面板和双面板的制作过程

为了能够更好地利用 DXP 2004 SP2 设计实用、美观的 PCB，用户有必要了解 PCB 的制作工艺和制作过程，为 DXP 2004 SP2 中层面、规则等参数的设置打下基础。

PCB 的生产过程较为复杂，涉及的制作工艺范围较广，包括机械加工、光化学、电化学等。一般人们利用 DXP 2004 SP2 将 PCB 设计出来后，就直接将图纸送往 PCB 厂家进行生产，所以这里不对具体的制作工艺要求和技术进行详细的讲解，只是粗略地介绍单面板和双面板的制作过程。

单面板和双面板的一般制作过程如图 6.6 所示。

图 6.6 单面板和双面板的一般制作过程

下料一般是指选取材料、厚度合适，并且整个表面铺有较薄铜箔的整张基板。为了制作使元件引脚相连的铜箔导线，必须将多余的铜箔部分利用化学反应腐蚀掉，而使铜箔导线在化学反应的过程中保留下来。这就要求在腐蚀前将使元件引脚相连的铜箔导线利用特殊材料印制到铺有较薄铜箔的整张基板上，该特殊材料可以保证其下面的铜箔与腐蚀液隔离。将特殊材料印制到基板上的过程就是丝网漏印。接下来，将丝网漏印后的基板放置在腐蚀液中，将裸露出来的多余铜箔腐蚀掉，再利用化学溶液将保留下来的铜箔上的特殊材料清洗掉。这样就能制作出裸露的铜箔导线了。

为了实现元件的安装，必须为元件的引脚提供安装孔，可以利用数控机床在基板上钻孔。对双面板而言，为了实现上、下层导线的互连，必须制作过孔。过孔的制作过程较为复杂，钻孔后，还必须在过孔中电镀上一层导电金属膜，该过程就是孔加工。

经过以上步骤，PCB 已经初步制作完成，但为了更好地装配元件，必须在元件的焊盘上涂抹一层助焊剂，这有利于焊盘与元件引脚的焊接。而在焊接过程中，为了避免元件和附近其他导线发生短接，必须在铜箔导线上涂抹一层绿色的阻焊漆，阻焊漆还可保护其覆盖的铜箔导线在恶劣的环境中长期使用而不被氧化腐蚀。

为了在装配和维修元件的过程中识别元件，必须在 PCB 上印上元件的编号及其他必要的标记。随后，将整块制作完成的 PCB 分割为小的成品 PCB。最后，对 PCB 进行检查、测试。

以上是单面板和双面板的制作过程，而多层板的制作过程更为复杂。当然，由于各个 PCB 厂家的生产规模和技术设备的不同，PCB 的具体制作过程可能不完全相同。

6.2　认识和设置 DXP 2004 SP2 中 PCB 的层面

6.2.1　层面的基本概念

为了制作出各种不同类型的实际 PCB，需要向 PCB 厂家提供各种必需的信息，如 PCB 的层数，导线的连接关系，以及焊盘的位置、大小等。下面介绍 DXP 2004 SP2 如何提供制作实际 PCB 时所需的各种参数和信息。

PCB 的铜箔导线是在一层（或多层）敷着整面铜箔的绝缘基板上通过化学反应腐蚀得到的，元件编号和参数是制作完 PCB 后印刷上去的。在加工实际 PCB 的过程中所需要的板面信息，在 DXP 2004 SP2 的 PCB 编辑器中都有一个独立的层面与之相对应，PCB 设计者通过层面给 PCB 厂家提供制作该板所需的印制参数，因此理解层面对于设计 PCB 至关重要。只有充分理解各个板层的物理作用，以及它和 DXP 2004 SP2 中层面的对应关系，才能更好地利用 PCB 编辑器进行 PCB 设计。某些层面的概念比较抽象，学生可以结合实际 PCB 和后面项目的学习逐步理解这些概念。

6.2.2　认识和设置 DXP 2004 SP2 PCB 编辑器中的层面

打开 DXP 2004 SP2 自带的 PCB 范例文件，认识和设置 DXP 2004 SP2 PCB 编辑器中的层面，具体操作如下。

（1）打开范例文件。单击工具栏中的 按钮（或执行菜单命令【文件】/【打开】），在弹出的对话框中，选择 DXP 2004 SP2 自带的范例文件夹 "Examples"（路径为 "C:\Program Files\Altium2004\Examples"），再选择 "PCB Auto-Routing" 文件夹，打开 "PCB Auto-Routing.PrjPCB" 项目后，双击 "Routed BOARD 1.PcbDoc" PCB 文件，在显示区域将显示已经制作好的双面板，如图 6.7 所示。

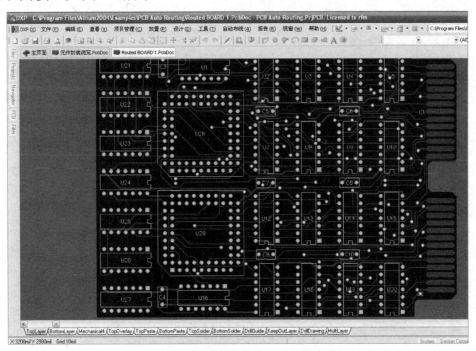

图 6.7　打开已经制作好的双面板

（2）设置单层显示模式。为了进一步理解各层面的作用，改变 PCB 编辑器的显示模式。执行菜单命令【工具】/【优先设定】，弹出图 6.8 所示的 PCB 编辑器显示模式对话框，勾选【单层模式】复选框，单击【确认】按钮。

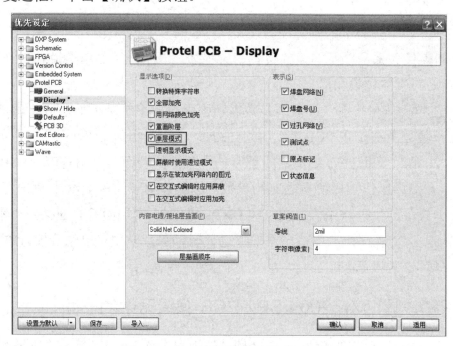

图 6.8　PCB 编辑器显示模式对话框

（3）认识顶层。此时可以看到显示区中的 PCB 已经变为单层显示模式，当前显示的层面为【TopLayer】（顶层信号层），其铜箔导线默认为红色。顶层主要用于在双面板、多层板中制作顶层铜箔导线，元件引脚安插在本层面焊孔中，并焊接在底层焊盘上，表面贴装元件也尽可能安装于顶层。

（4）认识底层。选择【Bottom Layer】（底层信号层），其铜箔导线默认为蓝色。底层主要用于制作底层铜箔导线，是单面板中唯一的布线层，也是双面板和多层板中的主要布线层。

（5）认识顶层丝印层。选择【Top Overlay】（顶层丝印层），显示元件的外形、编号，以及元件在 PCB 中的布局情况，如图 6.9 所示。

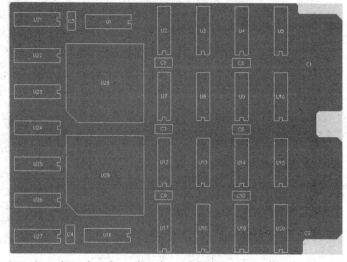

图 6.9　显示顶层丝印层

顶层丝印层主要通过丝印的方式将元件的外形、编号、参数等说明性文字印制在元件面（或焊锡面）上，以便在 PCB 装配过程中插件（将元件插入焊盘孔中）和进行产品的调试、维修等。

（6）认识机械层。选择【Mechanical4】（机械层），可以显示 PCB 的边框形状及尺寸等参数信息。机械层在 PCB 设计中不具有电气特性，并不参与电路的实际连接或工作。该层主要是为了给 PCB 厂家在生产和规划过程中提供便利而设置的，主要为 PCB 厂家提供制作 PCB 所需的加工尺寸，例如 PCB 边框尺寸，固定孔、对准孔尺寸，以及大型元件或散热片的安装孔尺寸等。DXP 2004 SP2 PCB 编辑器可以支持 16 个机械层。

（7）认识禁止布线层。选择【KeepOutLayer】（禁止布线层）。该层一般位于 PCB 边框处，用于限制铜箔导线的范围。自动布线时，铜箔导线被限制在该层导线限制的区域内，如图 6.10 所示。

（8）认识复合层。选择【MultiLayer】（复合层）。该层一般用于提供焊盘和过孔等信息，如图 6.11 所示。

图 6.10　显示禁止布线层

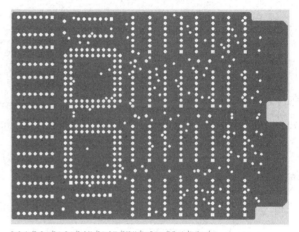

图 6.11　显示复合层

在理解各层面的作用后，将 PCB 编辑器的显示模式恢复为多层复合显示模式，即取消对图 6.8 所示对话框中【单层模式】复选框的勾选。

6.3　元件封装概述

元件封装是指在 PCB 编辑器中，为了将元件固定、安装于 PCB 上，而绘制的与元件引脚相对应的焊盘、元件外形等。由于它的主要作用是将元件固定、焊接在 PCB 上，因此它对焊盘大小、焊盘间距、焊盘孔大小、焊盘序号等参数有非常严格的要求。元件封装、元件实物与原理图元件之间必须保持严格的对应关系，如图 6.12 所示，这直接关系到制作 PCB 的成败和质量。

> **小技巧**：一般双列直插集成电路元件封装的第 1 引脚焊盘为长方形，以便进行元件的安装和检测，与此对应的集成块表面的第 1 引脚处有小点标志。

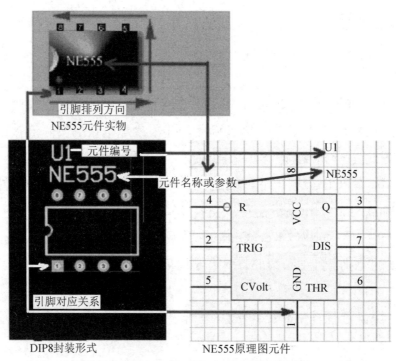

图 6.12　元件封装、元件实物与原理图元件的对应关系

由图 6.12 可知，元件封装一般由焊盘和元件外形轮廓两部分组成，其中最关键的组成部分是和元件引脚一一对应的焊盘，如图 6.13（a）所示。焊盘的作用是将元件引脚固定、焊接在 PCB 的铜箔导线上，因此它的各参数直接关系到焊点的质量和 PCB 的可靠性，一般有如下参数：X-尺寸、Y-尺寸、形状、孔径、标识符等。在 PCB 编辑器中双击焊盘，即可弹出"焊盘"对话框，可以在其中修改或设置焊盘的各个属性，如图 6.13（b）所示。在元件封装中，焊盘本身的参数至关重要，焊盘之间的相对位置参数也必须严格和元件实物引脚之间的距离保持一致，否则在进行元件装配、焊接时，可能存在元件无法安装等严重问题，因此元件封装的合理选择非常重要。

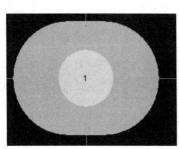

（a）PCB 中的焊盘

（b）"焊盘"对话框

图 6.13　PCB 中的焊盘和"焊盘"对话框

元件封装的另一组成部分为元件外形轮廓，相对焊盘而言，对它的参数要求没有那么严格。元件外形轮廓一般是指从元件顶部向底部看所形成的元件外形轮廓俯视图，通常在顶层

丝印层绘制，默认颜色为黄色。元件外形轮廓主要用于标示元件在 PCB 上所占面积的大小和安装的极性，从而便于元件的整体布局和安装。

6.4　元件封装库的管理

熟悉 DXP 2004 SP2 元件封装库的各种封装是正确、快速地为元件选用合适封装的前提，而为元件选择合适的封装是成功制作 PCB 的第一步。DXP 2004 SP2 中常见的元件封装库基本上都在 DXP 2004 SP2 安装目录"*:\Program Files\Altium 2004\Library\Pcb"下，用户可按以下方法进行 PCB 元件封装库的管理。

6.4.1　新建 PCB 文件

新建项目文件并将其保存（或打开原项目文件），执行菜单命令【文件】/【创建】/【Pcb 文件】，将新建 PCB 文件，进入 PCB 编辑器。新建 PCB 文件后，可看到项目管理器中多了一个默认名称为"PCB1.PcbDoc"的文件，单击工具栏中的【保存】按钮，可将其重命名并保存。

6.4.2　浏览元件封装库

（1）单击工作区右上方的【元件库】标签，打开元件库面板，如图 6.14 所示，可以看到当前选定元件的默认引脚封装。

（2）单击■按钮，将弹出图 6.15 所示的显示元件库类型对话框，勾选【封装】复选框，单击【Close】按钮。

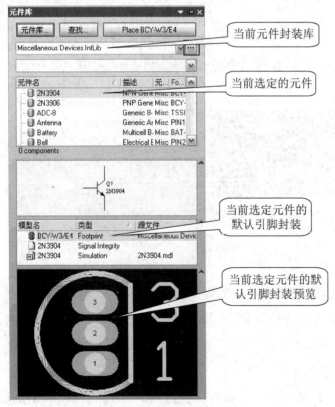

图 6.14　元件库面板

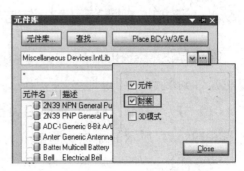

图 6.15　勾选【封装】复选框

（3）可以看到，在元件库列表中，原 Miscellaneous Devices.IntLib 已经分为 Miscellaneous Devices.IntLib[Component View]（原理图元件库）和 Miscellaneous Devices. IntLib[Footprint View]（元件封装库）两个库，选择元件封装库，如图 6.16 所示。

（4）利用【↑】和【↓】键浏览 Miscellaneous Devices.IntLib[Footprint View]，如图 6.17 所示。

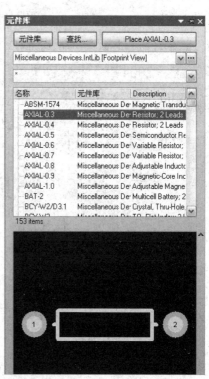

图 6.16　选择元件封装库　　　　　　　图 6.17　浏览元件封装库

6.4.3　放置元件封装

为了对元件封装有进一步的认识，可以将图 6.17 中的元件封装放置到 PCB 中，如图 6.18 所示，将电阻封装 AXIAL-0.3 放置到 PCB 中。

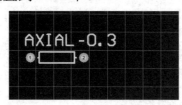

图 6.18　放置到 PCB 中的电阻封装 AXIAL-0.3

6.4.4　添加、删除元件封装库

除了提供 Miscellaneous Devices.IntLib，DXP 2004 SP2 还提供了很多专门用于每类元件封装的元件封装库，可以通过以下方法，将其添加到元件封装库列表中。

（1）打开添加、移除元件库对话框。单击图 6.17 所示对话框的【元件库…】按钮，将弹出图 6.19（a）所示的添加、移除元件库对话框。

（2）添加元件封装库。原理图元件如果采用集成库中的元件，则一般都有默认的引脚封装，但如果默认的引脚封装无法满足实际元件的需要，则必须另外添加元件封装库，并为元件指定合适的引脚封装。

添加、移除元件封装库的方法和添加、移除原理图元件库的方法相同。在图 6.19（a）所示的添加、移除元件库对话框中单击【安装】按钮，将弹出选择元件封装库对话框，如图 6.19（b）所示。DXP 2004 SP2 的 PCB 元件封装库默认在 "C:\Program Files\Altium 2004\Library\Pcb" 目录下，选中要添加的元件封装库，例如选择专用的电阻封装库 Resistor - Axial.PcbLib。

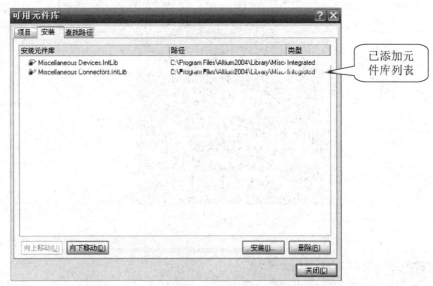

（a）添加、移除元件库对话框

（b）选择元件封装库对话框

图 6.19　添加元件封装库

> 提示：DXP 2004 SP2 的 PCB 元件封装库目录下有各种类型元件的专用封装库，如电阻、电容、贴片元件等的封装库，可以分别添加并浏览。

（3）单击【打开】按钮，即可将选中的元件封装库添加到元件封装库列表中。关闭元件封装库列表，就可以看到元件封装库列表中已经添加了电阻封装库，如图 6.20 所示。

> 提示：通过对比，可以发现专用元件封装库中的封装比通用元件封装库中的封装更多、更全面。

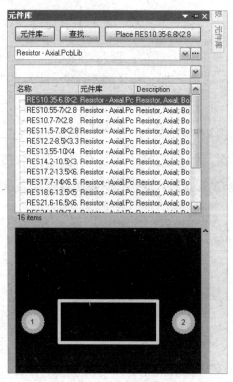

图 6.20　浏览电阻封装库

6.5　常用直插式元件的封装

由于电子技术的飞速发展，电子元件的种类日益增多，每种又分为很多品牌和系列，而每个系列的产品封装又不尽相同，即使是同一类元件，不同的厂家提供的产品也可能有不同的封装，因此合理选取元件封装是成功制作 PCB 的前提条件，这也是初学者容易忽视的地方。制作者需要具有一定的实际经验，并在学习过程中注意总结、积累。为了让学生对各种封装有初步的了解，下面介绍常用的元件封装，为 PCB 的实际制作打下基础。

分立元件出现得最早，种类最多，应用范围也最广。虽然现在集成元件的集成度不断提高，大规模集成电路大量普及，电路中分立元件的数量不断下降，但这主要是针对半导体元件（如三极管、二极管等）而言的，而某些元件（如大电容、大电感等）由于体积、功率和本身特性等原因而无法集成到集成块内部，几乎每块 PCB 都会用到分立元件，因此选择分立元件封装非常重要。

为了使学生理解常用元件的封装，为其在 PCB 制作过程中合理选择元件封装打下基础，下面对各常用直插式元件的封装进行介绍。

6.5.1　电阻

电阻是在电路中使用较多的元件，其编号一般以 R 开头。不同功率的电阻，体积差别很大，小功率（如 1/8W）的电阻只有米粒大小；而大功率的电阻，如某些电器电源部分的限流或取样电阻，体积超过七号电池。各种类型的电阻实物如图 6.21 所示。应根据电阻的实际体积，选择合适的封装。

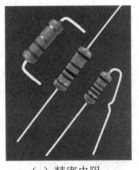
（a）精密电阻

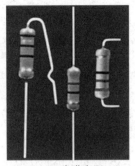
（b）碳膜电阻

图 6.21　各种类型的电阻实物

电阻封装的编号一般由两部分组成，前一部分为字母，用于规定封装的类别，例如 AXIAL 表示该封装为电阻；后一部分为数字，一般代表焊盘间距，单位为英寸（in）。

提示：英寸和其他单位的换算关系为 1in=1000mil=25.4mm。

封装 AXIAL-0.4 表示该封装为电阻，焊盘间距为 0.4in（=400mil=10.16mm），电阻封装可以为 AXIAL-0.3～AXIAL-1.0。图 6.22 所示为电阻原理图符号 Res1～Res3 和封装 AXIAL-0.3。

R?
Res1
1k

R?
Res2
1k

R?
Res3
1k

R1
1 　　 2

图 6.22　电阻原理图符号 Res1～Res3 和封装 AXIAL-0.3

提示：电阻封装也可以选用专用电阻封装库 Resistor - Axial.PcbLib 中的封装。

6.5.2　电容

电容在电路中使用得也较多，一般根据材料的不同可分为无极性电容和有极性电容（如电解电容），编号一般都以 C 开头。

1．无极性电容

无极性电容在原理图库中的名称为"Cap"或"Cap2"。不同容量的无极性电容，体积、外形差别较大。各种类型的无极性电容实物如图 6.23 所示。

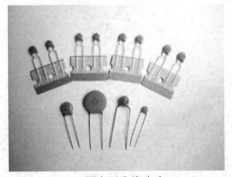
（a）圆盘形陶瓷电容

（b）塑胶电容

图 6.23　各种类型的无极性电容实物

无极性电容封装的编号也由两部分组成。RAD 系列无极性电容封装编号中的数字部分和电阻封装编号一样代表焊盘间距，单位为 in。无极性电容封装根据体积的不同，可以从

RAD-0.1 到 RAD-0.4 进行编号。

在 CAPR 系列无极性电容的引脚封装编号中，第一个数字也代表焊盘间距，但单位为 mm，例如 2.54 表示焊盘间距为 2.54mm；第二个和第三个数字分别表示元件外形轮廓尺寸中的长和宽（单位均为 mm）。图 6.24 所示为无极性电容的原理图符号和可选封装。

2. 有极性电容

有极性电容（如电解电容）由于容量和耐压的不同，体积差别很大。各种类型的电解电容实物如图 6.25 所示。

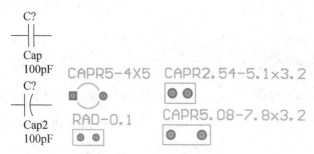

图 6.24　无极性电容的原理图符号和可选封装

图 6.25　各种类型的电解电容实物

电解电容封装的编号也由两部分组成，字母部分为 CAPPR 或 RB。在 CAPPR 系列电解电容的引脚封装编号中，第一个数字表示焊盘间距（单位为 mm），有 1.27、1.5、2、5、6.5 等几种选择，第二个和第三个数字表示元件外形轮廓尺寸。在 RB 系列电解电容的引脚封装编号中，第一个数字表示焊盘间距（单位为 mm），第二个数字表示电解电容的圆筒外径。图 6.26 所示为电解电容的原理图符号和可选封装。

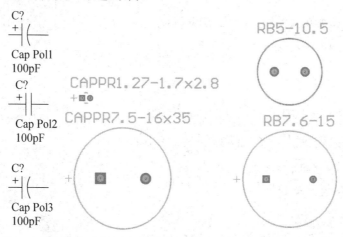

图 6.26　电解电容的原理图符号和可选封装

提示：

① RB5-10.5 没有正极标识"+"，因此可以用于电感等圆柱体无极性元件的封装，如果用于电解电容等有极性元件的封装，则必须在电路板上添加正极标识。

② DXP 2004 SP2 为电容提供的专用封装库有很多，图 6.27 中所有以"Capacitor"开头的库均是电容封装库。

图 6.27　各种类型的电容封装库

6.5.3　二极管

二极管编号一般以 D 开头。不同功率的二极管，体积和外形差别很大。各种二极管实物如图 6.28 所示。

二极管常用的封装有 DIODE-0.4（小功率）、DIODE-0.7（大功率）及 DIO*.*系列，其中DIO*.*系列的第一个数字表示焊盘间距（单位为 mm）。图 6.29 所示为二极管的原理图符号和可选封装。

> **注意：** 二极管为有极性元件，封装外形上画有短线（或粗线）的一端代表负端，和实物二极管外壳上表示负端的白色或银色色环相对应。

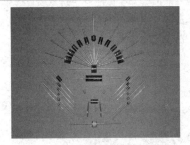

图 6.28　各种二极管实物

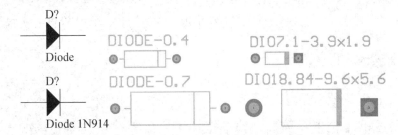

图 6.29　二极管的原理图符号和可选封装

6.5.4　三极管

三极管在结构上分为两种类型，一种为 PNP 型，另一种为 NPN 型。它在原理图库中的常用名称为"PNP""PNP1""NPN""NPN1"，编号一般以"Q"或"T"开头。不同功率的三极管，体积和外形差别较大。各种塑封外壳三极管的实物及封装如图 6.30 所示。小功率塑封外壳三极管封装一般为 BCY-W3 系列，中、大功率塑封外壳三极管封装可采用 SFM 系列。

> **提示：**
>
> ① 三极管为有极性元件，应注意引脚之间的对应关系。原理图符号和 PCB 元件封装对于某些进口三极管是对应的，但对于一部分国产三极管则有可能不对应。可以采用修改引脚封装的方法对三极管的焊盘序号进行修改，使其和原理图、实物相一致。

② 在为各元件选择封装时，主要考虑元件的安装、定位和焊接，不考虑其内部结构和材料，即不管三极管是 PNP 型还是 NPN 型，是锗材料还是硅材料，只要焊盘参数、引脚序号对应，就可采用相同的三极管封装。

③ 三极管封装中的后缀数字不再像前面的元件封装一样用于表示焊盘间距，而是用于表示不同的外形，作为封装之间相互区分的代号。

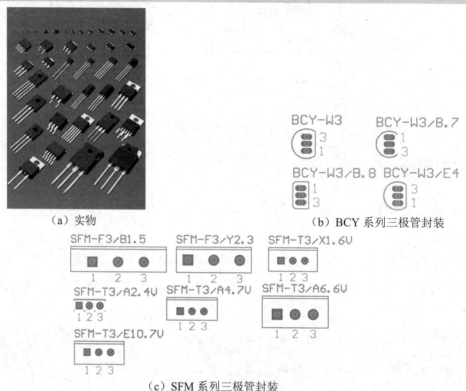

（a）实物　　　　　　　　　（b）BCY 系列三极管封装

（c）SFM 系列三极管封装

图 6.30　各种塑封外壳三极管的实物及封装

6.5.5　电位器

电位器实际上就是一个可调电阻，在电阻参数需要调节的电器中广泛采用。不同材料和精度的电位器，体积、外形差别很大。各种电位器实物如图 6.31 所示。电位器在原理图库中的常用名称是"RPOT1"和"RPOT2"。常用的电位器封装为 VR 系列，从 VR3 到 VR5，如图 6.32 所示，这里的后缀数字只表示不同的外形，而不表示实际尺寸，其中 VR5 一般为精密电位器封装。

（a）卧式电位器　　　　　（b）立式电位器　　　　　（c）小型精密电位器

图 6.31　各种电位器实物

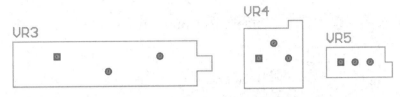

图 6.32　常用的电位器封装

6.5.6　场效应晶体管

场效应晶体管在外形上和塑封外壳三极管极为相似。各种场效应晶体管实物如图 6.33 所示。在原理图库中，场效应晶体管的常用名称有 "JFET-N" "JFET-P" "MOSFET-N" "MOSFET-P" 等。场效应晶体管常用的封装和塑封外壳三极管一样，但应注意引脚序号和焊盘序号的对应问题。

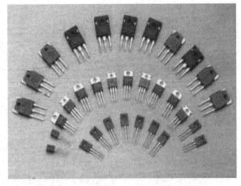

图 6.33　各种场效应晶体管实物

6.5.7　单列直插元件

单列直插元件包括用于不同电路板之间电信号连接的单列集成块、单列插座和插头等。图 6.34（a）所示为单列集成块的外形。单列插座和插头的原理图符号如图 6.34（b）所示，位于 Miscellaneous Connectors.IntLib 中。单列直插元件的封装一般为 "HDR1X*" 系列，其中 "*" 表示引脚数目，如图 6.34（c）所示。

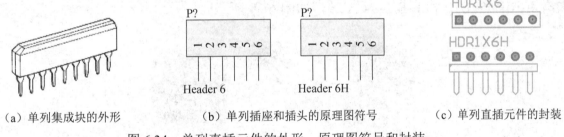

（a）单列集成块的外形　　　　　（b）单列插座和插头的原理图符号　　　　　（c）单列直插元件的封装

图 6.34　单列直插元件的外形、原理图符号和封装

6.5.8　双列直插元件

常见的双列直插元件包括种类繁多的双列直插集成块、双列插座和插头。不同功能的双列直插集成块在原理图库中的名称不尽相同，如数字电路中的与门 74LS20、模拟电路中的比较器 LM339 等。双列直插集成块常用的封装一般为 "DIP-*" 系列，其中 "*" 表示引脚数目。图 6.35 所示为双列直插集成块的外形和封装。

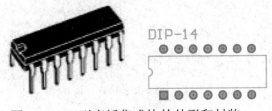

图 6.35　双列直插集成块的外形和封装

双列插座和插头的原理图符号及封装如图 6.36 所示。

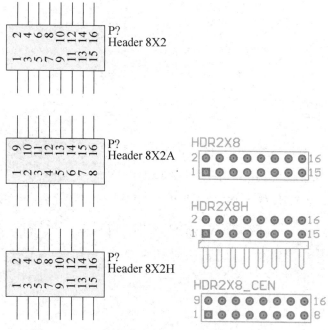

图 6.36　双列插座和插头的原理图符号及封装

6.5.9　整流桥堆

整流桥堆是电源电路中常用的整流元件，外形有长方体和圆柱体，如图 6.37 所示。在原理图中，整流桥堆的常用名称为"Bridge1"和"Bridge2"，如图 6.38 所示。整流桥堆常用的封装有 E-BIP-P4/D10 和 E-BIP-P4/X2.1，如图 6.39 所示。

图 6.37　各种整流桥堆实物

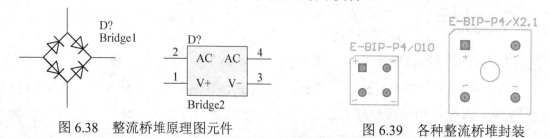

图 6.38　整流桥堆原理图元件　　　　　　图 6.39　各种整流桥堆封装

> **提示：**
>
> ① 应检查整流桥堆封装中焊盘序号和原理图元件中引脚序号的对应关系，如果不对应，就要根据实际情况修改封装的焊盘序号。
>
> ② 在 DXP 2004 SP2 的 PCB 元件封装库目录下，有一个专用的整流桥堆封装库 Bridge Rectifier.PcbLib。

6.5.10　晶体振荡器

晶体振荡器一般用于单片机等含振荡时钟的电路中，在原理图库中的名称为"XTAL"。其外形有圆柱体和长方体两种，如图 6.40 所示。晶体振荡器常用的封装有 BCY-W2/D3.1（见图 6.41）等。

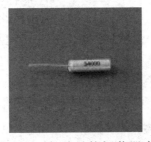

图 6.40　各种晶体振荡器实物

图 6.41　晶体振荡器的原理图符号和封装

提示： 在 DXP 2004 SP2 的 PCB 元件封装库目录下，有一个专用的晶体振荡器封装库 Crystal Oscillator. PcbLib。

6.6　常用表面贴装元件的封装

6.6.1　表面贴装元件

随着电子技术的发展，人们对电子设备的便捷性和智能化要求越来越高，从而导致了电路板的复杂程度越来越高，但面积却越来越小，因此电路板的元件密度不断提高，促使芯片设计者不断地改进元件的封装技术，缩小元件的体积，正是在这种技术要求下产生了表面贴装元件（Surface Mounted Device，SMD）。

表面贴装元件的封装与传统的穿插式元件的封装有较大的区别，图 6.42 所示为采用表面贴装元件的电路板。从图 6.42 中可以看出，表面贴装元件焊盘中间不再需要焊盘孔，因为表面贴装元件没有引脚或引脚非常细小，根本无法穿过电路板。另外，焊盘不再位于复合层，而位于信号层。

图 6.42　采用表面贴装元件的电路板

6.6.2　片状元件的封装

常用的片状元件有贴片电阻和贴片电容，各种形状的贴片电阻如图 6.43 所示，各种形状的贴片电容如图 6.44 所示。贴片电阻、贴片电容的体积和传统的穿插式电阻、穿插式电容比较而言非常细小，小的甚至比芝麻还要小，已经没有元件引脚，两端白色的金属端直接通过锡膏与电路板的表面焊盘相连。

图 6.43　各种形状的贴片电阻

（a）无极性贴片电容　　　　　　　　　　　（b）有极性贴片电容

图 6.44　各种形状的贴片电容

从图 6.43 和图 6.44 中可以看出，贴片电阻和贴片电容在外形上非常相似，因此二者在封装外形上也非常相似。常用贴片电阻、贴片电容的封装如图 6.45 所示，封装位于 DXP 2004 SP2 默认路径下的 Chip Capacitor - 2 Contacts.PcbLib 和 Miscellaneous Devices.IntLib 中。

C1608-0603　　　CC2012-0805　　　R2012-0805

图 6.45　常用贴片电阻、贴片电容的封装

贴片电阻和贴片电容封装编号的数字部分表示封装的尺寸，如 2012-0805。其中，08 表示焊盘间距，05 表示焊盘大小，而 2012-0805 表示焊盘间距大约是 80mil 或 2mm，焊盘大小大约是 50mil 或 1.2mm。

小技巧：一般情况下，贴片电容、贴片电阻的尺寸与封装可以按以下对应关系选取。

0402—1.0mm×0.5mm	0603—1.6mm×0.8mm	0805—2.0mm×1.2mm
1206—3.2mm×1.6mm	1210—3.2mm×2.5mm	1812—4.5mm×3.2mm
2225—5.6mm×6.5mm		

而对贴片电阻而言，封装尺寸可以根据功率大小来选取，二者的对应关系如下。

0201—1/20W	0402—1/16W	0603—1/10W	0805—1/8W	1206—1/4W

6.6.3　贴片二极管的封装

常用贴片二极管的封装如图 6.46 所示，其中较尖的一端为二极管的负极。贴片二极管的封装位于 DXP 2004 SP2 默认路径下的 Small Outline Diode - 2 Gullwing Leads.PcbLib 中。

 DSO-C2/X2.3　　　DSO-F2/D6.1

图 6.46　常用贴片二极管的封装

6.6.4　贴片三极管、场效应晶体管、三端稳压器等的封装

一般贴片三极管、场效应晶体管、三端稳压器等元件的外形非常相似，只要尺寸接近，引脚极性相匹配，就可以使用相同的封装。常用贴片三极管、场效应晶体管、三端稳压器的封装如图 6.47 所示。常用贴片三极管、场效应管、三端稳压器的封装有以下几个系列。

（1）SOT 23 系列。一般小功率、小体积的 3 引脚封装可以采用 SOT 23 系列封装，如图 6.47（a）所示。该系列封装位于 DXP 2004 SP2 默认路径的 PCB 元件封装库下的 SOT 23.PcbLib 中。

（2）SOT 223 系列。功率、体积都较大的 4 引脚封装可以采用 SOT 223 系列封装，如图 6.47（b）所示。该系列封装位于 DXP 2004 SP2 默认路径的 PCB 元件封装库卜的 SOT 223.PcbLib 中。

（3）SOT 89 系列。功率较大的 3 引脚封装可以采用 SOT 89 系列封装，如图 6.47（c）所示。该系列封装位于 DXP 2004 SP2 默认路径的 PCB 元件封装库下的 SOT 89.PcbLib 中。

（4）SOT 143、SOT 343、SOT 23-5 和 SOT 23-6 系列。其封装如图 6.47（d）所示。

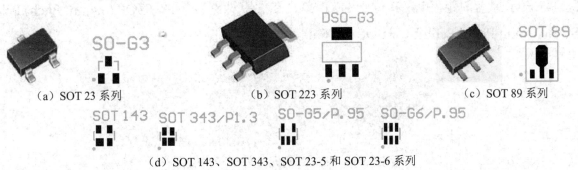

（a）SOT 23 系列　　　　（b）SOT 223 系列　　　　（c）SOT 89 系列

（d）SOT 143、SOT 343、SOT 23-5 和 SOT 23-6 系列

图 6.47　常用贴片三极管、场效应晶体管、三端稳压器的封装

> 提示：以下封装为贴片集成元件封装。

6.6.5　SOP

SOP（Small Outline Package，小尺寸封装）的元件外形和封装图如图 6.48 所示，元件的两面有对称的引脚，引脚向外张开（一般称这种引脚为鸥翼型引脚）。

图 6.48　SOP 的元件外形和封装图

SOP 的应用范围很广。它诞生于 20 世纪 70 年代末期，之后派生出 J 型引脚小尺寸封装（SOJ）、薄小尺寸封装（TSOP）、甚小尺寸封装（VSOP）、缩小型 SOP（SSOP）、薄的缩小型 SOP（TSSOP）和小尺寸集成电路（SOIC）等。它们在集成电路封装中起到了举足轻重的作用。

1．SOJ

SOJ 的元件外形和封装图如图 6.49 所示。SOJ 元件的两面有引脚，而且引脚向内弯曲

（称这种引脚为 J 型引脚）。SOJ 位于 DXP 2004 SP2 默认路径下的 Small Outline with J Leads.PcbLib 中。

2．SSOP

SSOP 的元件外形和封装图如图 6.50 所示。SSOP 位于 DXP 2004 SP2 默认路径下的 Shrink Small Outline (±0.6mm Pitch).PcbLib 中，±0.6mm Pitch 表示引脚间距为 0.6mm。

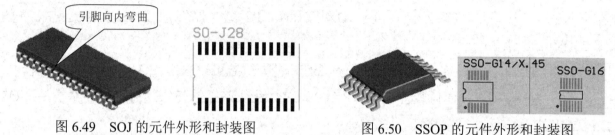

图 6.49　SOJ 的元件外形和封装图　　　　　　图 6.50　SSOP 的元件外形和封装图

3．TSOP

TSOP 的元件外形和封装图如图 6.51 所示，其中 12×20 表示封装尺寸，G48 表示引脚数目，P.5 表示焊盘间距。TSOP 位于 DXP 2004 SP2 默认路径下的 TSOP (0.4mm Pitch).PcbLib、TSOP (0.5mm Pitch).PcbLib、TSOP (±0.6mm Pitch).PcbLib 中。

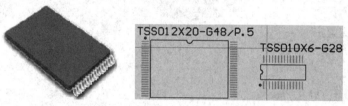

图 6.51　TSOP 的元件外形和封装图

其他的 SOP 系列封装在外形上和以上几种基本相同。

6.6.6　PQFP

PQFP（Plastic Quad Flat Package，塑料方形扁平式封装）的元件外形和封装图如图 6.52 所示。PQFP 的元件四周都有引脚，引脚向外张开。PQFP 在大规模或超大规模集成电路封装中经常被采用，因为它的四周都有引脚，引脚数目较多，而且引脚距离很短。

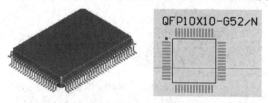

图 6.52　PQFP 的元件外形和封装图

PQFP 位于 DXP 2004 SP2 默认路径下的 QFP (±0.6mm Pitch, Square) - Corner Index.PcbLib、QFP (±0.6mm Pitch, Square) - Centre Index.PcbLib、QFP - Rectangle.PcbLib 中，Corner Index 表示第 1 引脚在封装的左上角，Centre Index 表示第 1 引脚在封装的顶边中心，Rectangle 表示封装为矩形，Square 表示封装为正方形。

6.6.7　PLCC 封装

PLCC（Plastic Leaded Chip Carrier，塑料有引线芯片载体封装）的元件外形和封装图如图 6.53 所示。PLCC 封装的元件四周都有引脚，引脚向芯片底部弯曲。

图 6.53　PLCC 的元件外形和封装图

PLCC 封装库位于 DXP 2004 SP2 默认路径下的 Leaded Chip Carrier (Square) - Corner Index.PcbLib、Leaded Chip Carrier (Square) - Centre Index.PcbLib、Leaded Chip Carrier - Rectangle.PcbLib 中。

6.7　了解 PCB 的设计流程

利用 DXP 2004 SP2 进行 PCB 设计的最终目的是设计出正确、可靠、美观的 PCB。在进行具体的 PCB 设计前，有必要了解利用 DXP 2004 SP2 进行 PCB 设计的一般工作流程，以便在具体的设计、制作过程中明确目的、提高效率、少走弯路。

PCB 设计的整体流程是一个系统的过程，其中有些步骤是环环相扣、相互影响的，有时还要和原理图一起综合考虑，例如在进行 PCB 设计时，必须考虑元件引脚封装是否和原理图元件引脚序号一致等因素。学生必须明确一点：我们设计的是一块用来实际装配、焊接的 PCB，而非仅仅在计算机上画画图而已，一个小小的错误便可能导致成批的 PCB 失效、报废。图 6.54 所示为 PCB 的设计流程。通常情况下，从提出设计要求到最后制成 PCB，一般要经历以下几个步骤。

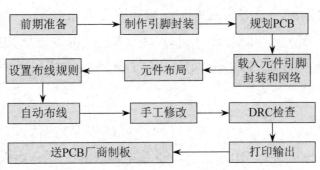

图 6.54　PCB 的设计流程

1. 前期准备

在实际制作 PCB 之前，必须做好各方面的准备工作。例如，确保原理图绘制正确，根据实际元件为各原理图元件载入合适的引脚封装；根据电器外壳尺寸或设计要求规划 PCB 的形状和尺寸；根据 PCB 元件的密度高低和布线的复杂程度确定 PCB 的种类；测量电路中有定位要求的元件的定位尺寸，如电位器、各种插孔与 PCB 边框的距离，以及安装孔的尺寸等。

2．制作引脚封装

对于较为特殊的元件，如果在 PCB 元件封装库中找不到合适的封装，就必须设计、制作、调用自制的 PCB 元件封装。

3．规划 PCB

从这一步开始，正式进入 PCB 设计阶段，应根据元件多少、产品尺寸、设计要求等规划 PCB 尺寸，PCB 尺寸应尽量符合国家标准。可以采取向导和手工绘制的方法绘制 PCB，一般采用向导的方法自动产生 PCB，因为这样可以降低设计难度。

4．载入元件引脚封装和网络

规划好 PCB 后，就可以载入元件引脚封装和网络了。在载入元件引脚封装和网络时，可能碰到各种错误，应根据各错误提示，回到原理图中进行修改，再重新载入元件引脚封装和网络，直到排除错误。

5．元件布局

载入元件引脚封装和网络后，就可以根据布局原则进行元件布局了，元件的位置应符合产品布局要求并方便布线。

6．设置布线规则

完成元件布局后，就可以进行布线了。布线一般采取自动布线和手工布线相结合的方式。在自动布线前，必须设置自动布线规则，确定导线宽度等参数，为自动布线做准备。

7．自动布线

设置好布线规则后，就可以运行自动布线命令了。

8．手工修改

一般自动布线过程侧重导线的布通率，这会导致自动布线之后存在弯曲过多、过长等不符合电气特性要求的部分导线。此时必须进行手工修改，可以根据实际需要和提高抗干扰能力与可靠性的要求，给 PCB 添加覆铜、安装孔等，还可以修改和添加元件标注、尺寸标注、文字标注等。

9．DRC 检查

完成手工修改后，可以进行 DRC 检查，查看电路设计是否满足前面设置的布线规则等。如果有违反规则的对象，则必须采取措施进行修改。

10．打印输出

为了更好地制作 PCB，方便采购、焊接和装配元件，可以打印出 PCB 图纸，生成必要的报表文件。

11．送 PCB 厂家制板

在 PCB 设计完成后，可以根据制作的数量将图纸送至 PCB 厂家用于制板。

上机实训：浏览 PCB 元件封装

1．上机任务

新建 PCB 文件，并添加、浏览 Miscellaneous Devices.IntLib 及其他元件封装库的封装，理解 DXP 2004 SP2 PCB 编辑器中各层面的含义。

2．任务分析

浏览并熟悉常用元件的封装非常重要。在浏览过程中，最好结合 6.5 节的内容进行分类型浏览。

3．操作步骤和提示

（1）新建项目文件，并将其保存为"浏览封装.PrjPCB"。

（2）新建 PCB 文件，并将其保存为"浏览封装.PcbDoc"。

（3）分别浏览 6.5 节介绍的 10 种常用直插式元件的封装，并在 PCB 图纸中放置图 6.55 所示的封装，说明各封装分别适用于哪些元件。

（4）理解 DXP 2004 SP2 PCB 编辑器中各层面的含义。

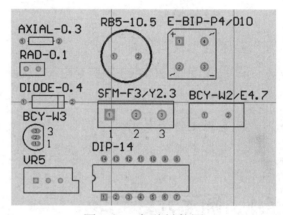

图 6.55　各种封装图

 本章小结

本章内容是 PCB 制作的前提和基础，对后面项目中 PCB 的实际制作起着至关重要的作用。本章首先讲解了 PCB 的结构和种类，并利用实际 PCB 引出了 DXP 2004 SP2 PCB 编辑器中层面的概念；然后利用实际元件引出了元件封装的含义，并介绍了常用元件的封装；最后讲解了 PCB 的设计流程。

习题 6

6.1　简述顶层丝印层、机械层、禁止布线层的作用。

6.2　进入 DXP 2004 SP2 PCB 编辑器，依次设置当前工作层面为底层信号层、顶层丝印层、机械层和禁止布线层。

6.3　进入 DXP 2004 SP2 PCB 编辑器，添加和浏览 Miscellaneous Devices.IntLib 元件封装库，初步认识各常用元件的封装。

6.4　找一块实际 PCB，进一步理解各层面的概念，以及各层面和实际 PCB 的对应关系；理解元件封装、焊盘、焊盘孔、过孔、导线等概念。

6.5　简述 PCB 的设计流程。

第 7 章　三端稳压电源 PCB 的制作

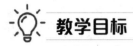教学目标

本章将通过制作三端稳压电源 PCB，重点介绍单面板的制作方法，以达到以下教学目标。

🎯 知识目标

- 理解主要的自动布线规则的含义。

👆 技能目标

- 掌握更改元件封装的方法。
- 掌握利用 PCB 向导规划电路板的方法。
- 掌握元件封装和网络的载入方法。
- 掌握元件布局的方法。
- 掌握主要自动布线规则的设置方法及自动布线的操作方法。

教学微课

7.1　确定元件封装

在制作 PCB 之前，必须先绘制好原理图，并确定合适的元件封装；再根据实际需要，更改元件封装。

7.1.1　绘制原理图

三端稳压电源的原理图如图 7.1 所示，具体的绘制过程请参考前几章。先新建项目文件"三端稳压.PRJPCB"，并新建原理图文件"三端稳压.SCHDOC"，再添加 Miscellaneous Devices.IntLib 和 Miscellaneous Connectors.IntLib，最后利用前几章介绍的原理图绘制方法绘制图 7.1 所示的原理图。

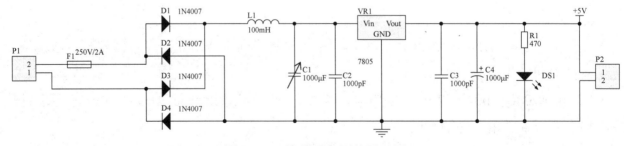

图 7.1　三端稳压电源的原理图

提示：也可打开在学习第 2 章时绘制的原理图。

7.1.2　选择元件封装

确定元件封装是在原理图绘制过程中完成的，对于 PCB 的制作也至关重要。PCB 中载入的 PCB 元件就是将根据原理图确定的引脚封装从元件封装库中调出而形成的，因此原理图元件、原理图元件的连接关系与 PCB 引脚封装、PCB 铜箔走线是一一对应的。只是原理图、PCB 的表达方式和侧重点不同而已，原理图采用原理图符号和清晰明了的连线来表达电路的工作原理和信号处理过程，重点在于表达电路的结构、功能，便于电路讲解和分析；PCB 则通过引脚封装和实际铜箔导线来实现原理图的具体功能，重点在于元件的安装、焊接、调试等。所以，在由原理图绘制逐步转向 PCB 设计时，必须以原理图为依据，综合考虑 PCB 元件的布局和布线。

> **误区纠正**：在确定元件封装时，不能采取生搬硬套的方法。例如，部分初学者生搬硬套元件封装，遇到电阻，不管体积和功率大小，都盲目地采用 AXIAL-0.4 封装；遇到电解电容，不管体积大小，都采用 RB7.6-15 封装。这样势必导致制作的 PCB 无法满足实际元件的装配需要。因此，在确定元件封装之前，应对电路中的元件实物有充分的了解，必要时要采用卡尺进行实际测量，并结合前几章中介绍的常用元件的封装合理地进行选择。

对于图 7.1 所示原理图中各元件的封装，综合考虑如下。

电阻：由于电源功率不大，因此限流电阻 R1 可采用 1/4W 的电阻。该系列的电阻体积较小，可以采用编辑器默认的 AXIAL-0.4 封装。

电容：C1、C4 为滤波电解电容，体积较大，可以采用编辑器默认的 RB7.6-15 封装；而 C2、C3 为瓷片电容，体积较小，并且为无极性电容，可以采用编辑器默认的 CAPR2.54-5.1×3.2 封装。

二极管：D1～D4 为整流二极管，体积较小，可以采用编辑器默认的 DIO10.46-5.3×2.8 封装。

熔断器：F1 为熔断器，可以采用编辑器默认的 PIN-W2/E2.8 封装，如图 7.2 所示。

发光二极管：DS1 为发光二极管，可以采用编辑器默认的 LED-1 封装，如图 7.3 所示。

电感：对于滤波电感 L1，原编辑器默认的封装为表面贴装式封装——INDC1005-0402 封装。该封装适合表面贴装元件，而本 PCB 中使用直插式电感。一般电感的外形和体积与电解电容相似，而电感 L1 原理图符号中的引脚序号为 1、2，与电解电容封装中的焊盘序号 1、2 完全对应，所以将原封装更改为常用的直插式电解电容封装 RB5-10.5。

图 7.2　熔断器的 PIN-W2/E2.8 封装

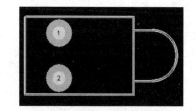

图 7.3　发光二极管的 LED-1 封装

> **提示**：此处电感选用电解电容封装。在进一步选用元件封装时，主要考虑原理图符号的引脚序号、元件封装的焊盘序号、实际元件的引脚与极性要一一对应，元件的外形、体积也要相近。如果以上条件均符合，则可选用该封装，不要认为某种封装一定只适用于某种类型的元件。

接插件：接插件 P1 连接变压器，施加交流电压；接插件 P2 连接负载，输出稳定的直流 5V 电压。接插件属于 Miscellaneous Connectors.IntLib，采用默认的 HDR1X2 封装，如图 7.4 所示。

三端稳压器：三端稳压器的型号为 CW7805，其外形和引脚如图 7.5 所示；编辑器默认的封装为 SIP-G3/Y2，但该封装也是表面贴装式，与实际使用的直插式三端稳压器不符，必须根据实际情况选择合适的封装，方法如下。

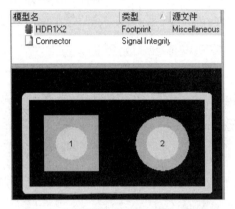
图 7.4　接插件的 HDR1X2 封装

图 7.5　CW7805 的外形和引脚

（1）观察三端稳压器原理图符号中引脚序号与极性的对应关系。

打开原理图文件，双击三端稳压器 VR1，弹出 VR1 属性对话框，如图 7.6 所示。勾选【显示图纸上全部引脚（即使是隐藏）】复选框，单击【确认】按钮，即可看到三端稳压器 VR1 的引脚序号和引脚名称，如图 7.7 所示，第 1、2、3 引脚的极性依次为 Vin、GND、Vout。

（2）查看可知 Miscellaneous Devices.IntLib 中三端稳压器 VR1 的默认封装为 SIP-G3/Y2 封装，如图 7.8 所示。该封装是表面贴片形式，与实际元件的外形不符。

图 7.6　VR1 属性对话框

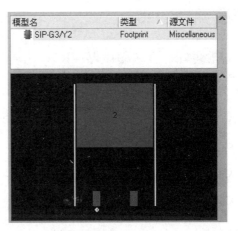

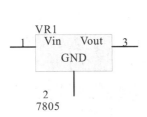

图 7.7　显示三端稳压器 VR1 的
引脚序号和引脚名称

图 7.8　三端稳压器 VR1 的 SIP-G3/Y2 封装

（3）浏览 Miscellaneous Devices.IntLib，为三端稳压器 VR1 确定合适的封装。浏览 Miscellaneous Devices.IntLib 的封装形式，可以看到 SFM-T3 系列封装比较符合三端稳压器 VR1 的要求。经过综合考虑，选定 SFM-T3/X1.6V 封装，如图 7.9 所示。选定该封装的关键在于其穿插式设计能够确保焊盘序号与原理图符号的引脚序号和实际元件的引脚序号均一一对应。同时，引脚封装的焊盘间距与实际元件的引脚间距相吻合，保证了精确的安装和连接。

小技巧：浏览元件封装库时，怎样确定引脚封装的焊盘间距与实际元件的引脚间距是否相吻合呢？先在 PCB 图纸中放置该引脚封装，再在焊盘之间放置尺寸标注，便可确定引脚封装的焊盘间距，如图 7.10 所示。将封装的焊盘间距与实际元件的引脚间距做对比，便可确定二者是否相吻合。

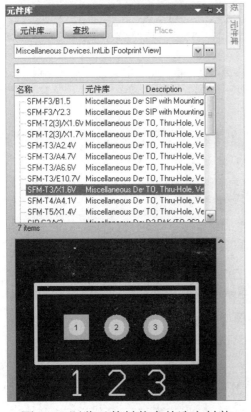

图 7.9　浏览元件封装库并选定封装

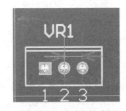

图 7.10　测量引脚封装的焊盘间距

7.1.3　更改元件封装

由以上分析可知，三端稳压器 VR1、滤波电感 L1 的封装必须更改。下面以更改三端稳压器 VR1 的封装为例，讲解如何更改元件封装。

1．弹出"元件属性"对话框并选择封装模型

打开原理图文件，双击三端稳压器 VR1，弹出 VR1 属性对话框，如图 7.11 所示，选择【Models for VR?-Volt Reg】模型栏中的【Footprint】封装模型，单击【追加】按钮。

图 7.11　更改三端稳压器 VR1 的封装

2．选择要添加的新模型的类型

弹出图 7.12 所示的"加新的模型"对话框，在【模型类型】下拉列表中选择【Footprint】选项，表示需要添加引脚封装模型，单击【确认】按钮。

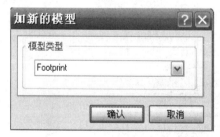

图 7.12　"加新的模型"对话框

3．浏览元件封装库

弹出图 7.13 所示的添加封装对话框，单击【浏览】按钮，将弹出"库浏览"对话框，如图 7.14 所示。在该对话框的【库】下拉列表中选择【Miscellaneous Devices.IntLib[Footprint

View]】选项，浏览元件封装库，选择三端稳压器 VR1 的封装 SFM-T3/X1.6V。

> 提示：可以在【屏蔽】文本框中输入 "sfm"，以便快速找到封装 SFM-T3/X1.6V。

图 7.13 添加封装对话框

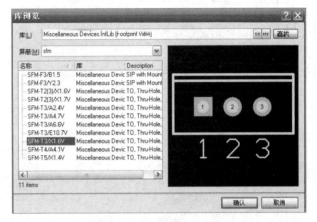

图 7.14 "库浏览"对话框

4．选定新封装

通过浏览可以看到封装 SFM-T3/X1.6V 符合三端稳压器 VR1 的引脚极性要求，单击【确认】按钮，将弹出图 7.15 所示的添加封装对话框，可以看到该对话框中已经添加了新的封装 SFM-T3/X1.6V。

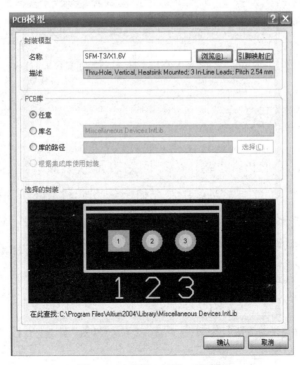

图 7.15 添加封装对话框

5. 返回属性对话框

在图 7.15 所示的添加封装对话框中单击【确认】按钮，将弹出图 7.16 所示的对话框，可以看到三端稳压器 VR1 的封装已经更改为 SFM-T3/X1.6V，单击【确认】按钮，完成设置。

图 7.16　三端稳压器 VR1 的封装已经更改

提示：如果添加了不合适的封装，则可以在图 7.16 所示的属性对话框中，先选中该封装，再单击【删除】按钮，将该封装删除。

采用相同的方法，可以将滤波电感 L1 的封装更改为 RB5-10.5。

7.2　产生并检查网络表

在 Protel 的前期版本（如 Protel 98）中，网络表是联系原理图和 PCB 的纽带。正是通过网络表，PCB 编辑器才能从元件封装库中调入和原理图元件相对应的 PCB 元件封装，并知道各封装焊盘之间的连接关系（该连接关系被称为网络）。

在 DXP 2004 SP2 中，并不一定要通过载入网络表来调入 PCB 元件封装和网络，但用户可以通过网络表来查看各元件编号、参数是否正确，封装是否合适，以及元件之间的连接关系是否正确等。下面介绍产生网络表的方法。

执行菜单命令【设计】/【文档的网络表】/【Protel】，如图 7.17 所示，建立表 7.1 所示的网络表。

图 7.17　建立网络表的菜单

提示： 在 DXP 2004 SP2 中建立的网络表并不会自行打开，而是位于项目栏中。如果设计者要查看该网络表，必须自己双击打开。

表 7.1 所示为图 7.1 所示三端稳压电源的网络表，其中阴影底纹文字为说明性辅助文字。网络表主要由元件声明和网络声明两部分组成。

在元件声明部分，必须重点检查元件的标识符是否已输入，各元件的标识符是否重复，以及元件封装是否正确；而网络声明部分包含元件引脚之间的连接关系，任何元件引脚之间的电气连接关系均被称为网络。如果原理图中指定了网络名（原理图中某条导线上添加了网络标签），则使用原理图中指定的网络名；如果没有指定网络名，则由软件自行定义网络名。处于同一网络中的元件的引脚是连接在一起的。

如果网络表没有错误，则可以开始下一步的 PCB 制作。而一旦查出网络表有错漏之处，就必须回到原理图文件中进行修改，重新产生网络表，再次检查无误，才能进行下一步操作。

表 7.1　图 7.1 所示三端稳压电源的网络表

[	元件声明开始
C1	元件的标识符
RB7.6-15	元件封装
Cap Pol1	原理图参考名称
]	元件声明结束
……	省略其他元件声明
]	
(	网络声明开始
NetDS1_1	网络名
DS1-1	连接的元件引脚
R1-1	
)	网络声明结束
……	省略其他网络声明

7.3　规划电路板并新建 PCB 文件

必须根据元件的多少、大小和电路板的外壳限制等因素确定电路板的形状、尺寸。本例中的电路板元件不多，但为了讲解、演示方便，采用了较大的电路板，其尺寸为 100mm（宽）×40mm（高）。

确定好电路板的尺寸后，就可新建 PCB 文件并规划电路板了。规划电路板有两种方法：一种方法是用 PCB 向导规划。这种方法快捷、方便、易于操作，是较为常用的方法。另一种方法是新建 PCB 文件后，在机械层手工绘制电路板边框，在禁止布线层手工绘制布线区，并标注尺寸。这种方法比较复杂，但灵活性较强，采用这种方法可以绘制较为特殊的电路板。本电路板的规划采用较为简单的第一种方法，操作步骤如下。

（1）单击【Files】标签，将出现图 7.18 所示的文件面板，选择 【PCB Board Wizard...】PCB 向导，出现图 7.19 所示的 PCB 向导欢迎界面。

图 7.18　选择 PCB 向导　　　　　　　图 7.19　PCB 向导欢迎界面①

提示： 如果文件面板中的各项伸展开，则可能看不到最下方的【PCB Board Wizard...】 PCB 向导项，可以单击图 7.18 中所示的 ⮝ 按钮，将其他各项暂时收缩起来。

（2）单击【下一步】按钮，将弹出图 7.20 所示的尺寸单位选择对话框，有英制（mil）和 公制（mm）两种选择，用户可以根据兴趣选择尺寸单位，本例中选择公制单位。

（3）单击【下一步】按钮，将弹出图 7.21 所示的 PCB 类型选择对话框。该对话框中有许 多较为复杂的板型可供选择，如 PCI short card 5V-32 BIT（PCI 短卡 5V 32 位）等。由于本例 中的元件较少，因此我们采用 Custom（用户定义）类型，自己定义板型和尺寸。

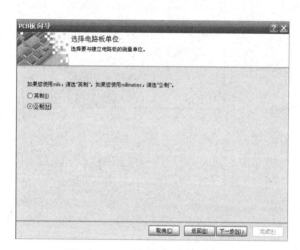

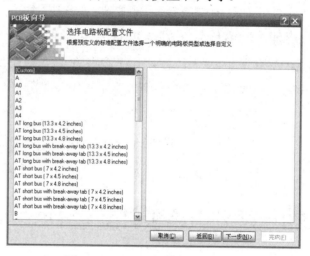

图 7.20　尺寸单位选择对话框　　　　　　图 7.21　PCB 类型选择对话框

（4）单击【下一步】按钮，将弹出图 7.22 所示的 PCB 用户自定义对话框，先将电路板的 轮廓形状定为矩形，再根据前面选择的尺寸单位输入电路板尺寸。

在【电路板尺寸】文本框中输入尺寸：100.0mm（宽）和 40mm（高）。其他各项一般采 用默认设置。

提示： 公制和英制单位可以相互转化（100mil=2.54mm），【角切除】和【内部切除】两个 复选框在制作特殊形状的电路板时会被勾选。

---

① 软件界面中的"印刷电路板"应为 PCB。

（5）单击【下一步】按钮，将弹出图 7.23 所示的信号层、内部电源层选择对话框，其中信号层默认为 2 层，可以不必修改；内部电源层也默认为 2 层，但由于本例中的电路较简单，不必使用内部电源层，因此将其修改为 0 层。

图 7.22　PCB 用户自定义对话框　　　　图 7.23　信号层、内部电源层选择对话框

（6）单击【下一步】按钮，将弹出图 7.24 所示的过孔类型选择对话框，选择【只显示通孔】类型（默认项）。

提示：如果有内部电源/接地层，则可选择【只显示盲孔或埋过孔】类型，如图 7.25 所示。

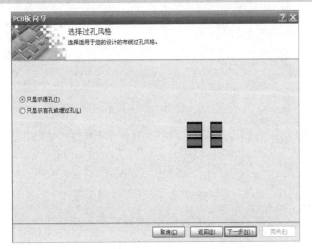

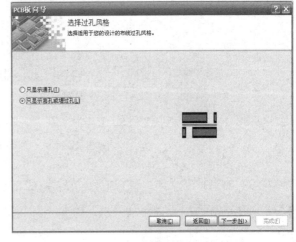

图 7.24　过孔类型选择对话框　　　　　　图 7.25　选择盲孔形式

（7）单击【下一步】按钮，在图 7.26 所示的元件类型选择对话框中选中【通孔元件】单选按钮。在三端稳压电源的设计中，所有元件均采用了穿插式封装的通孔元件。鉴于该电路板的布线密度相对较低，在【邻近焊盘间的导线数】选区中选择【一条导线】作为布线方式。

提示：如果电路图中大部分的元件为表面贴装元件，则应选中【表面贴装元件】单选按钮，如图 7.27 所示，而且要根据实际情况确定是否需要双面放置贴片元件。

（8）单击【下一步】按钮，在图 7.28 所示的导线、过孔、间隔设置对话框中，最小导线尺寸、最小过孔参数采用默认值，一般的厂家都可满足要求；最小间隔指不同网络的导线、焊盘之间的最小距离，可防止不同网络的导线、焊盘之间靠得太近而导致打火或短路，由于三端稳压电源的电源供电电压不高，采用默认值即可。

（9）单击【下一步】按钮，将弹出图 7.29 所示的 PCB 向导完成对话框。

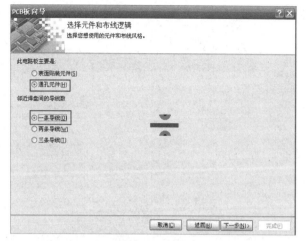

图 7.26　元件类型选择对话框

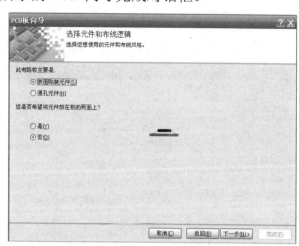

图 7.27　选择表面贴装元件方式

图 7.28　导线、过孔、间隔设置对话框

图 7.29　PCB 向导完成对话框

提示： 在 PCB 向导的操作过程中，可以单击【返回】按钮，回到前面的操作步骤，修改设置。

（10）在图 7.29 所示的 PCB 向导完成对话框中，单击【完成】按钮，将出现一个由 PCB 向导制作完成的电路板，如图 7.30 所示，其默认文件名为 "PCB1.PCBDOC"，其中布线框在禁止布线层，距离板边 0.3mm。

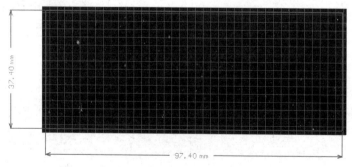

图 7.30　由 PCB 向导制作完成的电路板

提示： 由 PCB 向导产生的 PCB 文件可能不在原项目文件下，如图 7.31 所示。此时，必须将其拖入原项目文件下（用鼠标选中文件 "PCB1.PCBDOC"，在按住鼠标左键不放的同时，将该文件移动到项目文件中即可），如图 7.32 所示，否则后面将无法载入元件封装与网络。

图 7.31　由 PCB 向导产生的 PCB 文件
可能不在原项目文件下

图 7.32　将由 PCB 向导产生的 PCB 文件
拖入原项目文件下

（11）单击【保存】按钮，将产生的 PCB 文件保存为"三端稳压电源.PCBDOC"。

提示：很多学生因为没有保存 PCB 文件，导致后面的任务无法完成。

7.4　载入元件封装与网络

原理图和电路板规划完成后，需要将原理图的设计信息传递到 PCB 编辑器中，进行电路板的具体设计。原理图向 PCB 编辑器传递的信息主要为元件封装和网络。

DXP 2004 SP2 实现了真正的双向同步设计，元件封装和网络的载入既可通过在原理图编辑器中更新 PCB 文件来实现，也可通过在 PCB 编辑器中导入原理图的变化来实现。下面介绍第二种方法，即在 PCB 编辑器中利用系统提供的同步功能导入元件封装和网络。

（1）打开由 PCB 向导新建的 PCB 文件。如图 7.33 所示，执行菜单命令【设计】/【Import Changes From 三端稳压电源.PRJPCB】。将弹出图 7.34 所示的更新 PCB 文件对话框。该对话框主要由【Add Components】（添加引脚封装）和【Add Nets】（添加网络连接）两大部分组成。

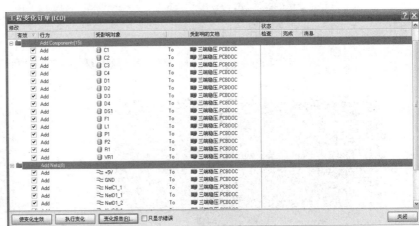

图 7.33　载入工程变化菜单　　　　　　图 7.34　更新 PCB 文件对话框

（2）在图 7.34 所示的更新 PCB 文件对话框中，单击【使变化生效】按钮。在操作过程中，会在【状态】栏的【检查】列中显示各操作是否能正确执行。其中，正确标志为"√"，错误标志为"×"，如图 7.35 所示。

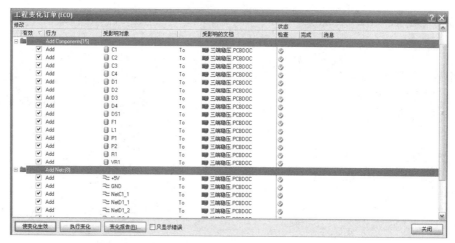

图 7.35　检查更新是否有效

（3）在图 7.35 所示的元件更新对话框中，如果更新有效（更新标志全部为"√"），则说明 PCB 编辑器可以在 PCB 元件封装库中找到所有元件的引脚封装，网络连接也正确，可以单击【执行变化】按钮，执行更新，将各封装元件及它们之间的网络连接载入 PCB 文件中。在操作过程中，会在【状态】栏的【完成】列中显示各操作是否已经正确执行，如图 7.36 所示。单击【关闭】按钮，可以看到 PCB 编辑器中已经载入了各封装元件及它们之间的网络连接，如图 7.37 所示。

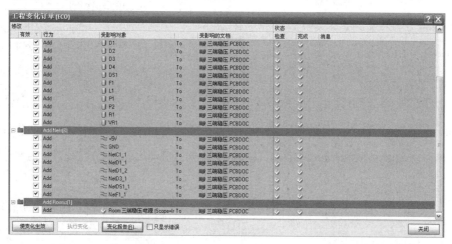

图 7.36　执行更新，载入各封装元件及它们之间的网络连接

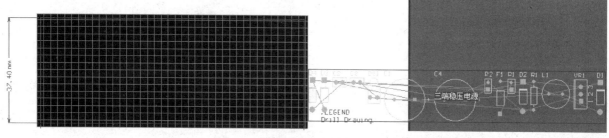

图 7.37　载入电路板的 PCB 封装元件和网络连接

　　提示：如果在检查或执行更新的过程中出现错误标志，则说明 PCB 编辑器在当前的 PCB 元件封装库中找不到该元件的引脚封装或封装有错。应该分析产生该错误的原因，并回到原理图中进行修改，直到排除错误，否则该封装元件或封装元件之间的网络连接将无法载入 PCB 文件中。

7.5 元件布局

载入各封装元件及它们之间的网络连接后，PCB 元件排列不能满足电气要求，无法直接布线。所以，在布线之前，必须使元件按照设计要求分布在电路板上，以便进行元件的布线、安装、焊接和调试。

元件布局有两种方法。一种方法为自动布局，利用 PCB 编辑器的自动布局功能，使元件按照一定的规则自动分布于电路板框内。这种方法简单、方便，但由于智能化程度不高，不能考虑到具体电路在电气特性方面的不同要求，所以很难满足实际要求。另一种方法为手工布局，设计者根据自身经验、具体设计要求对 PCB 元件进行布局。这种方法有赖于设计者的经验和丰富的电子技术知识，可以充分考虑电气特性方面的要求，但需花费较多的时间。一般情况下，可以采用二者结合的方法，先自动布局，形成一个大概的布局轮廓，再根据实际需要，通过手工布局进行调整。

7.5.1 自动布局

（1）执行菜单命令【工具】/【放置元件】/【自动布局】，如图 7.38 所示。

（2）弹出图 7.39 所示的"自动布局"对话框，选中【分组布局】单选按钮，单击【确认】按钮，启动自动布局过程。自动布局完成后的布局结果如图 7.40 所示。可以看到自动布局的结果很不理想，必须通过手工布局进行调整。

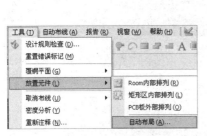

图 7.38　自动布局菜单命令

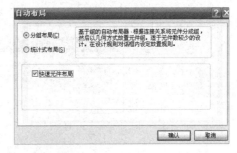

图 7.39　"自动布局"对话框

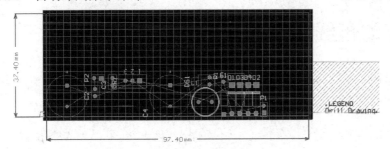

图 7.40　自动布局完成后的布局结果

7.5.2 手工布局

根据原理图和电子线路方面的知识，可以通过手工布局，对自动布局的结果进行调整。手工布局时，一般优先考虑电路中的核心元件和体积较大的元件，本例中可先确定三端稳压器 VR1 和电解电容 C1、C4 的位置。

提示：PCB 中连接各元件引脚的细线被称为飞线，如图 7.41 所示，表示封装元件焊盘之间的电气连接关系。飞线连接的焊盘在布线时将由铜箔导线连通。它和原理图中引脚之间的连线、网络表中的连接网络相对应。

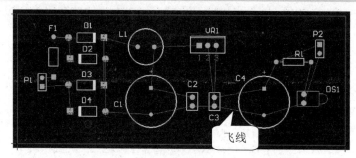

图 7.41   手工布局完成后的布局结果

在手工布局过程中，对元件的操作方法（如移动、旋转等）与在原理图中的操作方法基本一样。

在手工布局过程中，应注意以下几点：各元件不要重叠，功率较大的元件的位置不能靠得太近，尽量使飞线不交叉、长度短一些；电路板中的元件尽量均匀分布，不要全部挤到一角或一边；要满足便于和原理图进行对照分析，以及便于安装、维修、调试等电气方面的要求。

小技巧：在手工布局过程中，如果飞线交叉缠绕，则可以翻转元件，方法为将光标对准该元件，在按住鼠标左键不放的同时，使用【X】键进行水平翻转，使用【Y】键进行垂直翻转，以满足布局要求。DXP 2004 SP2 会弹出图 7.42 所示的确认对话框，可以单击【Yes】按钮进行确认。如果想将贴片元件放到焊锡面上，则可以使用【L】键。

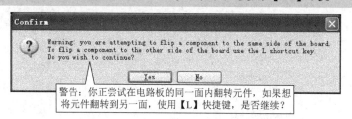

图 7.42   元件翻转确认对话框

7.6   设置自动布线规则

完成元件布局后，就可考虑布线了。布线也有两种方式：自动布线和手工布线。两种布线方式各有优缺点：自动布线方便快捷，但不一定满足电气特性方面的要求；手工布线要求布线者具有较丰富的实践经验，并且工作量较大、耗时较多。一般采用二者结合的方法，先进行自动布线，再手工调整不合理的导线，或者可以先预布一定数量的导线并将其锁定，再采取自动布线与手工调整相结合的方法。

如果要进行自动布线，则必须首先设置好布线规则，这样 PCB 编辑器才能按照预设的布线规则自动地完成导线的绘制，具体步骤如下。

（1）选择 PCB 编辑器的测量单位。可以使用【Q】键，每按一次【Q】键，测量单位便可在 mil 和 mm 之间进行转换，在屏幕的左下角可以看到当前的测量单位，如图 7.43 所示。

图 7.43　按【Q】键转换 PCB 编辑器的测量单位

（2）如图 7.44 所示，执行菜单命令【设计】/【规则】，出现图 7.45 所示的 PCB 规则和约束编辑器。

（3）在图 7.45 所示的 PCB 规则和约束编辑器中，单击左边栏中【Routing】规则项左侧的⊞按钮，可以看到右边栏中针对导线宽度等的布线规则，如图 7.46 所示。

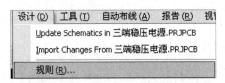

图 7.44　PCB 设计/规则设置菜单

图 7.45　PCB 规则和约束编辑器

图 7.46　布线规则设置对话框

提示：如图 7.45 所示，PCB 的设计规则有很多种，布线规则只是设计规则中的一种。

并非所有的布线规则都需要重新设置。在一般的电路板中，只需依据实际情况或设计要求对主要的布线规则进行设置，而其他规则可以采用默认参数。一般主要的布线规则有【Width】（导线宽度设置）和【Routing Layers】（布线层选择）规则项。本章的主要目的是使学生理解电路板的制作过程和步骤，所以本节只介绍几项主要布线规则的设置方法。

7.6.1　设置导线宽度规则

在电路板中，导线宽度关系到电路板的可靠性和布线难度。一方面，导线太窄，铜箔导线在焊接中及长期使用过程中容易脱落、断裂，特别是高压、大电流的导线，如电源线、地线太窄，可能造成铜箔导线电流过大而烧毁电路板等后果，严重时可能引起火灾；另一方面，导线太窄会造成电路板厂家制作困难，成本提高。导线也不是越宽越好，导线越宽，自动布线时走线就越困难，布通率就越低。因此，在自动布线前，必须根据实际情况和具体设计要求，合理设置自动布线时的导线宽度。

为了满足不同网络对导线宽度的要求，同时不使电路板面积过大，可以采取同时设置几个导线宽度规则的方法：一般先设置一个关于整体电路板导线宽度的普通规则，再根据实际情况对大电流的个别网络导线分别设置较大的导线宽度。设置导线宽度规则的具体方法如下。

1. 设置整体电路板导线宽度规则

在图 7.46 所示的布线规则设置对话框中，展开【Width】规则项，可以看到对话框的右边栏中已经有了一个默认的导线规则。设置一般导线的宽度，如图 7.47 所示。

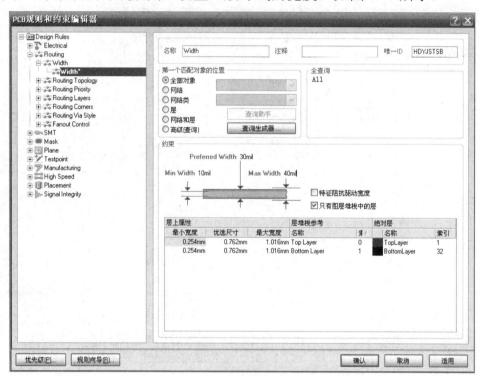

图 7.47　设置一般导线的宽度

第一个匹配对象的位置默认为"全部对象"，即对所有导线都有效。导线宽度的默认值为 0.3mm，如果合适，则不必修改。在本例的三端稳压电源中，电路板面积较大，元件较少，导线宽度可以设置得较大，具体设置如下。

【Max Width】（最大宽度）：40mil。

【Preferred Width】（最优宽度）：30mil。

【Min Width】（最小宽度）：10mil。

> **提示：** 导线宽度的设置顺序为【Max Width】（最大宽度）→【Preferred Width】（最优宽度）→【Min Width】（最小宽度），否则由于【Max Width】（最大宽度）的限制，可能会发生设置错误。

2．设置特殊网络的导线宽度

一般对于大电流网络，必须单独设置导线宽度规则。本例中将地线和+5V 电源导线的宽度设置为"60mil"（最大为 80mil，最小为 50mil），操作方法如下。

在图 7.47 所示的对话框中，选择【Width】规则项，右击，将弹出图 7.48 中所示的快捷菜单。

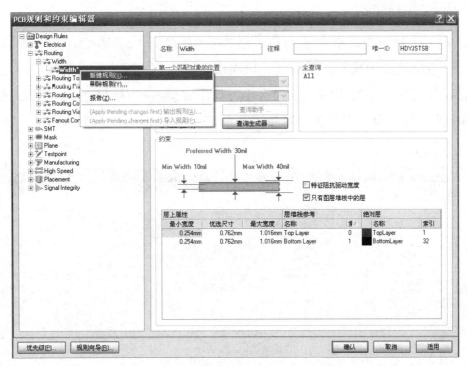

图 7.48　添加导线宽度规则对话框

选择【新建规则】命令，将在原【Width】规则项的基础上增加一个【Width_1】新导线宽度规则项，如图 7.49 所示。

图 7.49　新增【Width_1】导线宽度规则项

下面对 GND 网络进行具体设置。

先将第一个匹配对象的位置设置为"网络"，在【网络】下拉列表中选择【GND】选项，从而只改变地线的宽度，再在下部的参数栏中输入具体数值，单击【适用】按钮，完成设置。

采用相同的方法，可以完成电源+5V 网络的设置。

7.6.2　设置布线层规则

布线层规则用于规定电路板布线的信号层和各信号层布线的方向，即该规则可以决定电路板的种类——双面板或单面板。系统默认电路板为双面板，即信号层为顶层信号层和底层信号层，其中顶层信号层的布线方向默认为水平方向，底层信号层的布线方向默认为垂直方向。

在图 7.46 所示的布线规则设置对话框中，展开【Routing Layers】规则项，将弹出图 7.50 所示的布线层设置对话框。

图 7.50　布线层设置对话框

下面对布线层设置对话框中的部分参数进行介绍。

【第一个匹配对象的位置】：该参数可确定相应规则的适用范围，可选项为【全部对象】、【网络】等。关于布线层规则，这里选【全部对象】。

【有效的层】：有【Top Layer】（顶层信号层）和【Bottom Layer】（底层信号层）两个信号层可供选择。勾选后面的复选框表示选择该层面。在默认情况下，后面的复选框全部处于勾选状态，表示制作双面板。

本例中的元件较少，电路板面积较大，为降低成本，将电路板设置为单面板，因此取消对【Top Layer】复选框的勾选，如图 7.50 所示。

完成各项规则的设置后，单击【确认】按钮，关闭对话框。

7.7　自动布线和 3D 效果图

在依次完成前面任务的设计步骤后，就可以启动自动布线过程了。对初学者而言，这是一个激动人心的步骤，前面所有的努力到这一步终于有了初步成果。自动布线的操作方法如下。

（1）如图 7.51 所示，执行菜单命令【自动布线】/【全部对象】。

（2）弹出图 7.52 所示的自动布线策略设置对话框，布线策略一般采用默认的第二项【Default 2 Layer Board】。

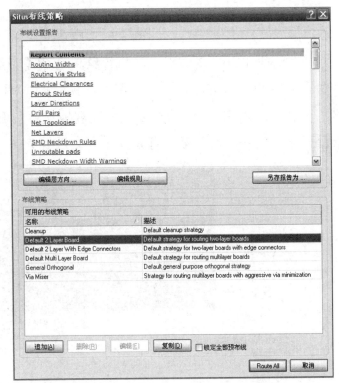

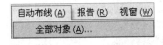

图 7.51　自动布线菜单

图 7.52　自动布线策略设置对话框

（3）在图 7.52 所示的自动布线策略设置对话框中，单击【Route All】按钮，将启动自动布线过程。本例中的元件较少，因此布线速度很快。在自动布线过程中弹出图 7.53 所示的自动布线信息报告。

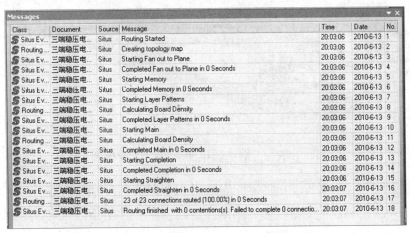

图 7.53　自动布线信息报告

（4）在图 7.53 所示的自动布线信息报告中，单击【关闭】按钮，即可看到本例中三端稳压电源自动布线的结果，如图7.54所示。计算机配置的不同会使元件布局产生差异，这可能会导致布线结果差别较大。

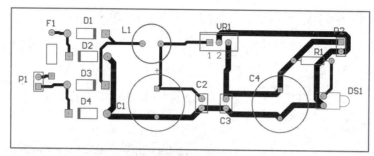

图7.54　三端稳压电源自动布线的结果

（5）观看 PCB 3D 效果图。执行菜单命令【查看】/【显示三维 PCB 板】，可以观看到三端稳压电源 PCB 3D 效果图，如图7.55所示。当然，它只是一种模拟的 PCB 3D 图，通过该图，可以从立体 3D 空间的角度较为直观地观察到 PCB 的一些有用信息，例如在元件布局上是否有元件重叠，以及是否有元件距离太近等。

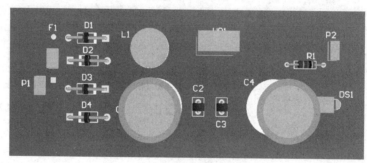

（a）默认状态

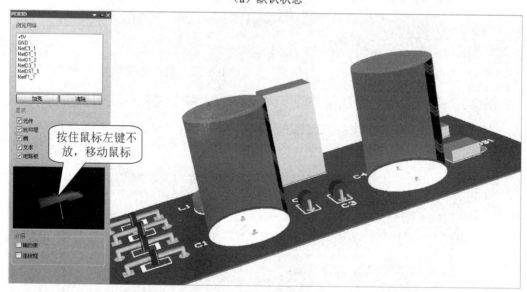

（b）转变观察角度

图7.55　三端稳压电源 PCB 3D 效果图

现在终于制作了一个简单的三端稳压电源 PCB，体验了利用 DXP 2004 SP2 制作 PCB 的基本过程。当然，该板中还存在着较多的不足之处，例如自动布线后部分导线存在弯曲太多、绕行太远等缺陷，如图7.54所示。所以，将在后面的项目中讲解对该板进行完善的方法，包括手工修改导线等 PCB 制作过程中的常用技巧。

上机实训：制作单管放大电路的 PCB

1. 上机任务

制作图 7.56 所示单管放大电路的 PCB，要求制作单面板，PCB 的尺寸为 60mm（或 2380mil）×40mm（或 1580mil）。

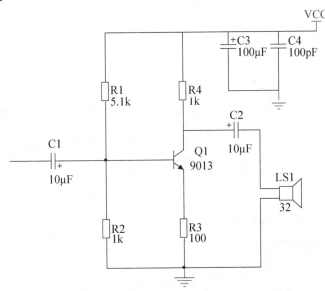

图 7.56　单管放大电路原理图

2. 任务分析

该 PCB 上的元件不多，三极管 Q1 为直插式塑封外壳三极管，不能采用默认封装 BCY-W3。这是因为在图 7.57（a）所示的 NPN 型三极管的原理图符号（显示隐藏引脚）中，第 1 引脚为 C 极，第 3 引脚为 E 极；实际三极管的引脚排列如图 7.57（b）所示，第 1 引脚为 E 极，第 3 引脚为 C 极；而默认封装 BCY-W3 的焊盘排列如图 7.57（c）所示。如果采用默认封装 BCY-W3，则将导致安装的三极管 C、E 极倒置，PCB 发生严重错误。必须将封装更改为 BCY-W3/B.7，如图 7.57（d）所示。

（a）NPN 型三极管的原理图符号（显示隐藏引脚）　　　（b）实际三极管的引脚排列

（c）默认封装 BCY-W3 的焊盘排列　　　　　　（d）更改后的封装 BCY-W3/B.7

图 7.57　三极管的封装

提示：也可采用第 10 章所讲的方法对原三极管封装进行修改，或者采用第 3 章介绍的直接修改原理图元件的方法对三极管引脚进行修改，将第 1 引脚和第 3 引脚的位置对调。

扬声器 LS1 的引脚封装采用 PIN2，电解电容 C1、C2 的封装采用 RB5-10.5，滤波电容 C3 的封装采用 RB7.6-15，电阻封装采用 AXIAL-0.4，无极性电容封装采用 RAD-0.3。

3．操作步骤和提示

（1）绘制单管放大电路原理图，并为各元件确定合适的引脚封装，其中将三极管 Q1 的封装更改为 BCY-W3/B.7。

（2）产生网络表，并检查各元件编号、参数、引脚封装是否正确。

（3）利用 PCB 向导新建 PCB。

（4）通过更新，载入 PCB 元件和网络连接。

（5）元件布局，先自动布局，再通过手工布局进行调整，完成后的效果如图 7.58 所示。

（6）设置自动布线规则。一般导线的宽度为：【Max Width】，40mil；【Preferred Width】，30mil；【Min Width】，10mil。电源线和地线的宽度为：【Max Width】，80mil；【Preferred Width】，60mil；【Min Width】，40mil。

（7）自动布线，效果如图 7.59 所示。

（8）观看 PCB 3D 效果图。

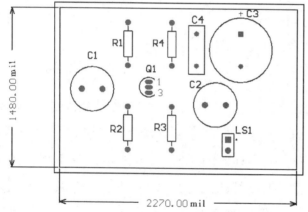

图 7.58　单管放大电路 PCB 的布局效果图

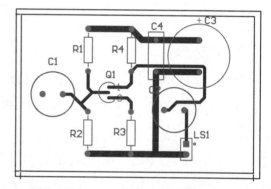

图 7.59　自动布线效果图

 本章小结

本章通过制作一个较为简单的三端稳压电源 PCB，使学生初步体验 PCB 制作的主要过程，增强学生制作 PCB 的信心，重点讲解了 PCB 元件封装的确定，利用 PCB 向导产生 PCB 的步骤，自动布线规则的含义和设置方法，以及自动布局和自动布线等操作。学生必须充分地认识到，本章所选的 PCB 实例非常简单，布线的结果也十分理想，不过在后面的项目中还需继续学习对 PCB 进一步完善的方法。

 习题 7

7.1　制作题图 7.1 所示功率放大器的 PCB，PCB 的尺寸为 80mm×60mm。

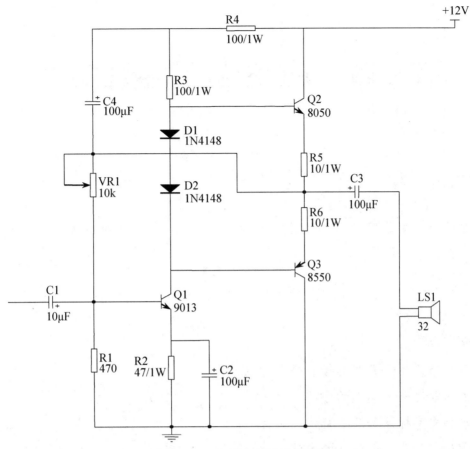

题图 7.1　功率放大器的原理图

7.2 制作题图 7.2 所示电源电路的 PCB，PCB 的尺寸为 60mm×40mm。

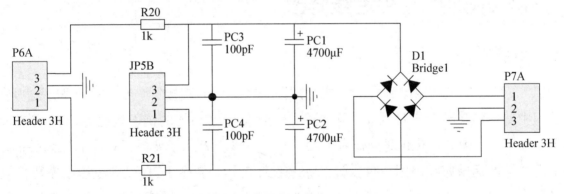

题图 7.2　电源电路的原理图

第 8 章　PCB 的编辑和完善

本章将继续以三端稳压电源 PCB 为例，进一步介绍对 PCB 进行编辑和完善的方法，以达到以下教学目标。

🎯 **知识目标**
- 理解常用的布线原则。

👆 **技能目标**
- 理解手工修改导线的必要性和操作方法。
- 了解添加电源连线端点的方法。
- 掌握添加文字标注和尺寸标注的方法。
- 掌握添加定位孔、覆铜区的方法。

教学微课

8.1　布线原则检查和走线修改

8.1.1　布线原则

所谓"布线"，就是利用印制导线完成原理图中各元件的连接。和布局类似，布线也是 PCB 设计过程中的关键环节，不良的布线可能会严重降低电路系统的抗干扰性能，甚至使电路系统完全不能工作。因此，布线对操作者的要求较高，操作者除了要灵活运用布线软件的功能，还要牢记并灵活运用布线原则。可以说，布线设计过程是整个 PCB 设计过程中技巧性最强、工作量最大、最体现设计水平的环节。本节将介绍布线原则，希望学生在设计过程中能自觉遵守、灵活运用它们。

在 PCB 布线过程中，必须遵循以下布线原则。

1. 安全工作原则

安全工作原则是指 PCB 的铜箔导线要保证 PCB 能长期安全地工作，主要包含以下几点。

（1）安全间距原则。要保证两网络走线的最小间距能承受所加电压的峰值，特别是高压线，应圆滑，不得有尖锐的倒角，否则容易造成 PCB 打火击穿甚至火灾等严重后果。

（2）安全载流原则。走线宽度应以走线所能承载的电流峰值为基础进行设计，并留有一定的余量。走线载流能力的大小取决于以下因素：线宽、线厚（铜箔厚度）、容许温升等。表 8.1 给出了导线宽度和导电电流的关系，学生可以根据这个基本的关系适当选取导线宽度。

表 8.1　导线宽度和导电电流的关系

导线宽度/mil	导电电流/A	导线宽度/mil	导电电流/A
10	1	50	2.6
15	1.2	75	3.5
20	1.3	100	4.2
25	1.7	200	7.0

2．导线精简原则

在满足安全工作原则等电气要求的前提下，导线要精简，尽可能短，尽量少拐弯，力求简单明了，特别是场效应晶体管栅极、晶体管基极、时钟电路等的小信号导线。当然，为了实现阻抗匹配而进行的特殊延长（如蛇行走线等）就另当别论了。

3．电磁抗干扰原则

电磁抗干扰原则涉及的知识点比较多，主要有以下几点。

（1）导线拐角。印制导线转折处的内角不能小于 90°，一般选择 135° 或圆角，特别是在高频电路中，尖角会影响电气性能。导线与焊盘、过孔的连接处要圆滑，避免出现小尖角和毛刺。由于工艺的原因，在印制导线的小尖角处，印制导线的有效宽度减小，电阻增大；小于 90° 的拐角会使印制导线的总长度增加，也不利于减小印制导线的寄生电阻和寄生电感。

注意：导线与焊盘、过孔也必须以 135° 或 90° 相连。

（2）布线方向。在双面板、多层板中，上、下层信号线的走线方向要尽量相互垂直或斜交叉，避免平行走线，减小寄生耦合。对数字、模拟混合系统来说，模拟信号走线和数字信号走线应尽量位于不同层面内或同一层面的不同区域内，并且走线方向相互垂直，以减少相互间的信号耦合，在高频电路中必须严格限制平行走线的最大长度。

（3）就近接地和隔离。为了提高抗干扰能力，小信号线和模拟信号线应尽量靠近地线，远离大电流和电源线。数字信号既容易干扰小信号，又容易受到大电流信号的干扰，布线时必须认真处理好数据总线的走线，必要时可加装电磁屏蔽罩或屏蔽板。时钟信号引脚最容易产生电磁辐射，因此走线时，应尽量靠近地线，设法减小回路长度，以及尽量避免在时钟电路下方走线。在微机、单片机 PCB 数据总线间，可以通过添加信号地线来实现彼此的隔离。数字电路、模拟电路和大电流电路的电源线与地线必须分开走线，最后接到系统电源线、地线上，形成单点接地。

4．环境效应原则

PCB 走线要注意所应用的环境，高压或大功率元件尽量与低压或小功率元件分开走线，即彼此的电源线、地线分开走线，以避免高压或大功率元件通过电源线、地线的寄生电阻（或寄生电感）干扰小元件；避免在振动或其他容易使 PCB 变形的环境中采用过细的铜膜导线，否则很容易出现铜箔导线起皮、拉断等不良后果。

5．组装方便、规范原则

走线设计要考虑组装是否方便、规范，例如跳线的位置要便于焊接等。

6. 美观、经济原则

美观原则要求设计者较充分地利用 PCB 空间，均匀分布走线，力求走线美观、精简。好的 PCB 布线美观、做工精细，看上去就像一件艺术品。经济原则要求设计者对组装的工艺有一定的认识和了解，例如 5mil 的走线比 8mil 的走线难于腐蚀，所以价格要高。

以上是一些基本的布线原则。当然，布线在很大程度上与设计者的经验有关，学生应该在今后的学习和实训中不断积累经验，提高制板技巧。

为了便于比较、检查和修改，在表 8.2 中列举了部分正确与不正确的走线方式。

表 8.2　部分正确与不正确的走线方式列表

正确走线	不正确走线及不正确的原因	正确走线	不正确走线及不正确的原因
	焊盘直径与导线宽度不成比例	元件面上的走线 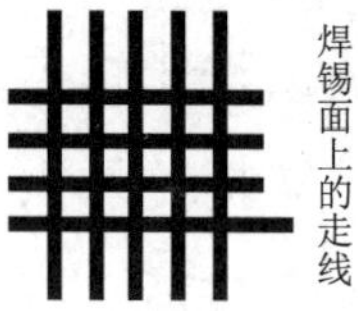　焊锡面上的走线　上、下面走线相互垂直	上、下面走线相互平行
	 导线起点不在焊盘中心		
	导线中心与焊盘中心不重合		
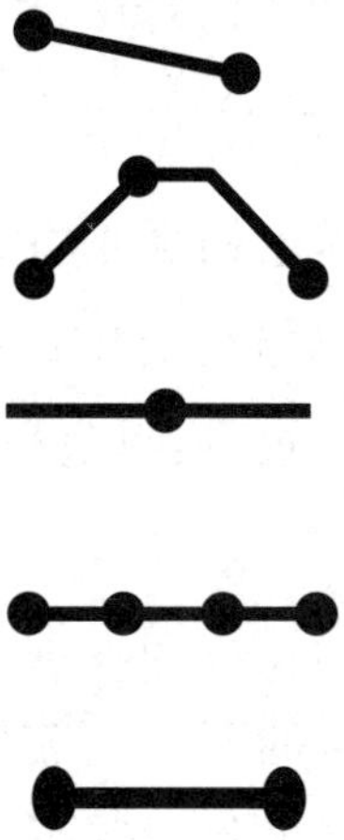	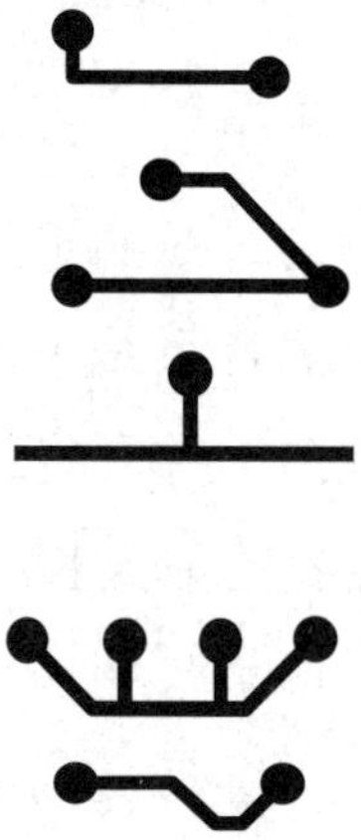 走线长	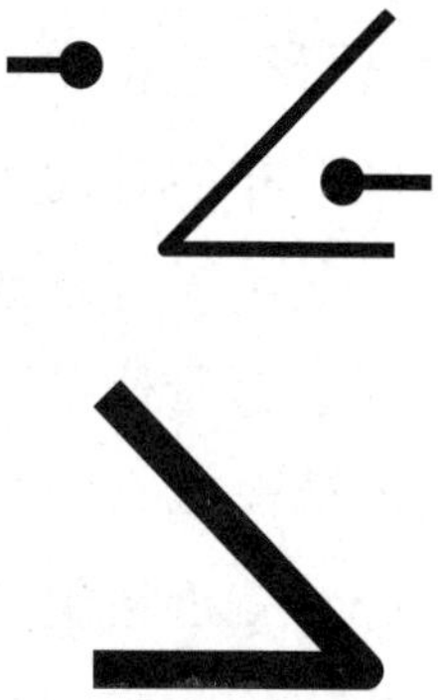 布线角度小于 135°	
	过孔距离太小		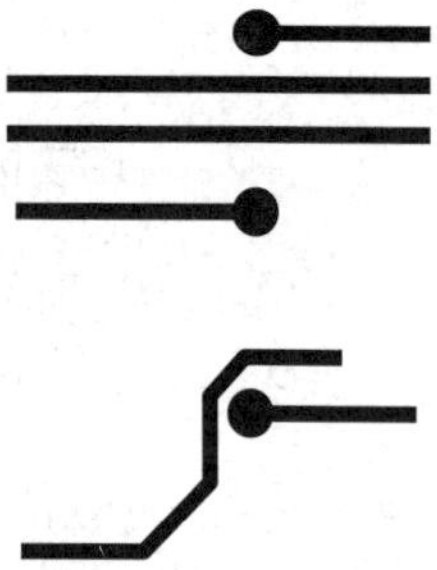 没有充分利用空间

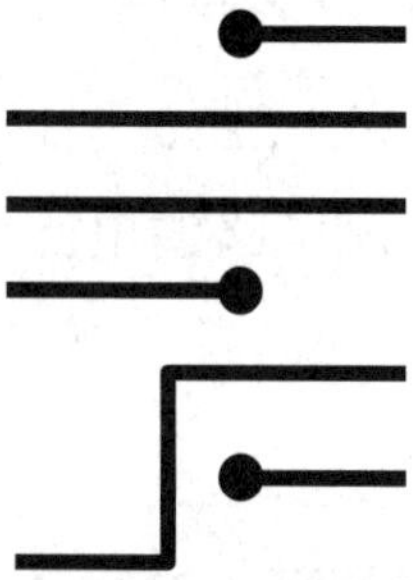

8.1.2　布线原则检查和手工修改导线

下面结合前面项目中绘制的三端稳压电源 PCB，介绍走线检查和修改的方法。

打开三端稳压电源 PCB，根据上面所讲的布线原则仔细检查 PCB 连线，发现至少存在三处较为明显的违反布线原则的导线，如图 8.1 所示。

在图 8.1 中，序号 1 处的导线违反了导线精简原则，绕行过远，可以连接 C2 与 C3 连线的中点和地线；序号 2 处的导线违反了导线拐角规律，导线转折处的内角小于 90°；序号 3 处的走线不够美观、精简，并且存在尖角。针对以上导线进行手工修改，具体修改方法如下。

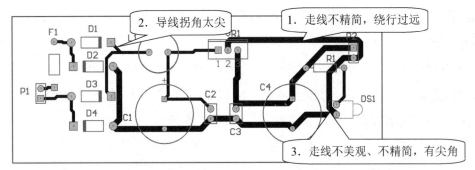

图 8.1　三端稳压电源 PCB 走线违反布线原则示意图

1．认识 PCB 配线工具

PCB 配线工具栏如图 8.2 所示，PCB 配线工具栏中各工具的作用如表 8.3 所示。

图 8.2　PCB 配线工具栏

表 8.3　PCB 配线工具栏中各工具的作用

工具符号	作　用	工具符号	作　用
	交互式布线		放置铜区域
	放置焊盘		放置覆铜平面
	放置过孔	A	放置字符串
	边缘法放置圆弧		放置元件
	放置矩形填充		

2．删除或取消原来所布的导线

（1）删除原来所布的导线：执行菜单命令【编辑】/【删除】，出现十字光标，将其对准要删除的导线，单击，即可删除该导线，如图 8.3 所示。

（2）取消原来所布的导线：按照步骤（1）操作，一次只能删除一段导线，如果想取消整条导线或将 PCB 上的所有导线都取消，必须执行图 8.4 所示的菜单命令，其部分子菜单命令的含义如下。

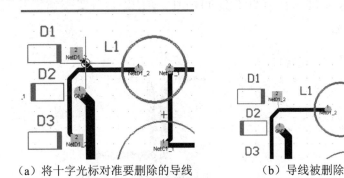

（a）将十字光标对准要删除的导线　　　（b）导线被删除

图 8.3　删除原来所布的导线

图 8.4　取消布线菜单命令

【全部对象】：取消所有导线。

【网络】：以网络为单位取消布线。例如，在选择【网络】命令后，单击 GND 网络的导线，即可取消所有接地导线。

【连接】：取消两个焊盘之间的连接导线。

【元件】：取消与该元件连接的所有导线。

用户可以根据需要，确定取消导线的方式和范围，选择合适的命令。此处要取消 VR1 的第 2 引脚与 P2 的第 2 引脚之间的连接导线，所以选择【工具】/【取消布线】/【连接】命令，出现十字光标，将其对准该导线，单击即可，如图 8.5 所示。

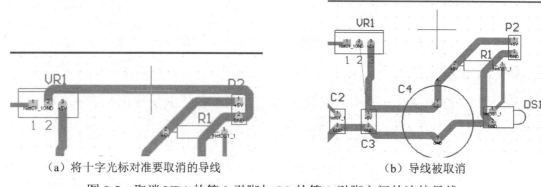

（a）将十字光标对准要取消的导线　　　　　　（b）导线被取消

图 8.5　取消 VR1 的第 2 引脚与 P2 的第 2 引脚之间的连接导线

3．选择底层信号层作为当前工作层面

因为单面板的导线位于【Bottom Layer】（底层信号层），所以利用鼠标选择该层作为当前工作层面，如图 8.6 所示。这一步非常重要，因为在不同层面绘制的导线具有不同的电气特性。

图 8.6　选择底层信号层作为当前工作层面

4．手工重新布线

选择 PCB 配线工具栏中的交互式布线工具 ，将十字光标对准要连接导线的焊盘中心，当完全对准时，光标中心出现一个八边形，表明可以连线。此时单击，得到导线起点；移动鼠标，可带出绘制的导线，如图 8.7（a）所示。绘制完成的效果如图 8.7（b）所示。如果想修改导线属性，则可以按下【Tab】键，弹出导线属性修改对话框，如图 8.8 所示。在该对话框中，用户可以修改【Trace Width】、【层】等属性。在导线绘制过程中，在每个需要拐弯的位置单击，直到导线绘制完成。右击，结束布线。

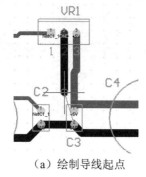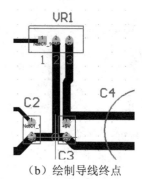

（a）绘制导线起点　　　　　　　　　　　　（b）绘制导线终点

图 8.7　手工绘制导线

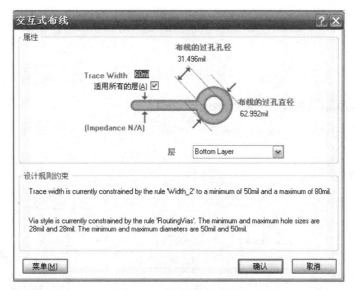

图 8.8　修改导线属性

采用同样的方法，修改图 8.1 中其他需要修改的导线，完成后的效果如图 8.9 所示。

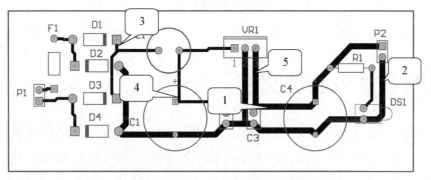

图 8.9　修改图 8.1 中其他需要修改的导线

> **提示：** 图 8.9 中的序号指修改过的导线。由于各设计者的思路和侧重点不同，因此导线修改的最终效果也不同，本图仅供参考。

8.2　添加电源连线端点

在初步布线完成的 PCB 中，有时为了方便电器的金属外壳接地，给 PCB 提供电源，以及加入输入信号或测试信号等，需要在 PCB 中放置额外的焊盘。

在三端稳压电源 PCB 中，为方便电源外壳接地，可以添加额外的接地端点。但在 PCB 编辑器中，并非任意添加的焊盘都能连接到相应的导线网络中。下面仍以三端稳压电源 PCB 为例，介绍放置接地端点的方法。

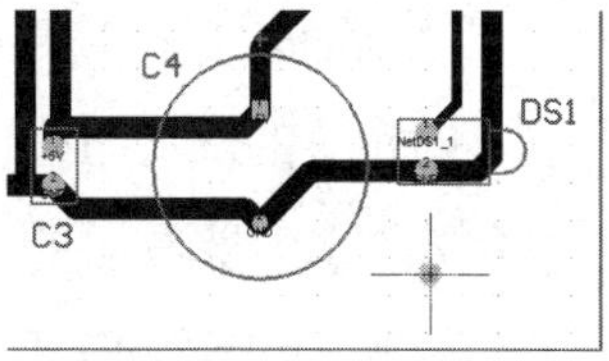

（1）放置新焊盘。先打开图 8.9 所示三端稳压电源 PCB 的文件，再选择放置焊盘工具，在准备焊接地线的位置放置新焊盘，如图 8.10 所示。

图 8.10　放置新焊盘

（2）修改焊盘的网络属性。新焊盘用于焊接地线，为了连接到该网络，必须修改焊盘的网络属性。双击新焊盘，弹出"焊盘"对话框，如图 8.11 所示，在焊盘【网络】属性的选项中，选择准备接入的网络"GND"，并修改焊盘的尺寸参数。由于地线一般较粗，所以焊盘尺寸设置得较大，单击【确认】按钮，就可以看到新焊盘 1 已经有飞线连接到 GND 网络上。

（3）连接导线。可以利用前面手工布线的方法连接新焊盘，如图 8.12 所示。

图 8.11　修改焊盘的网络属性

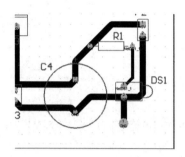

图 8.12　连接好的焊盘

8.3　添加标注和说明性文字

在 PCB 中，为了便于装配、焊接和调试，一般需要额外加入标注和说明性文字，如 PCB 上的测试点、信号连接端、电源端，PCB 与 PCB 之间的接插线和插座的连接关系，以及跳接线连接的含义等。下面仍以三端稳压电源 PCB 为例，在新焊盘旁添加文字标注"GND"，介绍在 PCB 中添加标注和说明性文字的方法。

（1）选择顶层丝印层。标注和说明性文字一般被添加在信号层的丝印层上，例如本例中要在顶层丝印层添加文字标注"GND"，所以选择【Top Overlay】（顶层丝印层），如图 8.13 所示。

图 8.13　选择顶层丝印层

小技巧：如果 PCB 文件中使用的层面较多，可能看不到所有层面，那么可以单击层面左移、右移按钮，显示出该层后，选择该层。

（2）选择文字工具，输入标注和说明性文字。选择文字工具**A**，按下【Tab】键，弹出图 8.14 所示的文字工具属性对话框，其中部分参数的含义如下。

【文本】：要添加的文字标注，本例中为接地标注"GND"。

【宽】：文字的笔画宽度，默认为 10mil，本例中采用默认值。

【旋转】：文字旋转的角度，默认为 0，本例中采用默认值。

【高】：文字的高度，本例中将其设为 60mil。

【层】：文字所在的层面，本例中选择顶层丝印层。

设置完成后，单击【确认】按钮，此时光标处出现文字标注"GND"。

（3）将光标移动到需要放置文字标注的位置，单击放置"GND"标注，如图 8.15 所示。

图 8.14　文字工具属性对话框

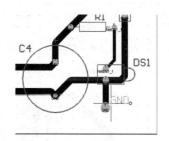

图 8.15　新添加的"GND"标注

（4）依次添加其他文字标注，并适当调整元件标注，完成后的效果如图 8.16 所示。

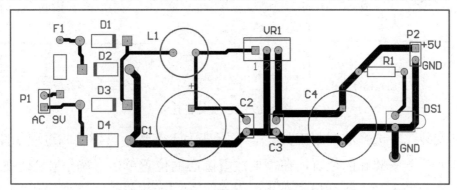

图 8.16　添加其他文字标注

8.4　添加安装孔和标注尺寸

为了便于装配、焊接、调试 PCB，一般需要添加安装孔和标注必要的尺寸。下面仍以三端稳压电源 PCB 为例，介绍添加安装孔和标注尺寸的方法。

（1）打开三端稳压电源 PCB 图纸，选择机械层。PCB 尺寸标注、边框、安装孔等机械安装、PCB 制作尺寸方面的标注和图件，一般被添加在【Mechanical】（机械层）上。因此，在制作安装孔前，先选择该层，如图 8.17 所示。

（2）认识 PCB 实用工具。

PCB 实用工具栏如图 8.18 所示，PCB 实用工具栏中各工具的作用如表 8.4 所示。

图 8.17　选择机械层　　　　　　　　　　图 8.18　PCB 实用工具栏

151

表 8.4　PCB 实用工具栏中各工具的作用

工具符号	作　用	工具符号	作　用
/	放置直线	+10,10	放置坐标
⅍	放置标准尺寸	⊗	设定原点
⌒	中心法放置圆弧	⌒	边缘法放置任意角度圆弧
◯	放置圆	⠿	粘贴队列

（3）确定放置安装孔的位置。利用放置标准尺寸工具 ⅍ 和放置直线工具 / 确定放置安装孔的位置，如图 8.19 所示，图中的中心辅助定位线由放置直线工具 / 绘制，直线的宽度为 10mil 左右。

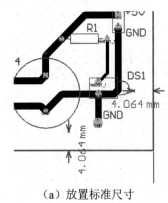

（a）放置标准尺寸　　　　　　　　　　　（b）绘制直线，确定安装孔的位置

图 8.19　定位安装孔

（4）绘制安装孔。选择放置圆工具 ◯，光标变为十字形，具体绘制过程如图 8.20 所示。移动光标到需要放置安装孔的位置，在需要放置圆心的位置单击，确定圆心，如图 8.20（a）所示。按住鼠标左键不放，移动鼠标带出一个圆，在圆的半径大小合适时松开鼠标左键，确定半径，如图 8.20（b）所示。

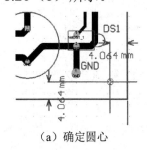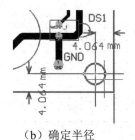

（a）确定圆心　　　　　　　　　　　　（b）确定半径

图 8.20　绘制安装孔

（5）精确设置定位孔的尺寸属性。由于在手工绘制过程中，难以做到对安装孔尺寸的精确控制，所以在初步制作完成后，必须进行属性修改。双击刚绘制好的圆形，弹出图 8.21 所示的对话框，根据所安装螺钉的大小进一步将圆的半径修改为 2mm。

注意：安装孔在 PCB 制作时将被挖空，以便安装螺钉，所以不能有导线穿过。

提示：在双击安装孔并弹出"圆弧"对话框前，可以按下【Q】键，转换尺寸单位。每按一次【Q】键，尺寸单位就在英制（mil）和公制（mm）之间转换一次。

（6）采用相同的方法（也可采用复制、粘贴的办法），制作其他三个安装孔，完成后的效果如图 8.22 所示。制作好安装孔后，为了 PCB 清晰明了，可以删除辅助定位线。

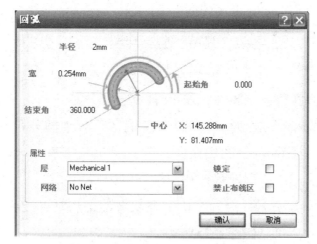

图 8.21　设置定位孔的尺寸属性

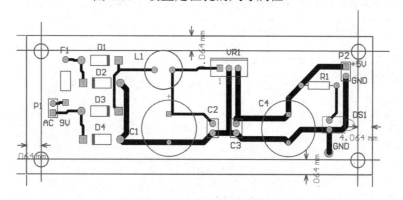

（a）制作其他三个安装孔

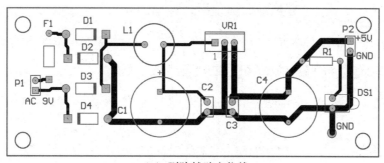

（b）删除辅助定位线

图 8.22　制作完成的安装孔

提示：安装孔也可以用放置焊盘的方法制作，只需按要求设置焊盘孔径即可。

8.5　添加覆铜区

完成布线后，在较大面积的无导线区域，可以添加连接到接地网络、电源网络或其他网络的覆铜区。这样做，一方面可以提高电路板的抗干扰和导电能力；另一方面可以提高电路板中的铜箔导线对电路板基板的附着力，以免在较长时间的焊接过程中，焊盘翘起或脱落。下面仍以三端稳压电源 PCB 为例，介绍添加覆铜区的方法。

（1）打开三端稳压电源 PCB 图纸，选择底层信号层。覆铜区位于【Bottom Layer】（底层信号层）。利用鼠标选择底层信号层，如图 8.23 所示。

图 8.23　选择底层信号层

（2）选择覆铜工具，修改覆铜属性。在 PCB 配线工具栏中，选择放置覆铜平面工具 ▦，按下【Tab】键，弹出"覆铜"对话框，如图 8.24 所示，其中部分属性的含义如下。

①【填充模式】：覆铜平面内部的填充模式。

a.【实心填充（铜区）】：覆铜没有开孔，填充区为整块铜箔，如图 8.24 所示。

b.【影线化填充（导线/弧）】：因为整块铜箔较大，受热时可能会导致翘起或爆裂，所以可以在较大铜箔的覆铜上开孔，如图 8.25 所示。

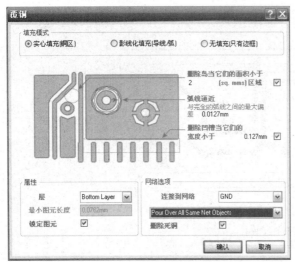

图 8.24　"覆铜"对话框　　　　　　　图 8.25　影线化填充示意图

c.【无填充（只有边框）】：覆铜区只有边缘边框。

②【层】：覆铜位于哪一个层面。例如，本例中的单面板位于【Bottom Layer】（底层信号层）。

③【连接到网络】：连接导线的网络的名称，该选项用于选择覆铜要连接的导线所在的网络，本例中为连接到 GND 网络。

④ 包围相同网络的方式：覆铜与相同网络的包围方式，有以下三种。

a.【Don't Pour Over Same Net Objects】：不包围相同网络的走线。导线和覆铜只以小导线连接，没有完全融合在一起。

b.【Pour Over All Same Net Objects】：包围所有相同网络的对象（含导线、铜区域、矩形填充等）。选择该选项，可以使覆铜和导线融为一体。

c.【Pour Over All Same Net Polygons Only】：包围相同网络的铜区域、矩形填充等。

本例中选择【Pour Over All Same Net Objects】选项。

⑤【删除死铜】：勾选其复选框，可以删除覆铜范围内没有与任何网络连接的导线。

本例中各属性的设置如图 8.24 所示。

（3）修改好覆铜属性后，单击【确认】按钮，光标变为十字形，在需添加覆铜区的位置绘制覆铜区的轮廓，利用鼠标左键设置起点和转折点，如图 8.26 所示，图中的序号表示单击的顺序，沿着覆铜区的轮廓依次单击即可。

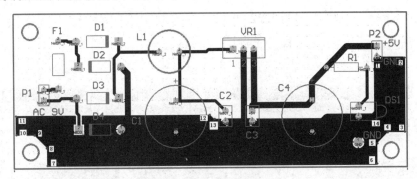

图 8.26　绘制覆铜区的轮廓

（4）单击完覆铜区的所有转折点后，右击，即可生成覆铜，完成后的效果如图 8.27 所示。

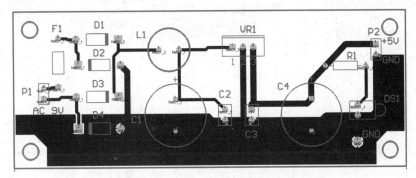

图 8.27　地线覆铜完成后的效果

（5）采用前面的方法，继续添加电源+5V 网络等的覆铜，完成后的整体效果如图 8.28 所示。

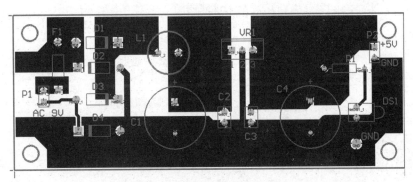

图 8.28　覆铜完成后的整体效果

> **提示：** 在绘制覆铜区的过程中，可以利用空格键改变覆铜的拐角模式，从而形成特殊形式的覆铜拐角（如圆形拐角）。在覆铜过程中，尽量避免形成尖角和毛刺，因为尖角和毛刺容易产生干扰和打火等不良后果。

8.6　打印输出 PCB 文件

PCB 文件的打印输出和原理图文件的打印输出在操作上基本相似，而由于 PCB 存在板层的概念，在打印 PCB 文件时可将各层面一起打印输出，也可由用户自己选择要打印的层面，以便制板和校对。

1. 打印预览

在 PCB 设计完成后，DXP 2004 SP2 可以方便地将 PCB 文件打印或导出。执行菜单命令【文件】/【打印预览】，将弹出 PCB 文件打印预览对话框，如图 8.29 所示，可以预览和设置 PCB 层面的打印效果。

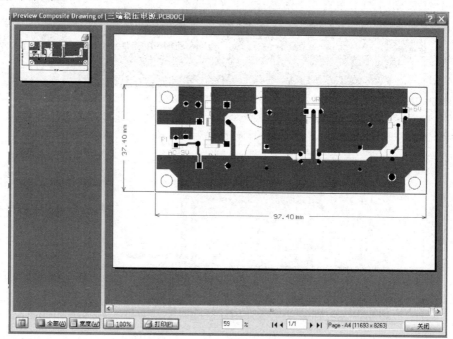

图 8.29　PCB 文件打印预览对话框

2. 设置纸张

右击图纸中心，将弹出图 8.30 所示的快捷菜单，选择【页面设定】命令，将弹出图 8.31 所示的纸张设置对话框。

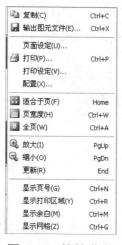

图 8.30　快捷菜单

图 8.31　纸张设置对话框

对图 8.31 所示对话框中个别属性的介绍如下。

【尺寸】：设置纸张的大小，在其下方选择图纸的方向。

【刻度模式】：如果采用默认项【Fit Document On Page】，则将自动调整 PCB 的图层比例，使其适配纸张的大小；如果打印的 PCB 文件只用于校对等，不要求与实际尺寸相符，则可以选择此模式；如果要求打印尺寸与实际尺寸相符，如手工制作 PCB 等场合，则必须选择【Scaled

Print】选项，并且将刻度、修正 *X*、修正 *Y* 修改为"1.00"，如图 8.32 所示。

图 8.32　要求打印尺寸与实际尺寸一致时的参数设置

可在图 8.32 所示的【彩色组】选区中选择原理图的输出模式。

3．设置打印图层

与原理图不同，PCB 在打印前还可选择打印的层面，在图 8.30 所示的快捷菜单中，选择【配置】命令，弹出图 8.33 所示的"PCB 打印输出属性"对话框，图中列出了将要打印的层面。

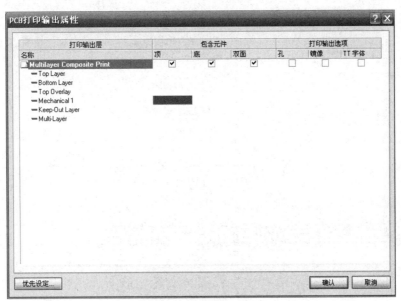

图 8.33　"PCB 打印输出属性"对话框

在图 8.33 所示的对话框中右击，将弹出图 8.34 所示的快捷菜单，可以选择【删除】命令，删除被选中的层。也可选择【插入层】命令，弹出图 8.35 所示的"层属性"对话框，在【打印层次类型】下拉列表中选择要添加的层面。

4．设置打印参数

在图 8.29 所示的对话框中单击【打印】按钮，可以弹出图 8.36 所示的对话框，在其中进一步设置打印参数，设置好后，单击【确认】按钮，开始打印。

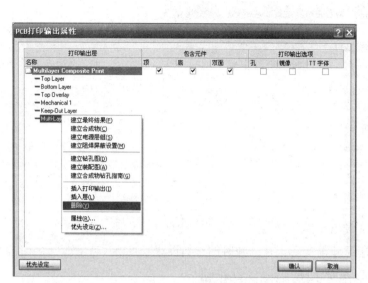

图 8.34　快捷菜单

图 8.35　"层属性"对话框

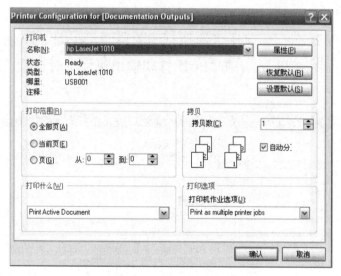

图 8.36　设置打印参数

8.7　PCB 初步制作完成后的进一步检查

如果在 PCB 初步制作过程中没有发生错误，或者如前所述，将发生的错误修改后，原理图编辑器和 PCB 编辑器都没有报告错误，那么是否 PCB 在初步制作完成后就算制作成功了呢？答案是否定的，因为原理图编辑器和 PCB 编辑器只能从线路连接等角度对原理图和 PCB进行对照和查错，报告较简单的错误，而不能从电路的电气特性方面进行检查，即使 PCB 图纸存在较严重的电气错误（如元件封装不正确、焊盘孔过小、元件安装位置不正确等），也无法自动检查出来。所以，在 PCB 初步制作完成后，一定要从实际元件出发，仔细检查，力争将错误排除在将 PCB 图纸送厂家制板之前。对于大批量的生产，必要时可以采取先按 1∶1的比例先打印出 PCB 图纸，再拿实际元件在 PCB 图纸上模拟安装的方法，检查 PCB 图纸的正确性。在条件允许的情况下，甚至可以先制作几块样板，对其进行安装、调试，在没有错误的情况下，再进行大批量生产。总之，PCB 制板人员必须以严谨的工作态度在大量制板前认真检查、排除错误，以免造成严重的经济损失和板材浪费。

PCB 初步制作完成后的检查可以从以下几方面进行。

（1）元件封装检查。元件封装对于 PCB 制作和元件安装至关重要，一般应重点检查二极管、三极管、桥堆、电解电容等有极性元件的引脚排列是否和实际元件一致，例如二极管的正负极性连接是否颠倒，三极管的 B、C、E 极是否连错，桥堆的焊盘序号是否和实物一致，以及电解电容的极性是否正确等。

（2）电气连接检查。以实际电路结构和原理图为依据，逐步检查电源引脚、接地引脚、元件引脚间的连接情况。

（3）元件安装位置、定位尺寸、安装空间检查。

上机实训：单管放大电路 PCB 的完善

1．上机任务

打开学习第 7 章时在上机实训过程中制作的单管放大电路 PCB，如图 8.37 所示，完成以下操作。

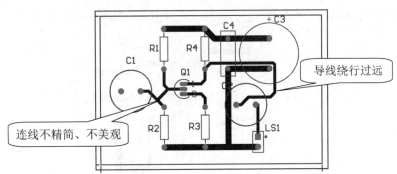

图 8.37　单管放大电路 PCB 的自动布线结果

（1）分析图 8.37 所示的自动布线结果，手工修改不合理的导线。

（2）添加电源连线端点，并为新端点添加文字标注。

（3）制作安装孔，并标注尺寸。

（4）添加覆铜。

2．任务分析

对图 8.37 所示的自动布线结果进行分析，发现至少两处导线需要修改。

3．操作步骤和提示

（1）打开原 PCB 文件，执行菜单命令【工具】/【取消布线】/【连接】，取消原来所布的导线，如图 8.38 所示。

（2）手工重新走线。手工修改后的导线如图 8.39 所示，为了走线方便，图中修改了其他导线。

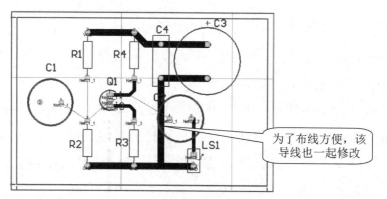

图 8.38　取消原来所布的导线

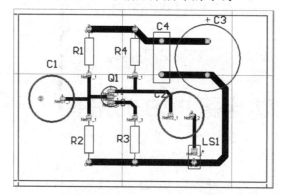

图 8.39　手工修改后的导线

（3）添加电源连线端点，并为新端点添加文字标注，如图 8.40 所示。

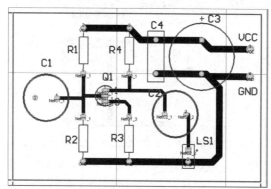

图 8.40　添加电源连线端点，并为新端点添加文字标注

（4）制作安装孔，并标注尺寸，如图 8.41 所示，安装孔的半径为 1mm，距边框 5.08mm。

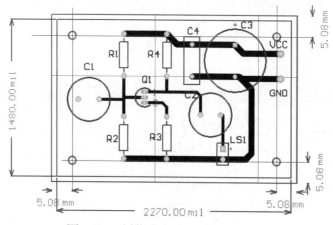

图 8.41　制作安装孔，并标注尺寸

（5）添加覆铜。为电源 VCC 网络、接地 GND 网络、三极管基极网络 NetC1_1 添加覆铜，效果如图 8.42 所示。

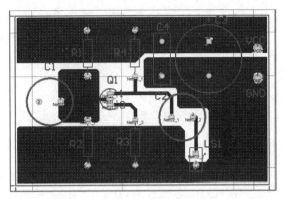

图 8.42　添加覆铜的效果图

 本章小结

本章通过对三端稳压电源 PCB 的不断完善，重点介绍了手工修改导线的必要性和操作方法，还讲解了添加电源连线端点、文字标注、尺寸标注、定位孔和覆铜区的具体操作方法。

 习题 8

8.1　对学习第 7 章时制作的功率放大器的 PCB 进行改进，要求如下。

（1）分析自动布线结果，手工修改不合理的导线。

（2）添加电源连线端点，并为新端点添加文字标注。

（3）制作安装孔，并标注尺寸。

（4）添加覆铜。

（5）打印输出 PCB 文件。

8.2　对学习第 7 章时制作的电源电路的 PCB 进行改进，要求如下。

（1）分析自动布线结果，手工修改不合理的导线。

（2）制作安装孔，并标注尺寸。

（3）添加覆铜。

（4）打印输出 PCB 文件。

第 9 章　创建 PCB 元件引脚封装

⚡ **教学目标** ▼

本章将通过创建数码管和按键开关的 PCB 元件引脚封装，重点介绍创建、编辑 PCB 元件引脚封装的不同方法，以达到以下教学目标。

🎯 **知识目标**

• 理解为什么要自制 PCB 元件引脚封装。

👆 **技能目标**

• 掌握创建 PCB 元件封装库文件的方法。
• 掌握编辑 PCB 元件引脚封装的方法。
• 能够利用向导和手工两种方法创建 PCB 元件引脚封装。

教学微课

9.1　创建 PCB 元件封装库文件

9.1.1　为什么要自制 PCB 元件引脚封装

电子元件种类繁多，随着电子技术的不断发展，新封装元件和非标准封装元件不断涌现。DXP 2004 SP2 的 PCB 元件封装库中不可能包含所有元件的引脚封装，特别是不可能包含所有新封装元件和非标准封装元件的引脚封装。为了制作含有这些元件的 PCB，必须自制 PCB 元件引脚封装。

> **提示：** DXP 2004 SP2 的开发商和各元件供应商也在不断地提供最新的 PCB 元件引脚封装，以尽量满足 PCB 设计者的要求。可以通过网络下载的方式获得最新的 PCB 元件引脚封装，并将其加载到 DXP 2004 SP2 元件封装库中。

9.1.2　自制 PCB 元件引脚封装的方法

一般自制 PCB 元件引脚封装有以下 3 种方法。

第 1 种方法是利用向导来制作，操作较为简单，采用该方法能制作外形和引脚排列比较规范的 PCB 元件引脚封装；第 2 种方法是手工绘制，操作较为复杂，但采用该方法能制作外形和引脚排列较为复杂的 PCB 元件引脚封装；第 3 种方法是对元件封装库中原有的引脚封装进行编辑，使其符合实际需要，该方法适用于所需引脚封装和原元件封装库中已有的引脚封装差别不大的情况，如三极管、二极管的封装改进等。

9.1.3　创建 PCB 元件封装库文件的方法

在 DXP 2004 SP2 中，为了便于进行文件的保存和管理，PCB 元件引脚封装并非以独立文件形式保存的，而是较多的 PCB 元件引脚封装组合在一起形成一个 PCB 元件封装库文件。所以，在自制 PCB 元件引脚封装前，必须先新建一个 PCB 元件封装库文件，再在该文件的基础上，新建各 PCB 元件引脚封装。下面介绍创建 PCB 元件封装库文件的具体方法。

（1）新建 PCB 元件封装库文件。执行图 9.1（a）所示的菜单命令，可进入图 9.2 所示的 PCB 元件封装库编辑器，同时可以看到项目窗口中多了一个默认名称为 "PcbLib1.PcbLib" 的文件，如图 9.1（b）所示。

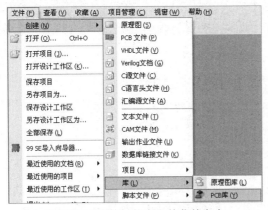

（a）新建 PCB 元件封装库文件菜单命令　　　　　　　（b）新建的 PCB 元件封装库文件

图 9.1　新建 PCB 元件封装库文件

（2）在图 9.2 所示的 PCB 元件封装库编辑器中，单击工作区面板左上角的【PCB Library】标签，将当前工作区面板转换为 PCB 元件封装库工作区面板，如图 9.3 所示。后面就可以新建各 PCB 元件引脚封装了。

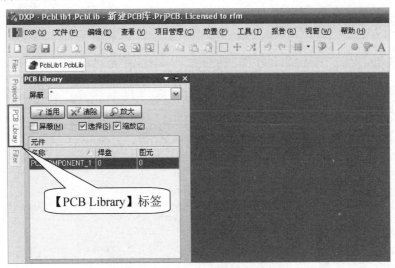

图 9.2　PCB 元件封装库编辑器

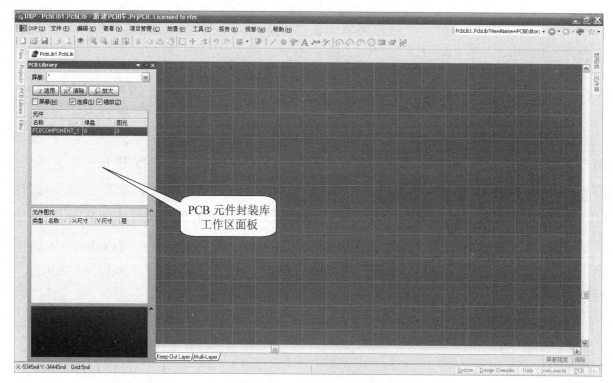

PCB 元件封装库工作区面板

图 9.3 将当前面板转换为 PCB 元件封装库工作区面板

（3）单击【保存】按钮，将新建的 PCB 元件封装库保存。

9.2 利用向导创建 PCB 元件引脚封装

本节将介绍利用向导创建数码管引脚封装的具体操作和步骤。该方法操作较为简单，适用于外形和引脚排列比较规范的元件，是自制 PCB 元件引脚封装的首选方法。在自制 PCB 元件引脚封装之前，必须首先获得该元件的封装参数。常用的封装参数有引脚数目、引脚排列顺序、引脚粗细、元件外形轮廓等。这些封装参数可以从网上或元件供应商处获得，也可以直接利用卡尺等测量得到。

9.2.1 确定元件的封装参数

为了精确地测量元件的引脚粗细及引脚间距，一般用卡尺进行测量，可采用图 9.4 所示的机械卡尺，机械卡尺的读数需要用户自己根据标尺位置来计算，操作比较麻烦；也可采用图 9.5 所示的数码卡尺，数码卡尺的读数会在液晶显示屏上直接显示出来，方便、直观。

本例中使用的数码管为共阴极数码管，其外形如图 9.6 所示。

图 9.4 机械卡尺

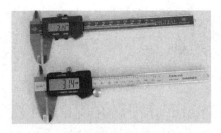

图 9.5　数码卡尺

图 9.6　共阴极数码管的外形

利用卡尺可以测量该共阴极数码管的引脚尺寸，测量结果如图 9.7 所示。其中，关键尺寸有：同一列引脚之间的距离，2.54mm；两列引脚之间的距离，15.24mm；引脚粗细，0.5mm。

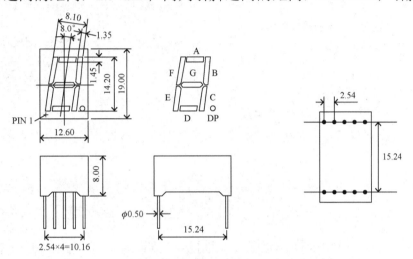

图 9.7　共阴极数码管的引脚尺寸（单位：mm）

9.2.2　利用向导创建 PCB 元件引脚封装的具体步骤

在获得了元件的封装参数并新建了 PCB 元件封装库文件后，就可以创建 PCB 元件引脚封装了。下面介绍利用向导创建 PCB 元件引脚封装的具体步骤。

（1）要利用向导制作 PCB 元件引脚封装，就必须在图 9.3 的基础上，执行图 9.8 所示的菜单命令，之后出现图 9.9 所示的欢迎界面。

图 9.8　新建 PCB 元件引脚封装菜单命令

图 9.9　新建 PCB 元件封装向导欢迎界面

（2）选择封装种类和尺寸单位。单击【下一步】按钮，将弹出图 9.10 所示的新建 PCB 元件种类选择对话框。在该对话框中，根据元件的外形和引脚排列等因素，选择一种封装。在本例中，封装选择【Dual in-line Package（DIP）】（双列直插式封装）；尺寸单位选择【Metric（mm）】，即焊盘参数、引脚间距等以公制 mm 为单位，当然也可选择【Imperial（mil）】。

提示： 在向导中有较多的封装种类，有较为常见的二极管、电阻、电容封装，有 BGA、FGA、SPGA、SBGA 等大规模芯片封装，有 LCC、QUAD、SOP 专用贴片元件封装，还有专门用于 PCB 卡连接的 Edge Connectors 封装。

（3）设置焊盘尺寸。单击【下一步】按钮，将弹出图 9.11 所示的焊盘尺寸设置对话框。系统会给出默认尺寸，如果默认尺寸不符合要求，则可以根据实际需要进行设置。

图 9.10　新建 PCB 元件种类选择对话框

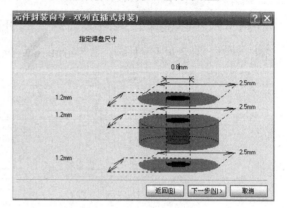

图 9.11　设置焊盘尺寸

提示： 焊盘孔径必须留有一定的余量，否则将造成元件安装困难。可以根据元件和引脚的大小确定这一余量，元件和引脚较大的，余量也较大，一般为 0.2～0.8mm。

（4）设置焊盘间距。根据前面测量的引脚间距参数设置焊盘间距。单击【下一步】按钮，将弹出图 9.12 所示的设置焊盘间距对话框，将同一列引脚之间的距离设置为 2.54mm，将两列引脚之间的距离设置为 15.24mm。

（5）设置外围边框处的导线宽度。单击【下一步】按钮，将弹出图 9.13 所示的设置外围边框处的导线宽度对话框。外围边框一般用于指示元件的外形和元件所占 PCB 的面积，方便在绘制 PCB 时进行元件布局，以及在焊接元件时装配插件。外围边框类似于元件的俯视外形，其导线宽度一般采用默认值即可。

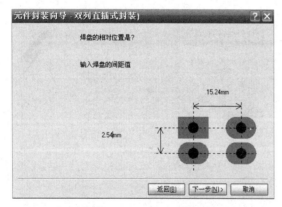

图 9.12　设置焊盘间距

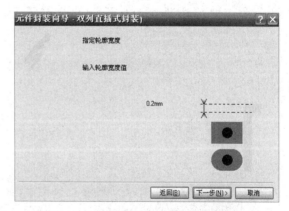

图 9.13　设置外围边框处的导线宽度

（6）设置焊盘数量。单击【下一步】按钮，将弹出图 9.14 所示的设置焊盘数量对话框，可以根据元件的引脚数目设置封装的焊盘数量。此时基本可以看到封装的形状，但此处只是一个示意图而已，只用于设置焊盘数量，不是实际的元件封装。

（7）元件封装命名。单击【下一步】按钮，将弹出图 9.15 所示的封装命名对话框。封装名称由字母和数字组成，一般尽量避免和原元件封装库中已有的封装重名，以便调用和区分。

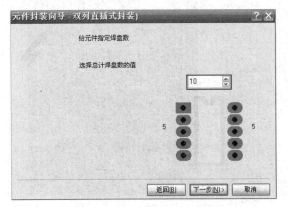

图 9.14 设置焊盘数量

图 9.15 封装命名

（8）封装制作完成。完成前面的操作后，单击【Next】按钮，将弹出图 9.16 所示的封装制作完成对话框。单击【完成】按钮，将出现初步制作完成的数码管封装，如图 9.17 所示。

图 9.16 封装制作完成

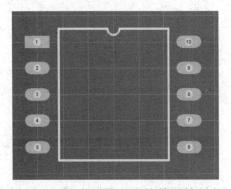

图 9.17 初步制作完成的数码管封装

提示：在利用向导制作 PCB 元件引脚封装的过程中，可以单击【返回】按钮，回到前面的操作界面，修改设置。

（9）修改封装。

① 旋转封装方向。因为数码管一般竖直安装，所以其封装应先逆时钟旋转 90°。方法如下：选择全部封装（选中的部分颜色反白显示），包括焊盘和外围导线；移动光标，使之对准封装；按住鼠标左键不放，同时按下空格键。逆时针旋转 90°后的数码管封装如图 9.18 所示。封装的移动，水平、垂直翻转，以及删除等操作和原理图元件相同。

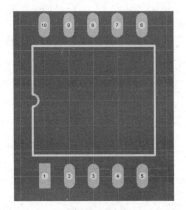

② 删除原外围边框。先单击工具栏的取消选中按钮 ，再选择原封装中的外围边框，执行菜单命令【Edit】/【Delete】，即可删除原外围边框。

图 9.18 逆时针旋转 90°后的
数码管封装

③ 重新绘制外围边框。因为外围边框属于【Top Overlayer】（顶层丝印层），所以在绘制外围边框前，必须先选择顶层丝印层作为当前工作层面，如图 9.19 所示；再利用放置工具中的绘制导线工具 ，手工绘制外围边框，制作完成的数码管外围边框如图 9.20 所示，绘制过程中要在直线的每个转折点处双击。

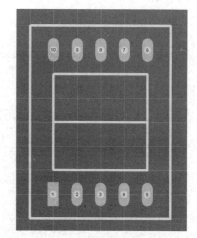

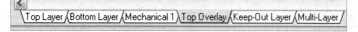

图 9.19　选择顶层丝印层作为当前工作层面　　　　图 9.20　制作完成的数码管外围边框

提示：

① 封装中的边框一定要在顶层丝印层绘制（绘制时，导线颜色默认为黄色），不要在顶层信号层或底层信号层绘制，特别是不要在禁止布线层绘制，不然将导致 PCB 上该封装元件的焊盘完全不能布线（因为导线无法穿过禁止布线层上绘制的元件外围边框），这是初学者较容易犯的错误之一。

② 在元件封装中，一般以长方形焊盘表示第 1 引脚。

9.3　手工创建 PCB 元件引脚封装

9.3.1　手工创建 PCB 元件引脚封装的必要性

利用向导制作 PCB 元件引脚封装的方法一般要求元件的外形和引脚排列较为规范。某些外形和引脚排列不规范的元件（如开关电源中的变压器、某些电位器等），其引脚的位置、间距等参数很不规范，采用向导制作其引脚封装较难完成，因此必须手工制作。下面以按键开关为例，讲解手工创建 PCB 元件引脚封装的具体步骤。按键开关的外形及用卡尺测量的引脚参数如图 9.21 所示，其中引脚的直径为 0.5mm。

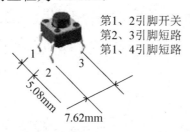

图 9.21　按键开关的外形及用卡尺测量的引脚参数

9.3.2　手工创建 PCB 元件引脚封装的具体步骤

（1）新建下一个 PCB 元件引脚封装。执行图 9.8 所示的菜单命令，将出现图 9.9 所示的欢迎界面。

（2）在图 9.9 所示的欢迎界面中，单击【取消】按钮，将终止向导操作，直接进入 PCB

元件引脚封装编辑器。

（3）选择放置焊盘工具 ◎，如图 9.22 所示，按下【Tab】键，弹出图 9.23 所示的"焊盘"对话框，根据元件引脚的粗细和距离，设置焊盘的孔径和外径。在本例中，因为按键的引脚直径为 0.5mm，所以将焊盘孔径设置为"0.8mm"，留有 0.3mm 的余量，以便进行元件的安装。同时，因为焊盘间距为 5.08mm，所以将焊盘外径设置为"1.524mm"。

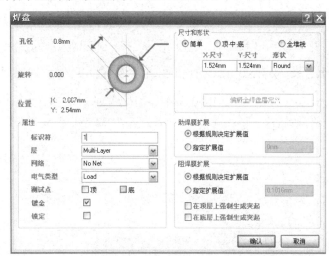

图 9.22　PCB 元件封装库的放置工具　　　　图 9.23　"焊盘"对话框

提示： 焊盘外径的选择受焊盘间距限制，焊盘外径不能大于焊盘间距，否则相邻的焊盘会连在一起而造成焊盘短路，如图 9.24 所示，所以焊盘外径必须小于焊盘间距，并且要留有一定的余量，本例中留有 1mm 左右的余量。另外，相邻的焊盘靠得太近，也会造成焊接困难，以及影响焊盘的安全间距。但焊盘外径太小，将导致焊盘的铜箔面积过小，焊盘在焊接过程中容易脱落，所以一般采用长方形焊盘，如图 9.25 所示。这样做，既保证了一定的安全间距，又增大了铜箔面积，可以防止焊盘在焊接过程中脱落。

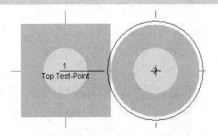

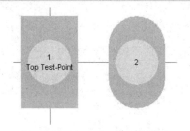

图 9.24　焊盘外径过大，造成焊盘短路　　　　图 9.25　长方形焊盘

在放置焊盘的过程中，还必须注意焊盘序号（参数【标识符】）。它必须和原理图元件和元件的引脚序号都一致，否则在制作 PCB 时将发生元件引脚连线错误或引脚连不上导线等严重错误。

（4）在图纸中放置第 1 个焊盘，双击该焊盘，弹出"焊盘"对话框，将 X 坐标、Y 坐标都改为 0，使该焊盘成为参考定位焊盘。

提示： 因为在没有放置焊盘前设置的 X 坐标、Y 坐标是无效的，所以必须先放置焊盘，再双击该焊盘，在弹出"焊盘"对话框后，重新设置坐标。设置好坐标后，单击【确认】按钮，焊盘即可被放置到指定位置。

设置了焊盘坐标后，有可能在当前工作区中找不到焊盘，可以通过执行图 9.26 所示的菜单命令，显示出第 1 个焊盘。此时焊盘处于工作区中心且被放大，可以将光标放在焊盘中心，利用【Page Down】键缩小显示比例。

（5）继续放置焊盘，注意焊盘的定位。先在大概的位置放置其他焊盘，再双击各焊盘，在弹出的对话框中设置各焊盘的坐标和标识符。因为第 1 个焊盘的坐标已经被设置为 X=0mm、Y=0mm，根据图 9.21 所示按键开关的用卡尺测量的引脚参数，第 1、2 引脚之间的距离为 5.08mm，所以第 2 个焊盘的坐标为 X=5.08mm，Y=0mm。又因为第 2、3 引脚之间的距离为 7.62mm，所以第 3 个焊盘的坐标为 X=5.08mm，Y=7.62mm，第 4 个焊盘的坐标为 X=0mm，Y=7.62mm，修改好的焊盘位置如图 9.27 所示。

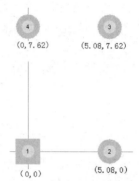

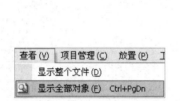

图 9.26 显示全部对象菜单命令　　　　　图 9.27 修改好的焊盘位置

小技巧：可以通过执行图 9.28 所示的菜单命令，检查焊盘间距是否和元件引脚间距一致。执行该菜单命令后，光标变为十字形，单击第 1 个焊盘的中心，再将光标移动到第 2 个焊盘的中心（当将光标对准焊盘的中心时，光标中心出现八边形表示已经对准）并单击，测量焊盘间距，如图 9.29 所示。之后弹出图 9.30 所示的测量距离结果报告，由此可以判断焊盘间距是否正确。

（6）绘制封装的外围边框。先选择顶层丝印层，再利用放置直线工具 ▨，手工绘制按键开关的外围边框。制作完成的按键封装如图 9.31 所示。

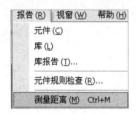

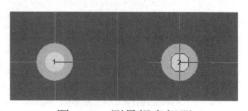

图 9.28 测量距离菜单命令　　　　　图 9.29 测量焊盘间距

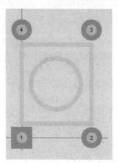

图 9.30 测量距离结果报告　　　　　图 9.31 制作完成的按键封装

（7）修改封装名称。执行菜单命令【工具】/【元件属性】，在弹出的对话框中给封装重命名，例如将封装名称修改为"AJ1"。

> 提示：自制封装的名称要记清楚。绘制好元件封装后，必须回到原理图中，给相应的原理图元件（如本例中的按键和数码管）输入自制封装的名称。

9.4　复制、编辑 PCB 元件引脚封装

在绘制 PCB 时，有时可能遇到这样的情况，即 DXP 2004 SP2 封装库中虽然有该类型的引脚封装，但引脚封装和实际元件之间存在一定的差异。在该情况下，当然可以采用创建 PCB 元件引脚封装的方法得到与实际元件一致的引脚封装，但需要花费较多的时间，特别是对于引脚较多、封装较复杂的元件。此时可以采取编辑该引脚封装的方法。但如果直接在原元件封装库中进行编辑，可能会破坏原元件封装库，而且下次可能又要使用未编辑的引脚封装，所以最好将引脚封装复制，再进行编辑，这样既不破坏原元件封装库，保持了原引脚封装，又满足了本次 PCB 的要求。下面以修改三极管封装为例，讲解具体的操作步骤。

图 9.32（a）所示为原三极管封装 BCY-W3，图 9.32（b）所示为 PNP 型三极管的原理图符号，图 9.32（c）所示为 9012 三极管的引脚极性。根据实际三极管的极性要求和原理图符号的引脚序号，需要将原三极管封装修改为图 9.32（d）所示的情况。

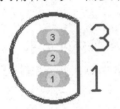
（a）原三极管封装 BCY-W3

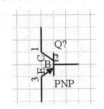
（b）PNP 型三极管的原理图符号

（c）9012 三极管的引脚极性

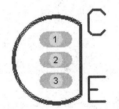
（d）需要的三极管封装

图 9.32　三极管封装与极性之间的关系

1．复制原三极管引脚封装

（1）将原三极管封装 BCY-W3 通过库文件面板放置到 PCB 中，双击该封装，打开其属性对话框，将元件的标识符清空，只留下三极管引脚封装。

（2）选取该三极管引脚封装，并利用【Ctrl+C】键将其复制到剪贴板中。

（3）将 PCB 中的原三极管封装 BCY-W3 删除。

2．在自制元件封装库中粘贴原引脚封装

（1）打开新建的 PCB 元件封装库文件。

（2）新建下一个 PCB 元件引脚封装。执行菜单命令【工具】/【新元件】，将出现图 9.9 所示的欢迎界面。

（3）单击【取消】按钮，将终止向导操作，直接进入 PCB 元件引脚封装编辑器。

（4）在图纸中心利用【Ctrl+V】键粘贴所复制的原三极管引脚封装，如图 9.33 所示。

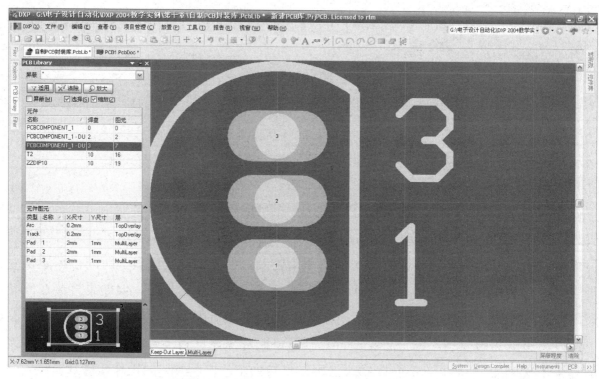

图 9.33　粘贴所复制的原三极管引脚封装

3. 编辑原三极管引脚封装

（1）双击 1 号焊盘，在弹出的"焊盘"对话框中将标识符修改为"3"。

（2）采用同样的方法，将 3 号焊盘的标识符修改为"1"。

（3）将文字 1 修改为 E，将文字 3 修改为 C。修改好的三极管封装如图 9.34 所示。

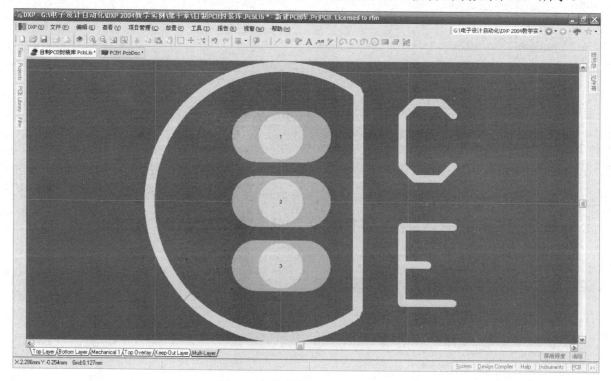

图 9.34　修改好的三极管封装

　　（4）修改封装名称。执行菜单命令【工具】/【元件属性】，在弹出的对话框中，将封装名称修改为"ZZBCY1"。

9.5　在 PCB 中直接修改元件引脚封装

如果 PCB 元件引脚封装的修改量不大，并且已经载入 PCB 中，那么可以在 PCB 中直接修改该元件的引脚封装。

图 9.35 所示为电解电容的封装 RB7.6-15。该封装中表示电容正极的"＋"位于圆圈之外。在元件密度较高的 PCB 中，其他元件不能接近该"＋"，否则不利于其他元件的布局。此时，当然可以采取前面介绍的方法重新制作电解电容的封装，但操作较烦琐。如果 PCB 中该元件的数量不多，则可以在 PCB 中直接修改该元件的引脚封装，操作如下。

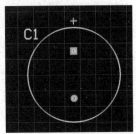

图 9.35　电解电容的封装 RB7.6-15

（1）结束元件封装的锁定状态。双击该元件封装，弹出图 9.36 所示的对话框，取消对【锁定图元】复选框的勾选，单击【确认】按钮，后面就可以对 C1 的封装进行修改了。

（2）修改封装。将封装 RB7.6-15 中的"＋"移到圆圈之中，如图 9.37 所示。

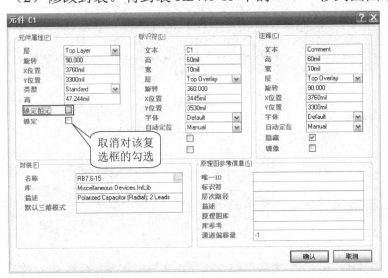

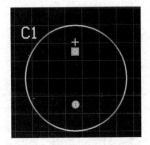

图 9.36　元件 C1 引脚封装的属性对话框　　　　图 9.37　修改封装 RB7.6-15

（3）再次锁定封装。双击该元件，弹出图 9.36 所示的对话框，勾选【锁定图元】复选框，单击【确认】按钮，重新对 C1 的封装进行锁定。

上机实训：制作开关变压器的引脚封装

1．上机任务

制作图 9.38 所示开关变压器的引脚封装 T2，图中尺寸为焊盘间距。焊盘参数如下：X-Size=2.5mm，Y-Size=1.2mm，Hole Size=0.9mm。

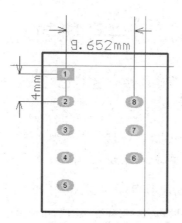

图 9.38 开关变压器的引脚封装 T2

2. 任务分析

该封装的引脚排列基本规范，分为两列，列间距为 9.652mm，同列焊盘之间的距离为 4mm，但右边列的焊盘比左边列少两个，所以可以先由向导产生双列 10 焊盘的封装，再对其进行手工修改。

3. 操作步骤和提示

（1）新建 PCB 元件封装库文件，并将其保存为 "MYPCBLIB1. PcbLib"。

（2）执行菜单命令【工具】/【新元件】，将出现图 9.9 所示的欢迎界面，依据提示制作出双列 10 焊盘的封装，主要过程如图 9.39 所示，向导完成后的封装效果如图 9.40 所示。

（3）删除多余的焊盘。将 6、10 号焊盘删除，如图 9.41 所示。

（a）选择所制作元件的类型

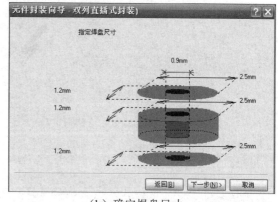

（b）确定焊盘尺寸

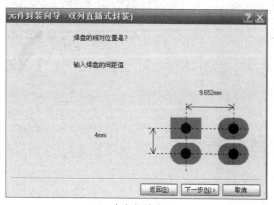

（c）确定焊盘间距

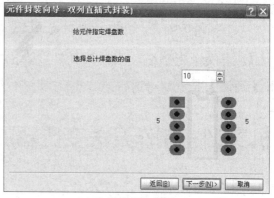

（d）确定焊盘数量

图 9.39 利用向导制作 T2 初步封装的主要过程

（e）确定封装名称

图 9.39　利用向导制作 T2 初步封装的主要过程（续）

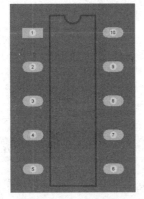

图 9.40　向导完成后的封装效果

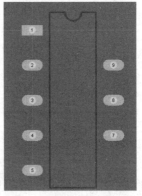

图 9.41　删除 6、10 号焊盘

（4）修改焊盘序号。分别将 7、8、9 号焊盘修改为 6、7、8 号焊盘，如图 9.42 所示。

（5）修改封装外形。删除原封装外形，利用画线工具重新绘制封装的外围边框，如图 9.43 所示。

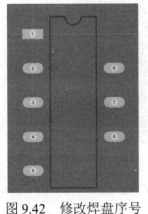

图 9.42　修改焊盘序号

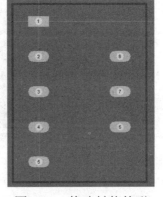

图 9.43　修改封装外形

至此，开关变压器的引脚封装 T2 全部制作完成。

本章小结

本章主要介绍创建 PCB 元件引脚封装的几种方法，重点讲解了如何利用向导产生元件引脚封装并进行必要的修改。本章内容是后面项目的基础。

习题 9

9.1 利用向导制作题图 9.1 所示的电感封装 L201,焊盘参数如下:X-Size=2.5mm,Y-Size=1.2mm,Hole Size=0.9mm。

9.2 手工制作题图9.2所示的电感封装IN5,焊盘参数如下:X-Size=2.5mm,Y-Size=1.2mm,Hole Size=0.9mm。

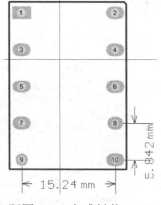

题图 9.1 电感封装 L201

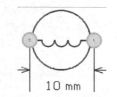

题图 9.2 电感封装 IN5

9.3 制作题图 9.3 所示的 USB 接口引脚封装,焊盘参数如下:1~4 号焊盘位于顶层信号层,形状为矩形,Hole Size=0,X-Size=2.54mm,Y-Size=1.2mm;0 号焊盘有两个,X-Size=2.54mm,Y-Size=1.2mm,Hole Size=1mm。

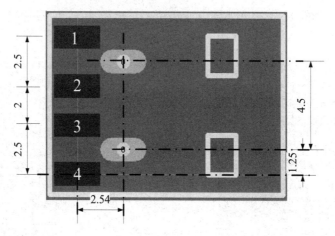

题图 9.3 USB 接口引脚封装(单位:mm)

第 10 章　单片机多路数据采集系统 PCB 的制作

本章以单片机多路数据采集系统 PCB 的制作为例，介绍双面板的制作方法，以达到以下教学目标。

🎯 知识目标

● 理解补泪滴的目的。

👆 技能目标

● 掌握自制元件封装库的添加和自制封装元件的调用方法。

● 掌握补泪滴的操作方法。

教学微课

● 掌握 PCB 制作技能的综合应用，提高实际制板能力。

本章将综合前面项目所涉及的知识点和技能，以实例形式讲解双面板制作的完整过程，从原理图制作开始，一直讲解到 PCB 最终制作完成；要求在原理图中调用自制的原理图元件，在 PCB 中使用自制的元件引脚封装，这是对前面所学知识点和技能的一次综合演练。

本章将主要讲解单片机多路数据采集系统 PCB 的制作过程。

10.1　确定和添加元件封装

根据前面的介绍，并结合元件的实际外形和引脚排列情况，在 Miscellaneous Devices.IntLib、Miscellaneous Connectors.IntLib 和 Dual-In-Line Package.PcbLib 中，确定合适的元件封装，如表 10.1 所示。

本例中使用的晶体振荡器的外形如图 10.1 所示，其封装为 BCY-W2/D3.1。

按键开关 S、数码管 DLED 和三极管 Q 采取第 9 章介绍的方法自制。

表 10.1　单片机多路数据采集系统元件封装表

元件类型	元件封装	元件封装库	元件类型	元件封装	元件封装库
电阻 R	AXIAL-0.3	Miscellaneous Devices.IntLib	拨动开关 S2	HDR1 X3	Miscellaneous Connectors.IntLib
			U1、U3	DIP-20	Dual-In-Line Package.PcbLib
无极性电容 C	RAD-0.1		U2	DIP-40	
无极性电容 C（较大）	RAD-0.3		U4、U5	DIP-14	
电位器 VR1	VR5		U6、U7	DIP-28/D38.1	自制
电解电容 C	RB5-10.5		三极管 Q	ZZBCY1	
稳压管 U8	SFM-T3/X1.6V		数码管 DLED	ZZDIP10	
晶体振荡器 Y	BCY-W2/D3.1				
连接座 JP1	HDR1X10H	Miscellaneous Connectors.IntLib	按键开关 S1	AJ1	

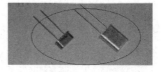

图 10.1　本例中使用的晶体振荡器的外形

10.2　引用自制 PCB 元件引脚封装

10.2.1　单个元件引用自制 PCB 元件引脚封装

对于自制的 PCB 元件引脚封装，必须在原理图元件的属性对话框中添加该元件引脚封装的模型，其方法和第 7 章中更改元件封装的方法相似。下面以添加数码管的引脚封装为例进行介绍，具体步骤如下。

（1）打开原理图元件的属性对话框。打开原理图文件，双击数码管 DLED1，弹出 DLED1 的属性对话框，如图 10.2 所示，单击下边的【追加】按钮。

图 10.2　"元件属性"对话框

（2）选择要添加的新模型的类型。弹出图 10.3 所示的"加新的模型"对话框，在【模型类型】下拉列表中选择【Footprint】选项，表示需要添加引脚封装模型，单击【确认】按钮。

图 10.3 "加新的模型"对话框

（3）浏览元件封装库。弹出图 10.4 所示的添加封装对话框，单击【浏览】按钮，将弹出"库浏览"对话框，如图 10.5 所示，在【库】下拉列表中选择自建的 PCB 元件封装库文件"SHUMAGUAN.PCBLIB"，浏览该库并选择数码管封装"ZZDIP10"，如图 10.6 所示。

图 10.4 添加封装对话框

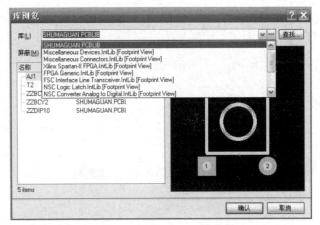

图 10.5 "库浏览"对话框

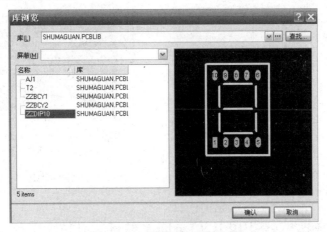

图 10.6 选择数码管封装

提示：如果在图 10.5 所示对话框的【库】下拉列表中找不到自建的 PCB 元件封装库文件，则说明该库还没被添加到当前 PCB 元件封装库中。可以单击图 10.5 所示对话框的按钮，将弹出图 10.7 所示的"可用元件库"对话框。单击该对话框中的【安装】按钮，将弹出图 10.8 所示的打开文件对话框，按照自制的元件封装库的保存路径，选中自制的元件封装库文件"SHUMAGUAN.PCBLIB"，单击【打开】按钮，将其添加到当前 PCB 元件封装库中，如图 10.9 所示。

（4）选定新封装。在图 10.6 所示的对话框中选择数码管封装"ZZDIP10"后，单击【确认】按钮，回到图 10.10 所示的添加封装对话框，可以看到对话框中已经添加了新的封装"ZZDIP10"。

图 10.7　"可用元件库"对话框

图 10.8　添加自制的元件封装库

图 10.9　添加了自制的元件封装库文件
　　　　"SHUMAGUAN.PCBLIB"

图 10.10　添加封装对话框

（5）返回属性对话框。在图 10.10 所示的添加封装对话框中单击【确认】按钮，回到图 10.11 所示的对话框中，可以看到数码管 DLED1 的封装已被修改为自制的引脚封装"ZZDIP10"，单击【确认】按钮，完成设置。

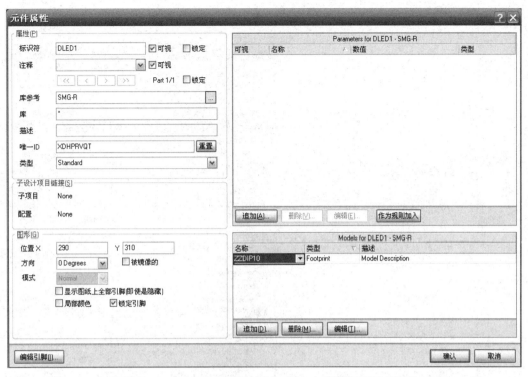

图 10.11　数码管 DLED1 的封装已被修改为自制的引脚封装 "ZZDIP10"

10.2.2　利用全局修改功能修改多个元件引脚封装

如果要同时修改多个元件引脚封装，再采取以上方法逐个修改，那么速度必定很慢，效率也不高。此时，可以利用 DXP 2004 SP2 提供的全局修改功能，一次性修改同一类元件的引脚封装。

利用 DXP 2004 SP2 提供的全局修改功能，可以先选取具有某些特征的同一类元件，再对选取的元件进行某些参数的修改。下面利用全局修改功能，同时修改所有同类三极管的引脚封装，方法如下。

（1）打开原理图文件，右击其中的一个三极管（如 Q1），使其处于选中状态，如图 10.12 所示。

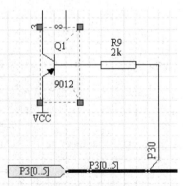

图 10.12　选中三极管 Q1

（2）将弹出图 10.13 所示的快捷菜单。选择【查找相似对象】命令，将弹出"查找相似对象"对话框，如图 10.14 所示。在该对话框中设置欲查找对象的特征，例如此处想查找所有的 PNP 型三极管，则将【Library Reference】（库参考名称）项设置为"PNP"和"Same"，表示将查找所有的 PNP 型三极管。

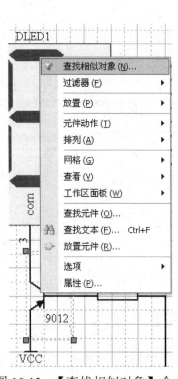

图 10.13 【查找相似对象】命令

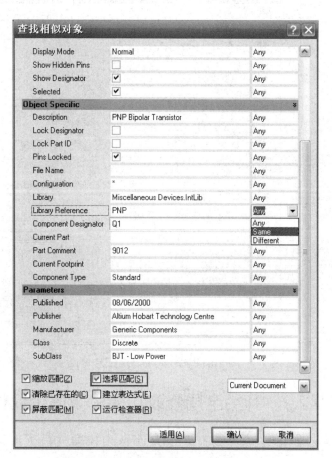

图 10.14 "查找相似对象"对话框

提示： 在图 10.14 所示的对话框中，一定要勾选【选择匹配】复选框，表示查找结束时选中匹配对象。

小技巧： 在选中三极管的过程中，右击时请对准三极管选中区域内的空白处，不要对准三极管的某个部位（如引脚），否则可能会弹出查找引脚对象 Pin 对话框，无法完成三极管的查找、修改功能。

（3）单击【确认】按钮，进行全局查找后，可以看到所有 PNP 型三极管都处于选中状态并被突出显示，而其他元件被蒙版覆盖，如图 10.15 所示，以便进行后面的修改操作。

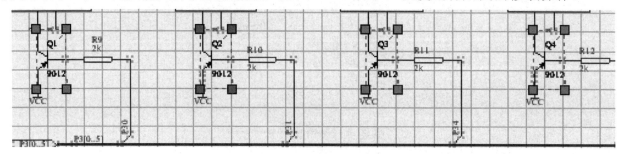

图 10.15 匹配对象处于选中和蒙版状态

（4）弹出图 10.16 所示的 "Inspector" 对话框，在【Current Footprint】（当前封装）文本框中输入自制的三极管封装的名称 "ZZBCY1"，按【Enter】键进行修改操作。

（5）关闭"Inspector"对话框。双击图 10.15 所示的任意一个三极管（如 Q4），弹出图 10.17

所示的对话框，可以看到封装已被全部修改为自制的三极管封装"ZZBCY1"。

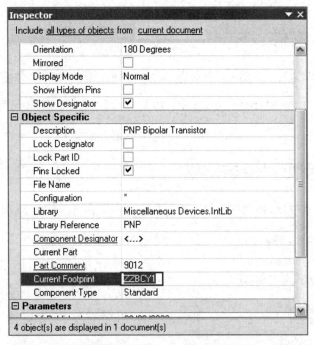

图 10.16　修改三极管封装

图 10.17　修改好的三极管封装

（6）单击图 10.18 所示的【清除】按钮，清除其他元件的蒙版状态。

图 10.18　清除其他元件的蒙版状态

采用同样的方法，可以将所有电阻封装都修改为 AXIAL-0.3。

10.3 载入 PCB 元件引脚封装和网络

10.3.1 新建 PCB 文件

根据元件的数量和体积，可以估算电路板的面积，确定电路的长度、高度。经过分析，确定本电路板的参考尺寸为 80mm×140mm。可以利用前面介绍的向导方法，新建 PCB 文件和规划电路板尺寸。

10.3.2 载入元件引脚封装与网络

在原理图中生成网络表并检查无误后，可以通过在 PCB 编辑器中导入工程变化来载入元件引脚封装与网络，下面介绍具体过程。

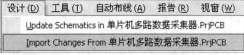

图 10.19 导入原理图变化菜单

（1）打开已经绘制好 PCB 边框的 PCB 文件，执行图 10.19 所示的菜单命令【设计】/【Import Changes From 单片机多路数据采集器.PrjPCB】，弹出图 10.20 所示的导入工程变化对话框。

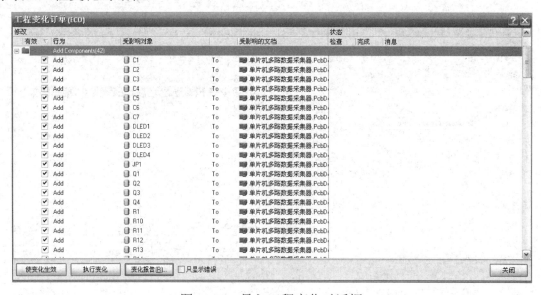

图 10.20 导入工程变化对话框

（2）在图 10.20 所示的导入工程变化对话框中，单击【使变化生效】按钮，操作过程中将在【状态】栏的【检查】列中显示各操作是否能正确执行，其中正确标志为"√"，错误标志为"×"，如图 10.21 所示。如果有错，则应该仔细分析原因，例如元件封装库是否已经载入，以及引脚封装是否正确等。找到错误的原因，回到原理图并处理好后，重新导入工程变化。

（3）在图 10.21 中，如果更新标志全部为"√"，则说明 PCB 编辑器可以在 PCB 元件封装库中找到所有的元件封装，网络连接也正确。可以单击【执行变化】按钮，执行更新，将各封装元件及它们之间的网络连接载入 PCB 文件中。在操作过程中，会在【状态】栏的【完成】列中显示各操作是否已经正确执行，如图 10.22 所示。单击【关闭】按钮，可以看到 PCB 编辑器中已经载入了各封装元件及它们之间的网络连接，如图 10.23 所示。

图 10.21　检查更新是否有效

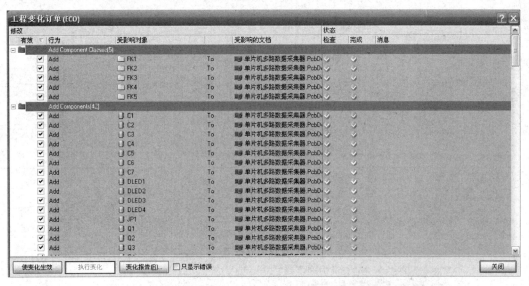

图 10.22　执行更新，载入各封装元件及它们之间的网络连接

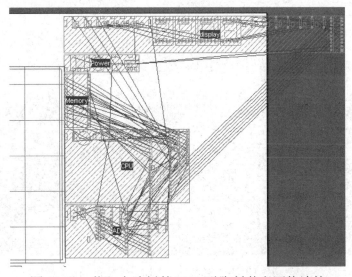

图 10.23　载入电路板的 PCB 引脚封装和网络连接

提示： 鉴于层次原理图的结构特性，PCB 引脚封装被有序地按照各子电路模块进行分块载入，如图 10.23 所示。

10.4　元件布局

　　封装元件载入 PCB 编辑器后，就可以根据元件的布局规律仔细调整元件的位置了，一般采取先自动布局再手工调整的方法，但由于本章元件较多，自动布局的效果不理想，所以直接采取手工布局的方法分部分进行，先对显示部分 display 块进行布局。PCB 上元件位置的调整方法和原理图中元件位置的调整方法基本相同。

10.4.1　显示部分元件布局

　　（1）先将显示部分 display 块整体移动到电路板上方，如图 10.24 所示，再选择 Room 块。按【Delete】键，删除 display 块符号，如图 10.25 所示，以便显示部分元件布局。

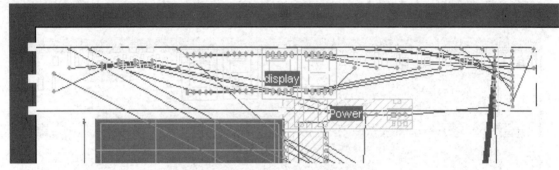

图 10.24　整体移动 display 块

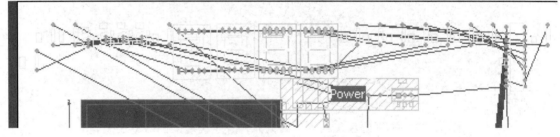

图 10.25　删除 display 块符号

　　（2）核心元件的布局。经过对显示部分的分析，确定该部分的核心元件为数码管，所以先确定它们的位置。将 4 个数码管移动到电路板上方的中心位置，如图 10.26 所示。

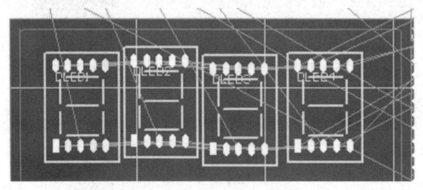

图 10.26　对数码管进行初步布局

　　在图 10.26 中可以看到 4 个数码管在垂直方向上没有对齐，在水平方向上也没有均匀分布。为了使制作的电路板美观，必须进行调整。当然可以采取手工方法进行调整，但手工方法的效率较低。为了提高效率，可以利用编辑器提供的交互式布局功能实现元件的对齐和均匀分布。下面简单介绍元件对齐和均匀分布的操作方法。

① 初步调整元件的位置和排列顺序。由于自动对齐和均匀分布不考虑元件的编号顺序，所以在执行自动对齐和均匀分布功能前，必须按顺序初步调整元件的位置，特别是起始元件和结束元件的位置，如图 10.26 所示。

② 将要调整的元件全部选中，右击，弹出图 10.27 所示的快捷菜单。执行菜单命令【排列】/【排列】，将弹出图 10.28 所示的"排列对象"对话框，在水平和垂直方向设置操作命令。例如，在本例中，设置水平方向为"等距"，即均匀分布；设置垂直方向为"底"，即底部对齐。单击【确认】按钮后，数码管排列效果如图 10.29 所示。

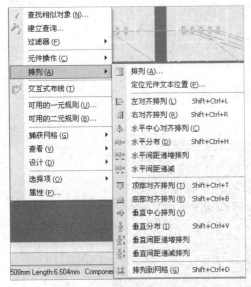

图 10.27　排列元件菜单命令

图 10.28　"排列对象"对话框

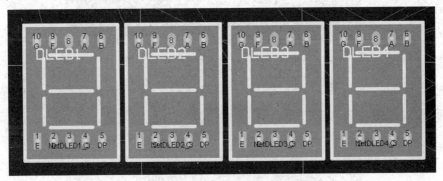

图 10.29　数码管排列效果

采用以上方法，同样可以对电阻 R1～R8 进行位置排列。

提示：图 10.27 和图 10.28 中还有很多其他的对齐和分布方式，请用户自己验证其功能。

（3）锁定元件。对于已经调整好的关键元件，如关键的定位元件，在排列好位置后，可以勾选元件属性对话框中的【锁定】复选框来锁定元件，如图 10.30 所示。这样，在以后的操作中可以避免不注意时改变原来已经调整好的元件。

提示：锁定元件后，在工作区中对该元件的操作就不起作用了。如果用户要再次移动该元件，则只有再次双击，弹出该元件的属性对话框，在其中取消对【锁定】复选框的勾选。

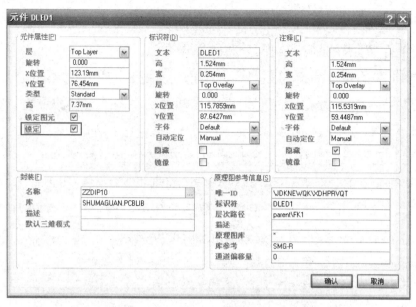

图 10.30　锁定元件

（4）对显示部分的其他元件进行布局。布局中遵循便于装配和美观的原则，显示部分的布局效果如图 10.31 所示。

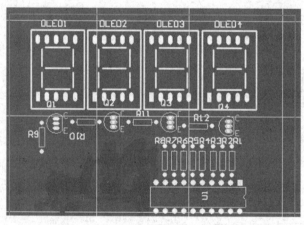

图 10.31　显示部分的布局效果

（5）调整元件编号的位置。显示部分布局完成后，需要调整元件编号的位置，以保证元件编号清晰明了，位置上不要和其他元件发生混淆，以免装配人员误装。元件编号调整后的效果如图 10.32 所示。

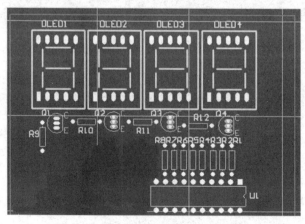

图 10.32　元件编号调整后的效果

小技巧： 自动调整元件的文字位置。

　　元件的编号和参数可以手工逐个调整。利用编辑器的自动调整元件文字位置功能，可以实现快速调整。下面以调整图 10.33 中的数码管编号为例讲解具体的操作方法。

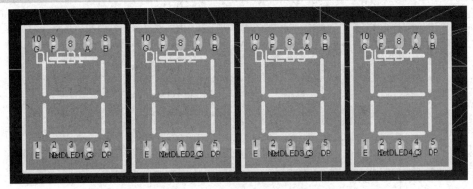

图 10.33　需调整的数码管编号

　　选中要调整编号的元件，右击，弹出图 10.27 所示的快捷菜单。执行菜单命令【排列】/【定位元件文本位置】，弹出图 10.34 所示的调整元件文字位置对话框。选择编号相对于元件的方位，如图 10.34 中所示放置于元件顶部，单击【确认】按钮。可以看到数码管编号已经移到元件顶部，如图 10.35 所示。

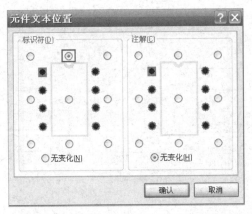

图 10.34　调整元件文字位置对话框

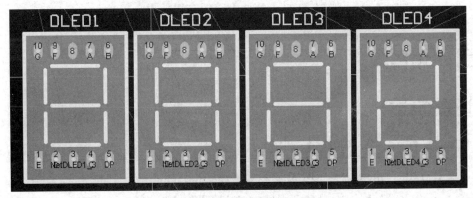

图 10.35　调整好的数码管编号

10.4.2　其他方块电路的元件布局

　　根据布局原则仔细调整其他方块电路的元件位置及元件编号，最终整体电路板布局效果如图 10.36 所示。

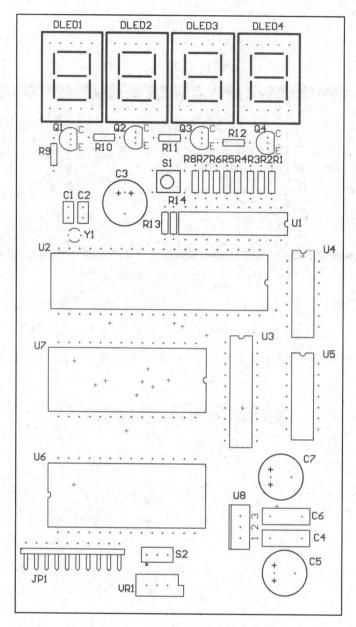

图 10.36　整体电路板布局效果

10.5　自动布线

10.5.1　设置布线参数

执行菜单命令【设计】/【规则】，设置各项参数。其中，最关键的参数有 Width（导线宽度）和 Routing Layers（布线层），其他参数采用默认值即可。

导线宽度：一般选择【全部对象】，将宽度设置为"8mil"；电源 VCC 和 GND 网络设置得较宽，为 12mil，如图 10.37 所示。

布线层：因为需要制作的是双面板，所以顶层信号层和底层信号层都要使用，双面板的布线层设置如图 10.38 所示。

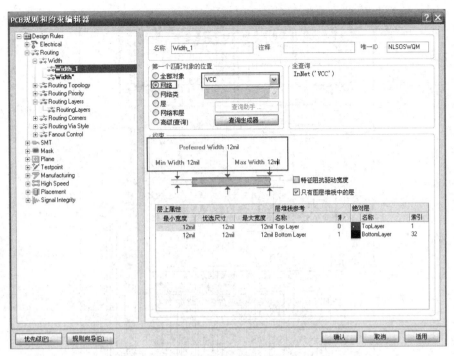

图 10.37　导线规则设置

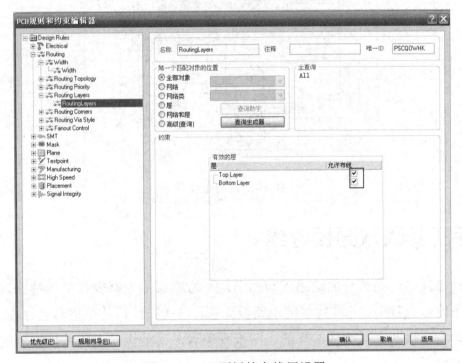

图 10.38　双面板的布线层设置

10.5.2　自动布线的具体操作

执行菜单命令【自动布线】/【全部对象】，将弹出自动布线策略选择对话框，选用默认选项【Default 2 Layer Board】，单击【Route All】按钮，PCB 编辑器开始自动布线。

自动布线效果如图 10.39 所示。

注意：由于各种因素的影响，因此即使是同样的电路，自动布线效果也会有一定的差异，甚至同一台计算机执行两次自动布线的效果也不一定相同。图 10.39 所示的布线效果仅供参考，不必与之完全相同。

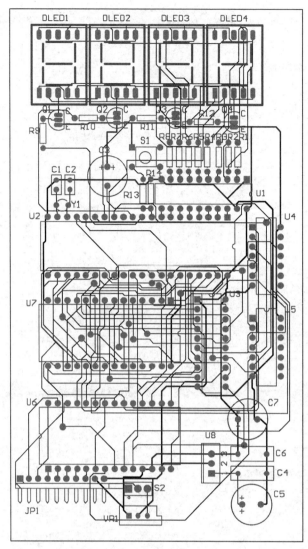

图 10.39　自动布线效果

10.6　手工修改双面板导线

由于自动布线时，系统片面地追求布通率，不考虑实际电路板在电气特性方面的要求，因此对一个电路较为复杂、元件较多的电路板而言，自动布线后的结果总会存在一定的不足。必须仔细地检查和修改，从而使制作的电路板既美观，又能满足电气特性方面的要求，同时便于安装和调试。

观察图 10.39 所示的自动布线效果，电路板中虽然导线均已连接，但部分导线弯曲过多、绕行过远，同时地线和电源线一般要求靠近电路板边缘。手工修改双面板导线的过程如下。

10.6.1　调整显示模式，分析自动布线效果

在默认情况下，PCB 编辑器采用复合显示模式显示所有用到的层面，但在分析自动布线效果时，用户希望将精力集中在布线层上，而对于元件的布局、编号、参数、外形等信息，暂时不考虑，可以将其隐藏起来。因此，可以选择单层显示模式，以便把精力放在导线上，分析导线的走线情况。

如果希望单层显示电路板各层的信息，如顶层的布线效果，则可以执行菜单命令【工具】/【优先设定】，弹出图 10.40 所示的修改编辑器参数对话框，选择【Display】标签，勾选【单层模式】复选框，将 PCB 编辑器的显示模式修改为单层显示模式。

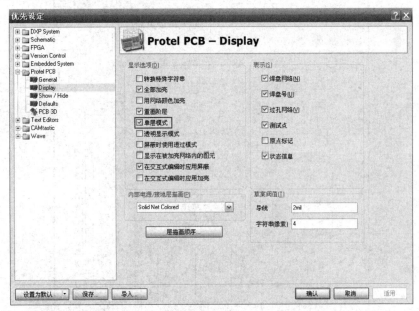

图 10.40　将 PCB 编辑器的显示模式修改为单层显示模式

此时，PCB 编辑器处于单层显示模式，图 10.41 所示为顶层导线的显示效果，图 10.42 所示为底层导线的显示效果。在两图中可以看到有较多需要修改的导线，特别是底层导线，弯曲、绕行现象较严重。

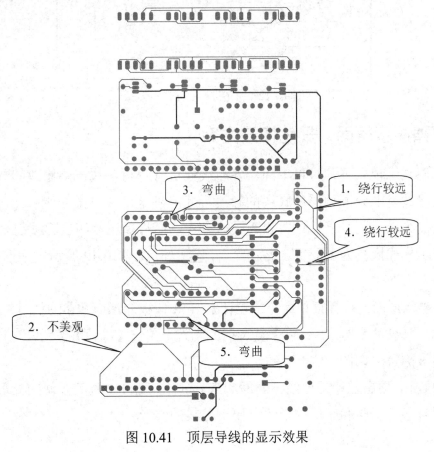

图 10.41　顶层导线的显示效果

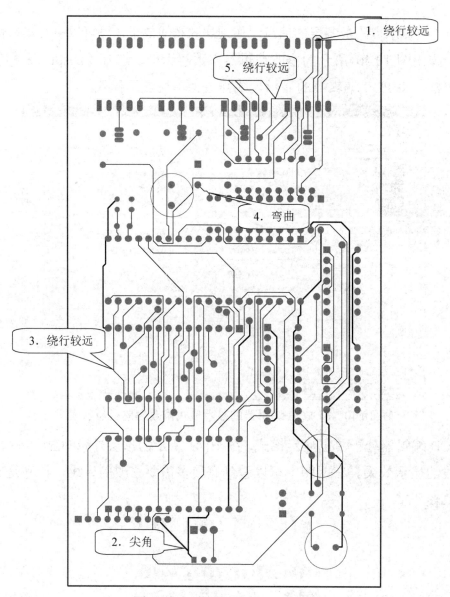

图 10.42　底层导线的显示效果

10.6.2　调整显示层面，规划修改方案

虽然在单层显示模式下，可以单独对各布线层进行分析，找出要修改的导线，但对双面板而言，修改导线时要兼顾顶层和底层的导线，才能确定修改方案。所以，可以进一步采取调整显示层面的方法，同时显示顶层和底层的走线，而将顶层丝印层隐藏起来，方法如下。

（1）将显示模式恢复为多层复合显示模式，即取消对图 10.40 所示对话框中【单层模式】复选框的勾选。

（2）设置显示层面。执行菜单命令【设计】/【PCB 板层次颜色】，弹出图 10.43 所示的层面设置对话框，取消对【Top Overlay】复选框的勾选，单击【确认】按钮。这样，编辑器中的顶层丝印层便被隐藏，如图 10.44 所示。

在图 10.44 中，顶层丝印层已经被隐藏起来。这样，既可以避免元件的外形和编号遮住导线，又可以同时显示顶层和底层的走线，便于导线的修改。

图 10.43　隐藏顶层丝印层

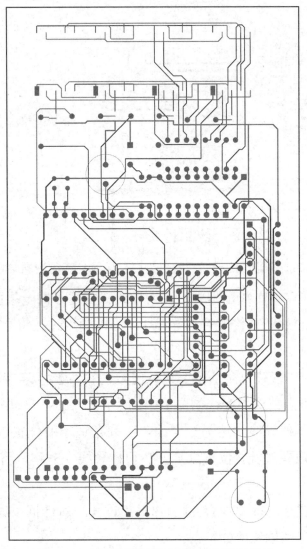

图 10.44　隐藏顶层丝印层后的显示效果

10.6.3 修改导线

可以利用前面介绍的方法修改图 10.41 和图 10.42 中的导线，使其符合布线原则的要求，但有时导线因为受到同一层面内其他导线的阻挡，无法达到满意的布线效果。此时，必须利用过孔使导线跳过同一层面的导线，达到修改导线的目的。

1．利用过孔修改导线

在修改导线的过程中，某些导线如果仅在同一层面上走线，则可能会因为同一层面上其他导线的阻挡而不便或无法布通，如图 10.45 所示的导线 1。因此，还需在必要的地方添加过孔，改变导线的层面，避开同一层面的导线，以便对弯曲的导线进行修改。下面以修改图 10.45 中的弯曲导线 1 为例，讲解利用过孔改变导线层面，从而修改不合理导线的方法。

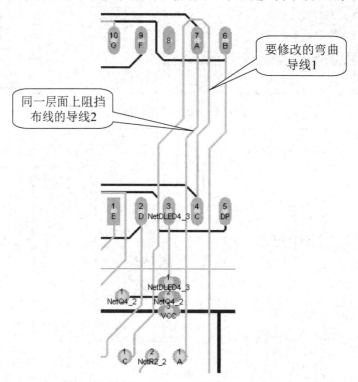

图 10.45　需修改的导线（浅色为底层导线，深色为顶层导线）

如图 10.45 所示，在自动布线过程中，因为导线 2 挡住了同一层面的导线 1 的布线通路，所以导线 1 不得不弯曲布线。要修改弯曲导线 1，可以利用过孔将导线 1 被导线 2 挡住的部分修改至顶层，方法如下。

（1）撤销原导线 1。执行菜单命令【工具】/【取消布线】/【连接】，出现十字光标，将其对准导线 1，单击，即可撤销该导线，如图 10.46 所示。

（2）放置过孔。为了使导线到达另一层面，必须在适当的位置放置过孔，如图 10.46 所示。要在两条导线之间放置过孔，位置太窄，必须将导线 3 外移，因此删除导线 3 并重新绘制，如图 10.47 所示。

先选择放置过孔工具，按【Tab】键，弹出"过孔"对话框，如图 10.48 所示，将其网络属性修改为要连接的导线网络"C"。

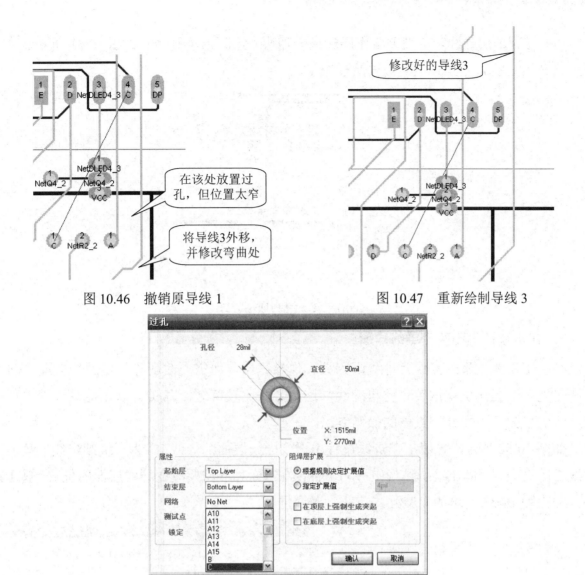

图 10.46 撤销原导线 1　　　　　　　　　图 10.47 重新绘制导线 3

图 10.48 设置过孔的网络属性

在适当的位置放置过孔，如图 10.49 所示。

（3）绘制底层导线。由于此时导线 1 可通过过孔分布在两个信号层，所以导线 1 被分成两段绘制，将当前工作层转换为底层，绘制底层导线，如图 10.50 所示。

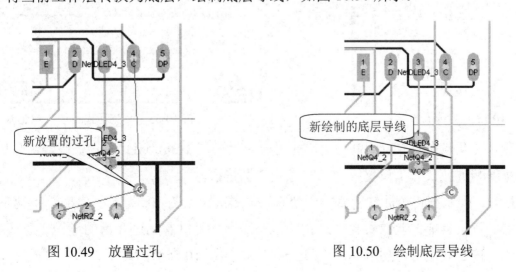

图 10.49 放置过孔　　　　　　　　　图 10.50 绘制底层导线

（4）绘制顶层导线。将当前工作层转换为顶层，绘制顶层导线，如图 10.51 所示。可以看到，原导线 1 的弯曲部分已经被修改过来了。

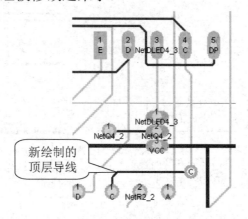

图 10.51　绘制顶层导线

2. 在走线过程中改变导线层面

在手工走线过程中，经常遇到因为被其他导线挡住而需要改变导线层面的情况，前面的方法是先在适当的位置放置过孔再连线。这种方法比较麻烦，其实可以在走线过程中直接改变导线的层面。下面介绍具体的操作方法。

如图 10.52 所示，导线 1 在走线过程中遇到同一层面的导线 2。为了继续走线，必须改变导线 1 的层面，可以在绘制过程中移动鼠标，将光标对准需要改变导线层面的位置，按【Tab】键，弹出图 10.53 所示的"交互式布线"对话框。

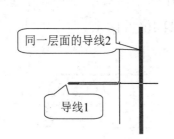

图 10.52　导线 1 和导线 2 位于同一层面

图 10.53　"交互式布线"对话框

在"交互式布线"对话框中，选择另一个信号层"Bottom Layer"（底层信号层），并设置导线宽度和过孔尺寸，设置好后单击【确认】按钮。

这时，可以看到光标的十字中心处有一个过孔，如图 10.54 所示。将光标移到合适的位置并单击，可在当前位置放置一个过孔。移动鼠标，可以看到过孔后的导线 1 已经改变了层面和颜色（位于底层信号层），并且穿过导线 2，如图 10.55 所示。

图 10.54　光标的十字中心处有一个过孔　　　　图 10.55　导线 1 改变层面，穿过导线 2

采用相同的方法，可以将图 10.41 和图 10.42 中需要修改的导线全部修改过来，如图 10.56 所示。导线修改是一项细致、艰巨的工作，往往要花费较多的时间。

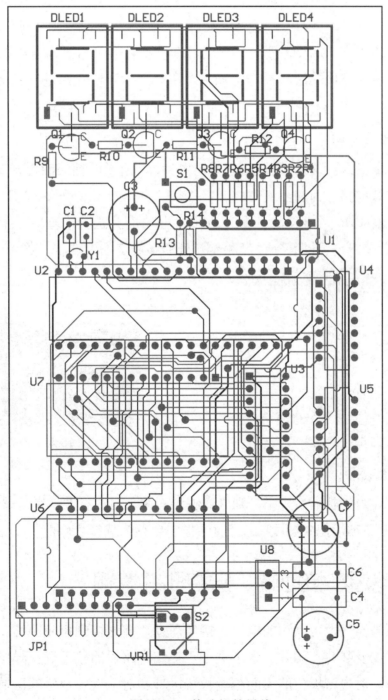

图 10.56　修改好的导线

10.7　补泪滴

在电路板中，为了提高布通率，许多导线的宽度较小，而焊盘的面积却较大。如果等宽度导线进入焊盘或过孔，势必造成电路板在元件焊接、装配、维修过程中，应力集中于焊盘和导线的连接处，极易形成裂纹和焊盘翘起，影响电路板的焊接质量，出现虚焊。该现象在单面板中尤为突出，为了在加工和焊接时分散应力，可以在窄导线进入焊盘和过孔时，逐步增大导线宽度，形成泪滴状，从而有效地分散应力，防止焊盘脱落而出现虚焊。制作泪滴状导线的操作就被称为补泪滴，具体方法如下。

1．选择对象

可以根据导线的粗细，选择需要补泪滴的导线。执行菜单命令【编辑】/【选择】下的各子菜单命令，进行各种不同的选择操作。如果对所有焊盘和过孔都进行补泪滴操作，则可以不用选择对象。

2．补泪滴的具体操作

执行菜单命令【工具】/【泪滴焊盘】，弹出图 10.57 所示的补泪滴选择对话框，在左边选择操作对象，在右边选择行为和泪滴方式。

此处，操作对象选择"全部焊盘"和"全部过孔"，行为选择"追加"，泪滴方式选择"圆弧"，单击【确认】按钮，可以看到焊盘和过孔处的导线变为泪滴状，如图 10.58 所示。

图 10.57　补泪滴

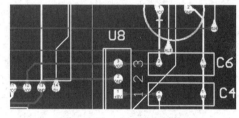

图 10.58　补泪滴效果

3．删除补泪滴效果

如果想删除某导线的补泪滴效果，则先选择该对象，再执行菜单命令【工具】/【泪滴焊盘】，在弹出的图 10.57 所示的补泪滴选择对话框中，行为选择"删除"。

10.8　添加电源、接地端、安装孔并覆铜

为了便于电源的输入，可以添加电源、接地焊盘，并连接到相应网络。为了电路板的固定和安装，可以添加安装孔。同时，为了进一步提高电路板的抗干扰、导电能力，以及导线对电路板的黏附力，对电路板中的大面积无导线区域和对干扰较敏感的区域进行地线和电源线覆铜，具体方法请参考第 9 章，最终效果如图 10.59 所示。

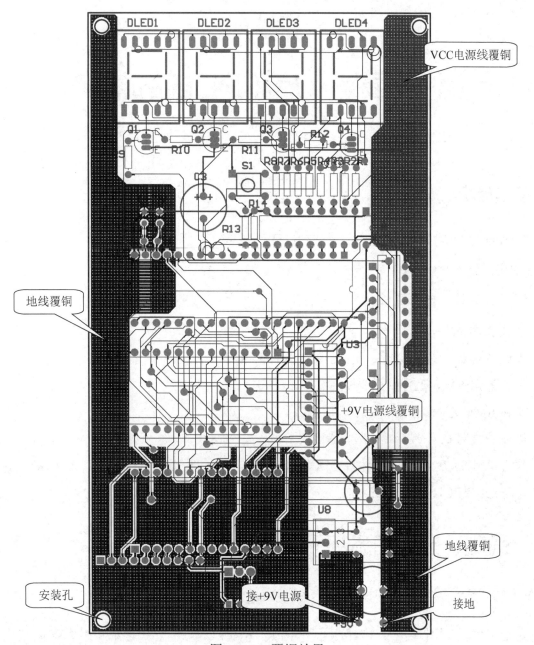

图 10.59　覆铜效果

本章小结

　　本章综合前面各项目所讲的知识点和技能，讲解制作单片机多路数据采集系统 PCB 的全部过程，重点介绍了添加、引用 PCB 元件引脚封装的方法，双面板导线的手工修改方法，以及补泪滴操作等。本章是对前面各项目知识点和技能的一次综合演练。

习题 10

　　制作本章单片机多路数据采集系统的 PCB。

第 11 章　U 盘 PCB 的制作

本章以 U 盘 PCB 的制作为例，介绍 SMT 多层板的制作方法，以达到以下教学目标。

◎ 知识目标

- 理解多层板、内电层的含义。

👆 技能目标

- 掌握多层板的创建方法，以及内电层的网络属性设置和分割方法。
- 熟悉常用 SMT 元件的引脚封装。
- 掌握 SMT 元件引脚封装的制作方法。
- 掌握手工修改导线的常用方法。

本章将制作 U 盘 PCB，整体原理图已经在第 4 章讲解过，即图 4.36，在此不再赘述。本章主要讲解 USB PCB 的制作过程。

11.1　确定、自制和添加元件封装

11.1.1　确定元件封装

因为 U 盘体积非常小，其电路板面积也很小，所以电路板中的元件绝大部分采用表面贴装元件，以节省电路板面积。根据前面的介绍，并结合元件的实际外形和引脚排列情况，部分元件还参考了元件供应商提供的技术和封装参数，以确定合适的元件封装，如表 11.1 所示。

表 11.1　U 盘元件封装表

元件类型	元件封装	元件封装库
电阻 R	C1005-0402	Miscellaneous Devices.IntLib
无极性电容 C	C1005-0402	
发光二极管	DSO-F2/D6.1	
有极性电容	CC1608-0603	Chip Capacitor - 2 Contacts.PcbLib
U1（AT1201）	SO-G5/Z3.6	SOT 23 - 5 and 6 Leads.PcbLib
U2（IC1114）	F-QFP7X7-G48/X.3N	FQFP (0.5mm Pitch, Square) - Corner Index.PcbLib
U3（K9F0BDUDB）	TSSO12X20-G48/P.5	TSOP (0.5mm Pitch) .PcbLib
USB 接口 J1	USB	自制元件封装库 UPAN.PcbLib
写保护开关 SW1	ZZSW	
晶体振荡器 Y1	XTAL2	

　　贴片电阻和贴片电容只要大小相同，就可以采用相同的引脚。本例中电阻和电容的体积都很小，所以采用相同的贴片引脚封装 C1005-0402。

　　本例中比较难确定封装的元件为 U1（AT1201）、U2（IC1114）、U3（K9F0BDUDB）。对于难以确定封装的元件，最好从网上下载或找元件供应商索要该元件的封装参数。

1．确定 AT1201 的封装

　　从网上下载的 AT1201 的资料中可以查到图 11.1 所示的封装参数，其中 e_1 代表两个引脚一边的引脚间距，而 e 代表三个引脚一边的引脚间距。查看该图中的表格可知，e_1=1.9mm，e=0.95mm。

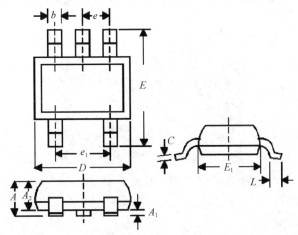

SYMBOL	INCHES		MILLIMETERS		NOTES
	MIN	MAX	MIN	MAX	
A	0.035	0.057	0.90	1.45	—
A_1	0.000	0.006	0.00	0.15	—
A_2	0.035	0.051	0.90	1.30	—
b	0.010	0.020	0.25	0.50	—
C	0.003	0.008	0.08	0.20	—
D	0.110	0.122	2.80	3.10	—
E	0.102	0.118	2.60	3.00	—
E_1	0.059	0.069	1.50	1.75	—
L	0.014	0.022	0.35	0.55	—
e	0.037ref		0.95ref		
e_1	0.075ref		1.90ref		—

图 11.1　AT1201 的封装参数

　　在图 11.1 中，AT1201 的封装为 SOT 25 系列。但查找 DXP 2004 SP2 中的封装，没有找到该封装，发现 SOT 23 - 5 and 6 Leads.PcbLib 库中 SO-G5/Z3.6 封装的参数完全符合 AT1201 封装的要求，如图 11.2 所示。

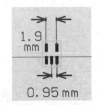

图 11.2　引脚封装 SO-G5/Z3.6 的焊盘尺寸

2．确定 IC1114 的封装

　　从网上下载的 IC1114 的资料中可以查到图 11.3 所示的封装参数。IC1114 的封装为 LQFP48，但查找 DXP 2004 SP2 中的封装，也没有找到该封装，发现 FQFP (0.5mm Pitch, Square) - Corner Index.PcbLib 库中 F-QFP7X7-G48/X.3N 封装的参数完全符合 IC1114 封装的要求，如图 11.4 所示。

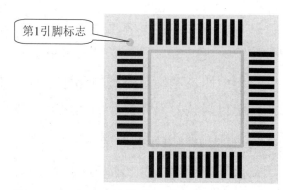

第1引脚标志

7. PACKAGE & FINAL PRODUCT INFORMATION

Type	Body Size (mm)	Pin Length (mm)
48 pin LQFP	$7 \times 7 \times 1.4$	0.75

图 11.3　IC1114 的封装参数　　　　图 11.4　IC1114 的封装 F-QFP7X7-G48/X.3N

3. 确定存储器 K9F0BDUDB 的封装

采用同样的方法，查得存储器 K9F0BDUDB 的封装 TSSO12X20-G48/P.5 在 TSOP（0.5mm Pitch）.PcbLib 库中，如图 11.5 所示。

图 11.5　存储器 K9F0BDUDB 的封装 TSSO12X20-G48/P.5

11.1.2　自制元件封装

U 盘原理图中还有 USB 接口 J1、写保护开关 SW1、晶体振荡器 Y1 的封装，这些元件封装必须自制。

1. 制作 USB 接口 J1 的引脚封装

USB 接口 J1 的外形如图 11.6（a）所示，利用卡尺测量它的尺寸后，制作的引脚封装如图 11.6（b）所示，其中各焊盘的参数如下。

1～4 号焊盘位于顶层信号层，形状为矩形，Hole Size=0，X-Size=2.54mm，Y-Size=1.2mm。而 0 号焊盘为 USB 接口的固定支架焊盘，没有电气特性，在原理图元件中也没有引脚与其对应，所以在 PCB 布线时必须由用户将它的网络属性设置为"GND"，并将其接地，提高抗干扰能力。其参数与 1～4 号焊盘基本相同，不过位于复合层，形状为圆形。

（a）外形　　　　　　　　　　（b）引脚封装（单位：mm）

图 11.6　USB 接口 J1 的外形和引脚封装

2．制作写保护开关 SW1 的引脚封装

写保护开关 SW1 的外形和引脚封装如图 11.7 所示。

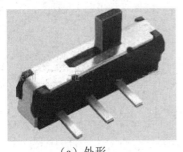

（a）外形

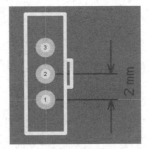

（b）引脚封装 ZZSW

图 11.7　写保护开关 SW1 的外形和引脚封装

3．制作晶体振荡器 Y1 的封装

晶体振荡器 Y1 的外形和封装 XTAL2 如图 11.8 所示。该晶体振荡器为圆柱形，由于受到 U 盘体积的限制，不能采取立式安装，只能采取卧式安装。

（a）外形

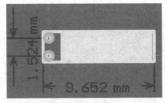

（b）封装 XTAL2

图 11.8　晶体振荡器 Y1 的外形和封装 XTAL2

11.1.3　添加元件封装

1．为单个元件添加封装

确定了元件封装后，就可以双击原理图元件，在弹出的对话框中添加封装。图 11.9 所示为为存储器 U3 添加封装 TSSO12X20-G48/P.5 的过程。

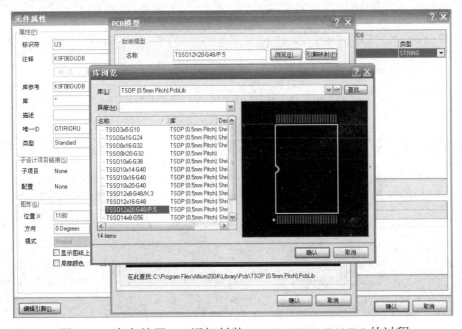

图 11.9　为存储器 U3 添加封装 TSSO12X20-G48/P.5 的过程

2．利用全局修改功能为各类元件添加封装

由于 U 盘中的元件很多，而且大部分元件的封装都采用贴片封装形式，而不是采用原理图元件中的默认封装形式，所以如果采用逐个修改的方法，工作量将会很大，可以采取全局修改的方法。下面以全局修改电阻封装为例来讲解。

（1）将光标移到 U 盘原理图中的任意一个电阻上，右击，在弹出的快捷菜单中选择【查找相似对象】命令，弹出图 11.10 所示的"查找相似对象"对话框，将【Library Reference】项设置为"Res2"和"Same"，表示将选中图纸中所有的电阻，并勾选【选择匹配】复选框。

（2）单击【确认】按钮，可以看到图纸中所有电阻均处于选中状态，弹出图 11.11 所示的"Inspector"对话框，将 Current Footprint 属性修改为"C1005-0402"，按【Enter】键确认输入。

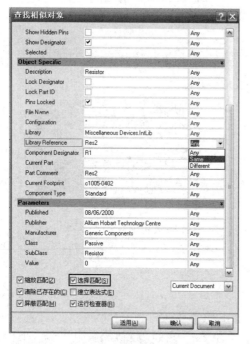

图 11.10　"查找相似对象"对话框

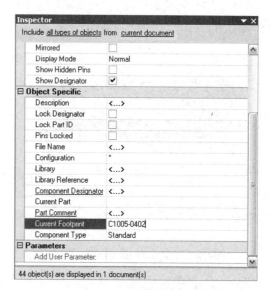

图 11.11　修改电阻封装

注意：一定要按【Enter】键确认输入，这样全局修改才会有效。

（3）关闭"Inspector"对话框，单击工作区右下方的【清除】按钮，清除蒙版状态。此时，双击电阻可以看到封装属性已被修改为"C1005-0402"。

（4）采用同样的方法，可以将电容等的封装全局性修改过来。

11.2　新建 PCB 文件并绘制 PCB 边框

根据设计的要求和 U 盘外壳的限制，确定 PCB 的长度、高度。经过分析，确定本 PCB 的参考尺寸为 45mm×15mm，并且受外壳固定柱的限制，中间有一个半径 $R_1=1$mm 的半圆形缺口，便于将该 PCB 固定于 U 盘外壳中，如图 11.12 所示。

注意：在初次制作本例中的 PCB 时，建议适当增加 PCB 的尺寸，比如将 PCB 的尺寸调整为 55mm（宽）×25mm（长）。这样可以有效降低布线的复杂性和难度。

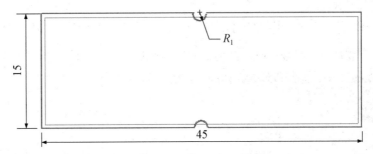

图 11.12　U 盘 PCB 的尺寸（单位：mm）

可以先利用 7.3 节介绍的向导方法新建 PCB 文件和规划矩形 PCB，再在产生的矩形 PCB 的基础上进行手工修改，添加两个半圆形缺口，具体步骤如下。

11.2.1　利用向导制作 U 盘 PCB

（1）单击【Files】标签，出现文件操作栏，选择【PCB Board Wizard...】选项，将出现图 11.13 所示的 PCB 向导欢迎界面。

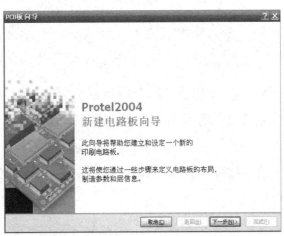

图 11.13　PCB 向导欢迎界面

（2）在图 11.14 所示的尺寸单位选择对话框中，为了方便后面过孔等较小尺寸元素的设置，选择【英制】单位。

（3）单击【下一步】按钮，将弹出图 11.15 所示的 PCB 类型选择对话框，采用【Custom】（用户）定义类型。

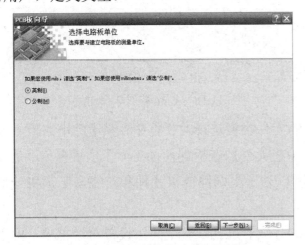

图 11.14　尺寸单位选择对话框

图 11.15　PCB 类型选择对话框

（4）单击【下一步】按钮，将弹出图 11.16 所示的 PCB 用户自定义对话框，先将电路板的轮廓形状设置为"矩形"，再输入前面确定的电路板尺寸。

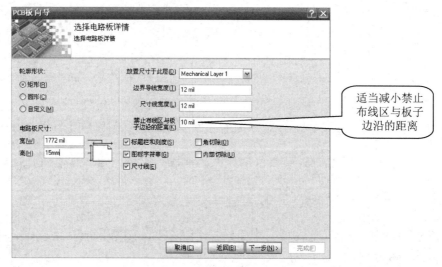

图 11.16　PCB 用户自定义对话框

注意： 输入电路板尺寸时，可以带单位输入"45mm"，软件将自动完成转换，如图 11.16 所示；由于电路板面积很小，可以适当将禁止布线区与板子边沿的距离减小。

（5）单击【下一步】按钮，将弹出图 11.17 所示的信号层数、内部电源层数选择对话框，其中信号层数默认为 2，不必修改；内部电源层数也默认为 2，由于本例中采用 4 层板，这里也不必修改。

（6）单击【下一步】按钮，将弹出图 11.18 所示的过孔类型选择对话框，选中【只显示盲孔或埋过孔】单选按钮。

图 11.17　信号层数、内部电源层数选择对话框

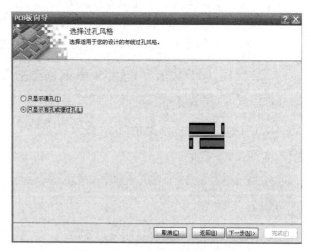

图 11.18　过孔类型选择对话框

（7）单击【下一步】按钮，在图 11.19 所示的元件类型选择对话框中，将【此电路板主要是：】项设置为"表面贴装元件"；将【您是否希望将元件放在板的两面上？】项设置为"是"，表示将双面放置元件。因为电路板面积太小，所以为了更好地放置元件和布线，必须将一部分元件放置在底层。

（8）单击【下一步】按钮，在图 11.20 所示的导线、过孔、安全间距设置对话框中，由于电路板面积的限制，并考虑电路板的制作工艺，需要将参数适当减小。

图 11.19　元件类型选择对话框

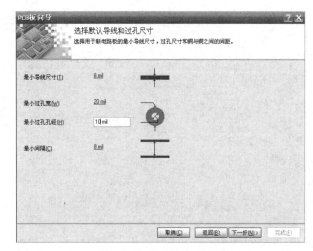

图 11.20　导线、过孔、安全间距设置对话框

单击【下一步】按钮，将弹出图 11.21 所示的 PCB 向导完成对话框。

在图 11.21 所示的 PCB 向导完成对话框中，单击【完成】按钮，将出现一个由 PCB 向导制作完成的电路板，如图 11.22 所示。

图 11.21　PCB 向导完成对话框

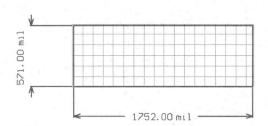

图 11.22　由 PCB 向导制作完成的电路板

11.2.2　手工修改 PCB 轮廓

在向导产生的 PCB 的基础上，先选择禁止布线层，定位水平中心位置，1752mil 的一半为 876mil，利用放置标准尺寸工具，放置一个长度为 875mil 的标尺，如图 11.23 所示。

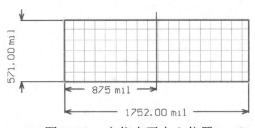

图 11.23　定位水平中心位置

注意：因为最小移动步距的影响，所以标尺长度无法放到 876mil。当然可以通过执行菜单命令【设计】/【PCB 板选择项】，弹出图 11.24 所示的"PCB 板选择项"对话框，将捕获网格改为以 1mil 实现，但由于 1mil 的误差非常小，可以忽略不计。

图 11.24　"PCB 板选择项"对话框

利用画圆弧工具，绘制两个半径为 1mm 的半圆形缺口，如图 11.25（a）所示。直接手工绘制半圆弧，一般难以保证圆弧半径精确为 1mm。为了保证绘制半圆弧的精确性，可以双击绘制好的半圆弧，弹出"圆弧"对话框，在该对话框中按图 11.25（b）所示设置参数。

将原电路板的水平边框、定位线、标准尺寸删除，再利用放置直线工具，在禁止布线层绘制 4 条水平边框，如图 11.26 所示。

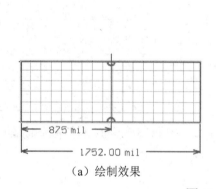

（a）绘制效果

（b）设置半圆弧的属性

图 11.25　绘制边框和半圆形缺口

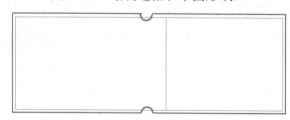

图 11.26　在禁止布线层绘制 4 条水平边框

11.3　载入元件引脚封装，设置内电层的网络属性

11.3.1　载入元件引脚封装

（1）打开已经绘制好电路板边框的 U 盘 PCB 文件，执行菜单命令【设计】/【Import Changes

From...】，将弹出图 11.27 所示的导入工程变化对话框。

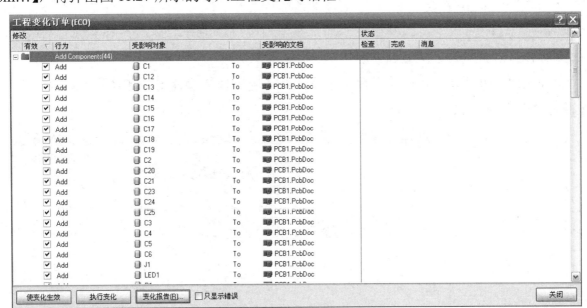

图 11.27　导入工程变化对话框

（2）在图 11.27 所示的对话框中，单击【执行变化】按钮，执行更新，将各封装元件及它们之间的网络连接载入 PCB 文件中，如图 11.28 所示。完成后，单击【关闭】按钮。可以看到 PCB 编辑器中已经载入了各封装元件及它们之间的网络连接，如图 11.29 所示。

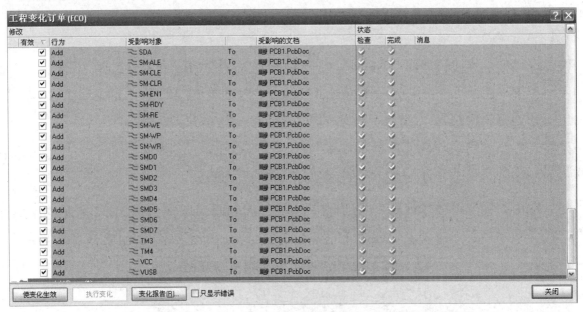

图 11.28　执行更新，载入各封装元件及它们之间的网络连接

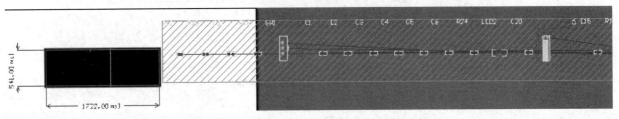

图 11.29　载入 U 盘引脚封装和网络连接

11.3.2　设置内电层的网络属性

在向导产生的 PCB 中，虽然已经添加了两个内电层，但并未指定各内电层的网络属性，用户必须指定各内电层具体的网络属性。

（1）如图 11.30 所示，执行菜单命令【设计】/【层堆栈管理器】，弹出图 11.31 所示的"图层堆栈管理器"对话框。

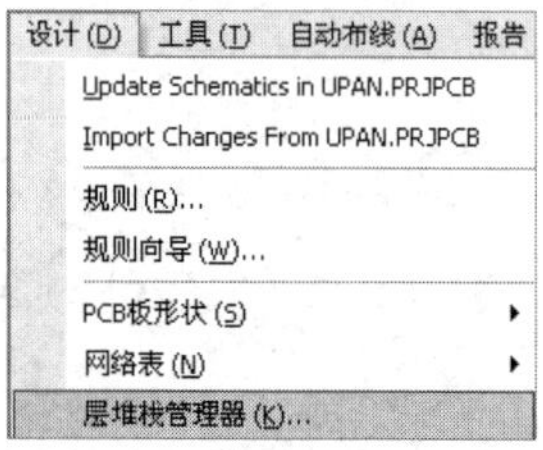

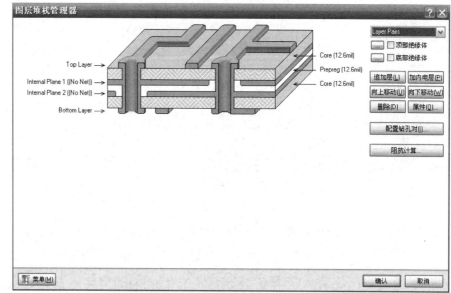

图 11.30　层堆栈管理
器菜单命令

图 11.31　"图层堆栈管理器"对话框

（2）在"图层堆栈管理器"对话框中，可以看到 U 盘 PCB 为四层板，除了有底层信号层和顶层信号层，还有两个内电层——Internal Plane 1（内电层 1）和 Internal Plane 2（内电层 2），但内电层的网络属性都是"No Net"，必须将其修改为"VCC"或"GND"。

注意：利用"图层堆栈管理器"对话框中右边的按钮，可以继续编辑多层板的层结构，如添加、删除层，以及修改层顺序等。

（3）双击"图层堆栈管理器"对话框中的 Internal Plane 1，弹出图 11.32 所示的层属性对话框，在【网络名】下拉列表中选择【VCC】选项，表示将该层作为电源 VCC 内电层。

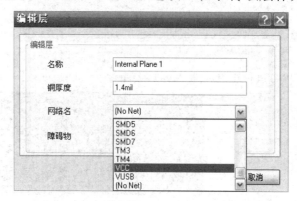

图 11.32　修改内电层 1 的网络属性

（4）采用同样的方法，可以将内电层 2 的网络属性修改为"GND"。设置好的"图层堆栈管理器"对话框如图 11.33 所示。

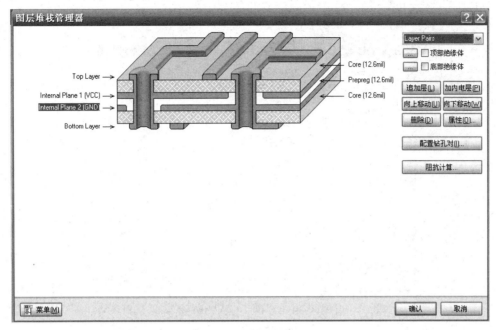

图 11.33　设置好的"图层堆栈管理器"对话框

11.4　多层板的元件布局调整

元件载入 PCB 后，就可以根据元件的布局规律进行布局了。由于 U 盘 PCB 面积小、元件多，元件密度很高，所以在布局前，必须仔细做好元件的布局方案。U 盘布局是否合理是整个项目的关键，关系到 U 盘 PCB 布线是否成功和整个电路的稳定性，因为本项目采用 4 层板，布线已经不是我们需要关注的首要问题。

11.4.1　确定布局方案

在高密度 PCB 中，是否需要双面放置元件是设计者首先要考虑的问题。一般情况下，如果在顶层能够完成元件的布局，那么尽量不要将元件放置在底层。因为如果将元件布置在底层，一方面会提高 PCB 的设计难度和成本，另一方面会使元件装配的工序增加、难度提高。但对 U 盘 PCB 而言，如果直接将元件放置在顶层，由于 PCB 太小，部分元件连放置的位置都没有，所以必须采取双面放置元件的方法。仔细分析原理图可以知道，U 盘主要由以 U2（IC1114）为核心的控制器电路和以 U3（K9F0BDUDB）为核心的存储器电路组成。所以，可以考虑将这两部分电路分别放置在顶层和底层，将以 U3（K9F0BDUDB）为核心的存储器电路放置在顶层，而将 U2（IC1114）为核心的控制器电路放置在底层。

11.4.2　设置布局参数

1. 修改图纸参数

对一般的 PCB 而言，采用默认的图纸参数就可以较好地进行布局调整，但对元件密度较高的 PCB 而言，为了进一步微调元件的位置，必须调整 PCB 的图纸选项。

执行菜单命令【设计】/【PCB 板选择项】，将弹出图 11.34 所示的 PCB 图纸选项对话框，将捕获网格和元件网格属性均修改为"5mil"，并将电气网格的范围修改为"5mil"。

图 11.34　修改 PCB 图纸参数

2．修改元件的安全间距

由于 PCB 面积太小，因此元件的安全间距可以设置得更小一些，从而使元件排列得更紧密一些，例如可以将其步距修改为 5mil 左右。

执行菜单命令【设计】/【规则】，弹出 PCB 规则对话框，先双击【Placement】选项，再双击【Component Clearance】选项，最后选择【ComponentClearance】选项，在右边的规则栏中将间隙修改为"5mil"，如图 11.35 所示。

图 11.35　修改元件安全间距

11.4.3　具体布局

1．确定有定位要求的元件的位置

根据布局原则，先确定相对于元件外壳、插孔位置等有定位要求的元件的位置。本项目中有定位要求的元件有两个，一个是写保护开关 SW1，它必须与外壳的写保护开关孔对准，并且它的拨动手柄必须向外；另一个是发光二极管 LED1，它必须与外壳的小孔对准。

（1）确定 SW1 的位置，测量外壳的写保护开关孔的尺寸，确定 SW1 的 1 号焊盘的定位尺寸，如图 11.36 所示。

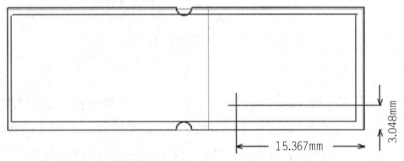

图 11.36　确定 SW1 的 1 号焊盘的定位尺寸

（2）将 SW1 的 1 号焊盘放置到指定位置，如图 11.37 所示。

（3）锁定 SW1。双击 SW1，在弹出的对话框中勾选【锁定】复选框，如图 11.38 所示，从而避免在后续操作中改变该元件的位置。

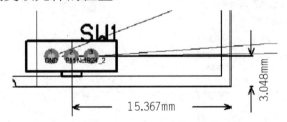

图 11.37　将 SW1 的 1 号焊盘放置到指定位置

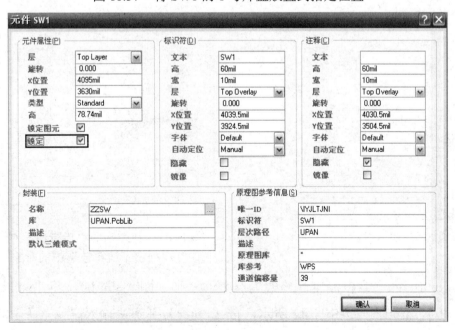

图 11.38　锁定 SW1

（4）删除辅助线和尺寸标注。

（5）根据同样的原理，可以确定并锁定发光二极管 LED1 的位置，如图 11.39 所示。

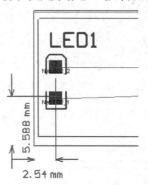

图 11.39　发光二极管 LED1 的位置

2.　修改元件标注的尺寸

从图 11.39 中可以看到，元件标注的尺寸太大，占了太多的面积，必须修改元件标注的尺寸。

（1）将光标移到标注 LED1 上，右击，在弹出的快捷菜单中选择【查找相似对象】命令，弹出图 11.40 所示的"查找相似对象"对话框，将【String Type】项设置为"Designator"和"Same"，表示将选中图纸中所有的元件编号。

（2）单击【确认】按钮，可以看到图纸中所有的元件编号均处于选中状态，在弹出的"检查器"对话框中列出了所有被选中的对象，如图 11.41 所示。

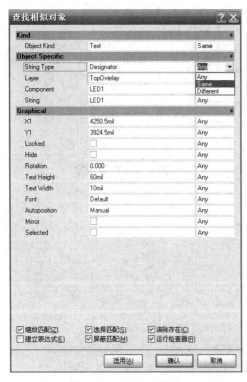

图 11.40　"查找相似对象"对话框

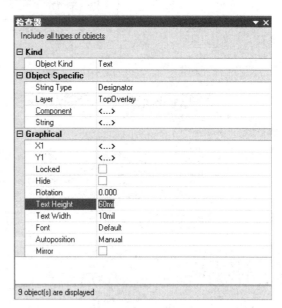

图 11.41　在弹出的"检查器"对话框中
列出了所有被选中的对象

（3）将 Text Heigh（字符高度）修改为原来的一半，即"30mil"；将 Text Width（文字线条宽度）修改为"5mil"，如图 11.42 所示，按【Enter】键确认输入。

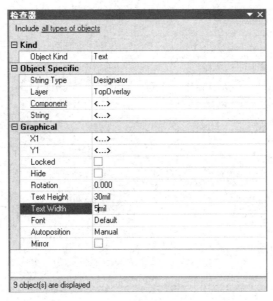

图 11.42　修改编号的文字尺寸

（4）关闭"检查器"对话框，单击工作区右下方的【清除】按钮，清除蒙版状态。此时可以看到元件编号大小变为原来的一半，大大地节省了电路板的面积。

3．确定顶层核心元件的位置

核心元件一般指体积较大或在电路功能模块中起主要作用的元件，顶层的核心元件有存储器 U3、USB 接口 J1、晶体振荡器 Y1 及电源转换元件 U1。一般尽量将所有穿插式元件都安排在顶层，以便进行元件的装配。而电源转换元件 U1 最好和其他电源模块的元件一起进行布局，以便更好地确定元件的相对位置。所以，先确定存储器 U3、USB 接口 J1 和晶体振荡器 Y1 的位置，如图 11.43 所示，并且注意 USB 接口 J1 位于电路板的水平中心，以便和 U 盘外壳配合。

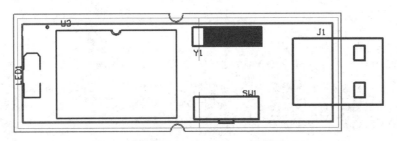

图 11.43　确定顶层核心元件的位置

4．确定电源模块的布局

在进行元件布局时，一般原则为在保证定位要求和电气特性的基础上，使元件间的导线最短、飞线最少。但在 PCB 中，元件间的飞线连接于最近的网络焊盘上，表面上虽然飞线很短，实际布线时可能走线很长。所以，在进行 PCB 布局时，确定了核心元件的位置后，最好结合原理图，按照信号走向分模块进行布局。依据图 11.44 所示的电源模块原理图确定电源部分的布局关系，如图 11.45 所示。同时，将写保护电路的电阻 R24 放置在 SW1 的右边，将 LED1 的限流电阻 R11 和电容 C25 也一并放置到图纸中。

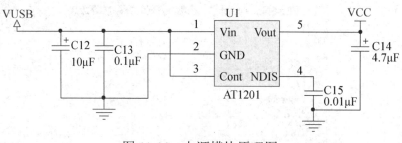

图 11.44　电源模块原理图

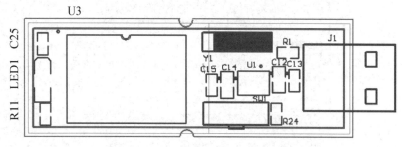

图 11.45　继续完成电源部分的布局

5．确定底层元件的布局

（1）显示底层丝印层。

在默认情况下，底层丝印层是没有显示出来的。为了底层元件的布局，必须将底层丝印层显示出来。执行菜单命令【设计】/【PCB 板层次颜色】，弹出图 11.46 所示的"板层和颜色"对话框，如果【Bottom Overlay】复选框未被勾选，则勾选该复选框，从而将底层元件的编号也显示出来。

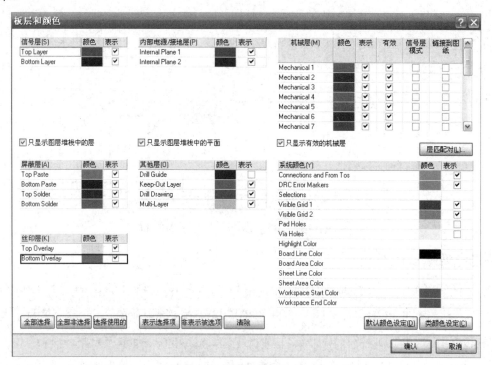

图 11.46　显示底层丝印层

（2）放置底层关键元件 U2。

先在顶层将元件 U2 移到要放置的位置，并且将元件编号的位置调整好，如图 11.47 所示。这是因为等元件被翻转到底层后，由于文字翻转，再进行编号方向的调整将会使人感觉不太习惯。

在调节元件 U2 位置的过程中，按下【L】键，元件 U2 将被翻转到底层，如图 11.48 所示。

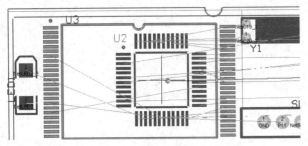

图 11.47　先在顶层放置好元件 U2

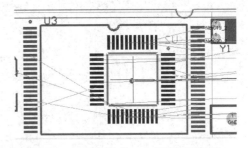

图 11.48　将元件 U2 翻转到底层

此时可以看到元件 U2 已被放置到底层，焊盘的层面属性自动转换为底层，元件编号也随之翻转。

（3）初步放置底层其他元件。

采用相同的方法，将底层其他元件也放置到焊锡面，如图 11.49 所示。

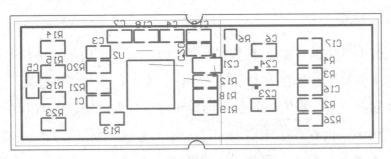

图 11.49　放置底层其他元件

（4）调整底层元件的位置和元件编号。

在将元件全部初步放置到底层后，为了避免顶层元件对底层元件的布局产生影响，可以在图 11.46 所示的"板层和颜色"对话框中，暂时取消对【Top Layer】和【Top Overlay】复选框的勾选，不显示顶层元件的封装，从而使用户集中精力调整底层元件的布局。

建议：在调整元件编号时，比较难调整的是元件编号的方向，因为此时文字处于镜像翻转状态。在旋转过程中，若不知怎样才是正确的，则可以先结束元件编号的镜像翻转状态，将其位置和方向调整好后，再恢复其镜像翻转状态，从而确保其方向的正确性。

以调整图 11.50（a）中电容 C17 的标注为例，先双击元件编号 C17，弹出图 11.51 所示的元件编号 C17 的属性对话框，取消对【镜像】复选框的勾选，单击【确认】按钮。此时可以将元件编号 C17 当成顶层丝印层的元件编号一样进行调整，如图 11.50（b）所示。

再次双击元件编号 C17，在弹出的对话框中勾选【镜像】复选框，可以看到元件编号 C17 已被调整好方向和位置，如图 11.50（c）所示。

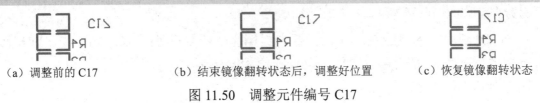

（a）调整前的 C17　　　　（b）结束镜像翻转状态后，调整好位置　　　　（c）恢复镜像翻转状态

图 11.50　调整元件编号 C17

图 11.51　结束元件编号的镜像翻转状态

11.5　内电层分割和焊盘网络属性修改

11.5.1　内电层分割

多层板与双面板不同的地方在于多了内电层，内电层一般用于接地和接电源，使 PCB 中大量的接地和接电源引脚不必再在顶层或底层布线，而可以直接（直插式元件）或就近通过过孔（贴片元件）接到内电层，极大地降低了顶层和底层的布线密度，有利于其他网络的布线。

但有时一个系统中可能存在多个电源和地，如常见的+5V、+12V、−12V、−5V 等电源，而接地网络也有电源地、信号地、模拟地、数字地之分，如果再采用一个电源或接地网络对应一个内电层的方法，则势必导致内电层的数目太多，电路板的制作成本成倍提高。此时可以采取内电层分割的办法，将一个内电层分割为几个部分，将某个电源或接地网络的引脚比较密集的区域划分给该网络，而将另一个区域划分给其他电源或接地网络。

本项目中的电源有两种，即 VCC 和 VUSB。此时可以在接 VCC 网络的内电层 1 中，将接 VUSB 网络的引脚比较集中的区域划分出来，具体操作方法如下。

（1）将当前工作层转换为【Internal Plane 1】（内电层 1），如图 11.52 所示。

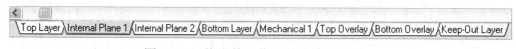

图 11.52　将当前工作层转换为内电层 1

（2）隐藏其他无关层。由前面的布局可知，与 VUSB 网络连接的元件全部位于顶层，为了更好地进行区域划分，可以将底层信号层和底层丝印层全部关闭，使底层元件暂时不显示，并将图纸放大，显示与 VUSB 网络连接的焊盘区域，如图 11.53 所示。

（3）分割内电层。选择放置直线工具，沿着包含 VUSB 焊盘的区域画出一个封闭区域，将内电层分割，如图 11.54 所示。

（4）修改分割后的内电层网络属性。双击封闭区域中被分割出来的内电层，弹出图 11.55 所示的内电层属性对话框，通过设置，将其连接到 VUSB 网络。

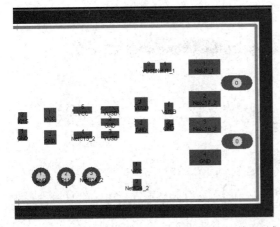

图 11.53　显示与 VUSB 网络连接的焊盘区域

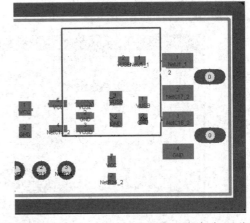

图 11.54　画出一个封闭区域，将内电层分割

图 11.55　修改分割后的内电层网络属性

（5）恢复底层信号层和底层丝印层的显示状态。

11.5.2　焊盘网络属性修改

USB 接口 J1 连接固定支架的 0 号焊盘，由于原理图中没有引脚与其对应，一般希望其接地，以提高电路的抗干扰能力，所以必须将 J1 连接的两个 0 号焊盘的网络属性修改为 "GND"，以便自动布线时自动与内电层 GND 相连。将 J1 连接的两个 0 号焊盘的网络属性修改为 "GND"，如图 11.56 所示。

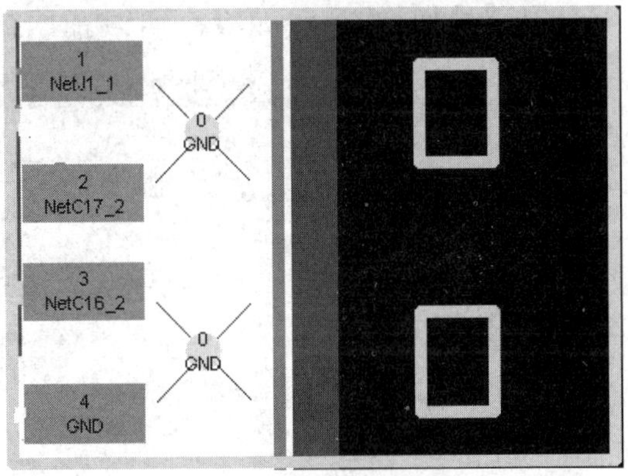

图 11.56　将 J1 连接的两个 0 号焊盘的
网络属性修改为 "GND"

11.6　多层板自动布线

11.6.1　设置多层板布线参数

执行菜单命令【设计】/【规则】，设置各项参数。其中最关键的参数有 "Clearance"（安全间距）、"Routing Layers"（布线层）和 "Width Constraint"（导线宽度），其他参数采用默认值即可。

1．设置安全间距

安全间距指不同网络的导线与焊盘之间的最小距离。设置安全间距可以避免导线之间和导线与焊盘之间因距离太小而短路。安全间距的大小决定了布线的难度和导线的布通率。在 U 盘中，供电电压很低，我们主要关心的是导线的布通率，所以将安全间距设置为 5mil，如

图 11.57 所示。

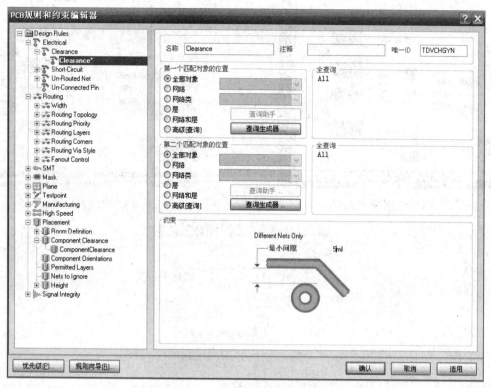

图 11.57　设置安全间距

因为制作的是双面板，所以顶层信号层和底层信号层都要使用，如图 11.58 所示。

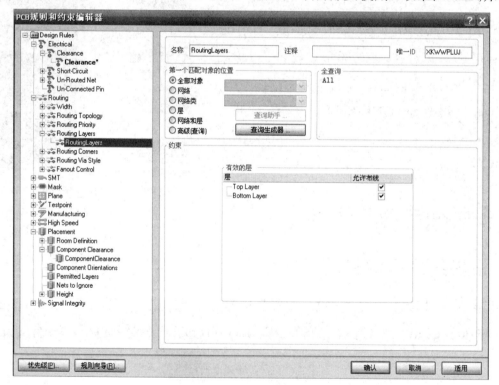

图 11.58　设置双面板的布线层

2. 设置导线宽度

导线宽度设置如图 11.59 所示，为了提高 U 盘导线的布通率，将整体电路板的导线宽度设置为"5mil"，将电源 VCC 和 GND 的导线宽度设置为"8mil"。

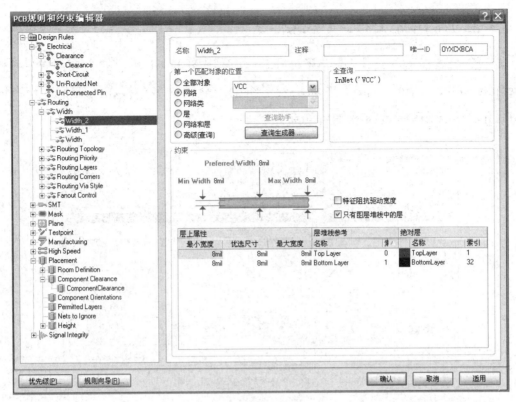

图 11.59　导线宽度设置

3. 设置过孔尺寸

在多层板和双面板中，通过过孔来实现不同层面、相同网络的导线间的电气连接，一般情况下采用默认参数即可。本项目由于电路板面积的限制，将过孔尺寸设置得较小，但也应注意不要小于电路板制作工艺中要求的最小孔径，如图 11.60 所示。

图 11.60　设置过孔尺寸

11.6.2 多层板自动布线的具体操作

执行菜单命令【自动布线】/【全部对象】，将弹出图 11.61 所示的"布线策略"对话框，选择【Default Multi Layer Board】选项，表示将采用默认的多层板布线策略进行布线，单击【Route All】按钮，PCB 编辑器开始自动布线。

图 11.61 "布线策略"对话框

自动布线完成后的效果如图 11.62 所示。由于采用多层板，所以布线速度较快。

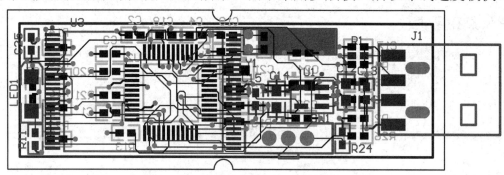

图 11.62 自动布线完成后的效果

在多层板中，连接内电层的直插式元件的引脚直接与内电层相连，而贴片元件的引脚通过过孔与内电层相连，如图 11.63 所示，从而大量地减少了信号层的导线。

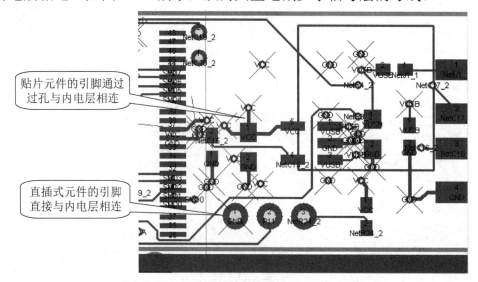

图 11.63 元件引脚与内电层的连接方式

11.7　手工修改多层板导线和覆铜

U 盘 PCB 中的自动布线完成后，由于 PCB 面积过小，元件过密，导致有的导线弯曲过多、绕行过远，甚至部分导线没有布通，仍以飞线相连，因此必须进行手工修改。一般首先连通没有布通的导线，然后修改绕行、弯曲现象比较明显的长导线，最后微调其他需要局部调整的短导线。

11.7.1　分析自动布线结果，找出明显需要修改的导线

1．分析顶层导线

利用前面介绍的方法，暂时将底层信号层、底层丝印层及顶层丝印层隐藏起来，使工作区主要显示顶层导线，如图 11.64 所示，明显可以看到有一处导线绕行过远。

2．分析底层导线

将顶层信号层、顶层丝印层及底层丝印层隐藏起来，使工作区主要显示底层导线，如图 11.65 所示，明显可以看到有一处导线绕行过远。

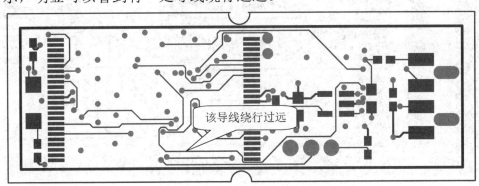

图 11.64　分析顶层导线

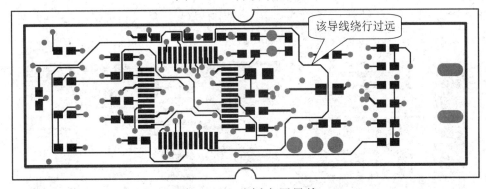

图 11.65　分析底层导线

11.7.2　修改底层导线

由于修改导线时必须综合考虑两个信号层导线的布线情况，所以将底层和顶层信号层均显示出来，而将底层和顶层丝印层全部隐藏。

（1）撤销要修改的导线。先执行菜单命令【工具】/【取消布线】/【连接】，出现十字光标，再将十字光标对准要撤销的导线，单击即可，如图 11.66 所示。

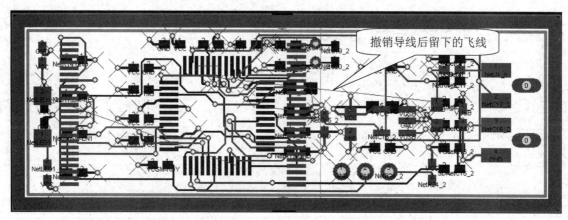

图 11.66　撤销要修改的导线

（2）规划新导线的路径，并对其他导线进行必要的修改。先修改底层要修改的导线，该导线之所以绕行过远，是因为底层中有导线挡住了其连通的路径，必须对其进行调整，如图 11.67 所示。

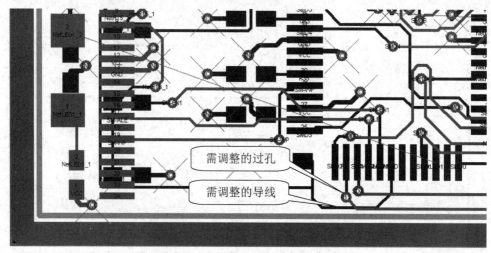

图 11.67　规划导线的修改方案

要使新导线能通过，必须将图 11.67 中需调整的导线上移。而要将该导线上移，又必须将其上面的过孔上移，所以先将图 11.67 中需调整的过孔上移，调整后的结果如图 11.68 所示。

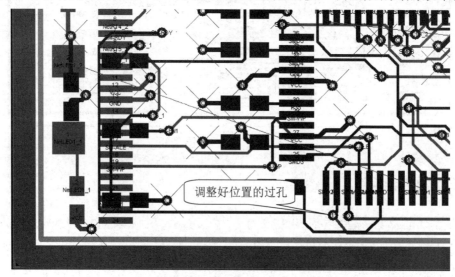

图 11.68　调整过孔的位置

小技巧：可以利用菜单命令【编辑】/【移动】/【拖动】拖动过孔，从而使与过孔相连的导线在过孔移动过程中与之一起移动而不断裂。如果拖动后的导线不美观，则必须重新修改。

接下来，将需调整的导线上移，如图 11.69 所示。

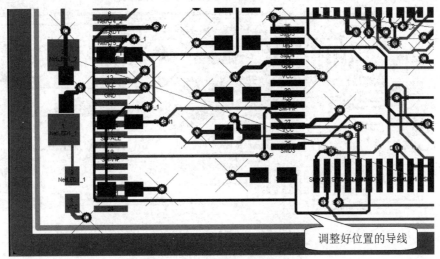

图 11.69 调整导线的位置

（3）绘制新导线，并添加必要的过孔。先绘制底层新导线，因为要连接的焊盘位于顶层，所以必须添加过孔，将导线过渡到顶层，如图 11.70 所示。为了过孔能顺利地连接导线，将过孔的网络属性修改为导线的网络属性，再绘制顶层导线，如图 11.71 所示。

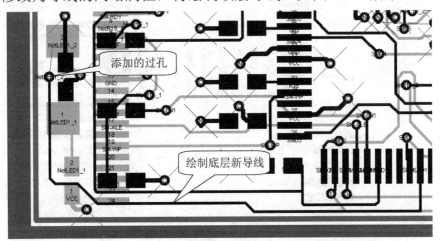

图 11.70 绘制底层新导线并添加过孔

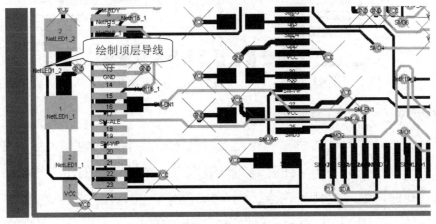

图 11.71 绘制顶层导线

227

11.7.3　修改顶层导线

采用同样的方法，可以将顶层要修改的导线重新绘制。在绘制该导线的过程中，为了能更好地布线，还修改了其他导线。修改过的导线如图 11.72 所示。

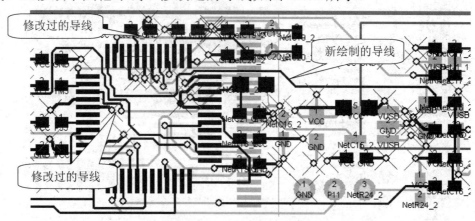

图 11.72　修改顶层导线

11.7.4　连接未布通的导线，微调其他短导线

由于各种原因，U 盘 PCB 中存在部分连接内电层的贴片元件的引脚没有连接到内电层的现象，例如图 11.73 所示的 U2 连接到 VCC 的第 39 引脚。该图中还有部分需要局部调整的短导线。

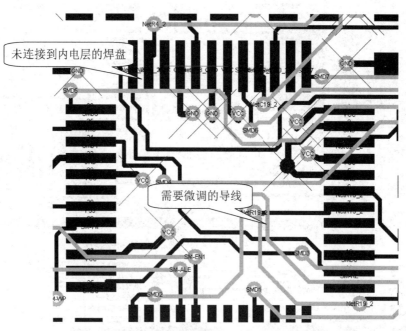

图 11.73　未连通或需要进一步微调的导线

1．将贴片元件的引脚连接到内电层

（1）放置过孔。贴片元件的引脚只有通过过孔才能连接到内电层，所以必须在引脚附近添加过孔。利用放置过孔工具 ，在合适的位置放置一个过孔，如图 11.74（a）所示。

（2）修改过孔的属性。要使过孔连接到 VCC 网络，并且使过孔和内电层 VCC 相连，必须修改过孔的属性，如图 11.75 所示，根据过孔要连接的网络，将网络属性修改为"VCC"；

根据过孔要连接的层面，将起始层修改为"Internal Plane 1"，因为该层所接的正是 VCC 网络；将结束层修改为"Bottom Layer"，因为要连接的焊盘位于底层。修改好后，单击【确认】按钮，可以看到过孔已经通过飞线连接到 VCC 网络，如图 11.74（b）所示。

（3）连接导线。将当前工作层转换为底层，利用交互式连线工具 进行手工连线，如图 11.74（c）所示。

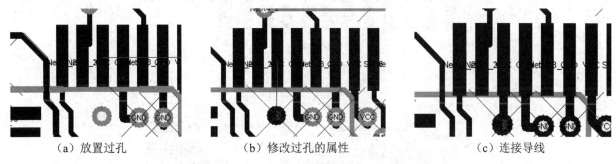

（a）放置过孔　　　　　（b）修改过孔的属性　　　　　（c）连接导线

图 11.74　添加过孔

图 11.75　"过孔"对话框

2. 局部微调导线

（1）删除局部导线。如图 11.76 所示，删除局部要修改的导线，由于只对导线进行局部调整，所以不必使用撤销布线命令将整条导线撤销。

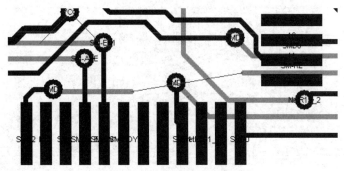

图 11.76　删除局部导线

（2）放置过孔并修改属性。过孔的网络属性修改为 SMD2；由于不连接内电层，所以连接层面采用默认的顶层和底层，按图 11.77 所示放置过孔。

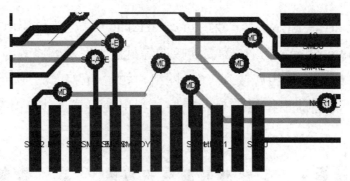

图 11.77　放置过孔

（3）连接导线。在连接导线的过程中要注意导线的层面，导线连接完成后的效果如图 11.78 所示。

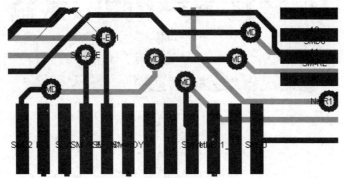

图 11.78　导线连接完成后的效果

对于其他导线的微调过程不再详细讲述，调整后的顶层导线如图 11.79（a）所示，调整后的底层导线如图 11.79（b）所示。

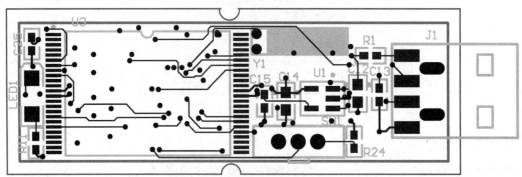

（a）调整后的顶层导线

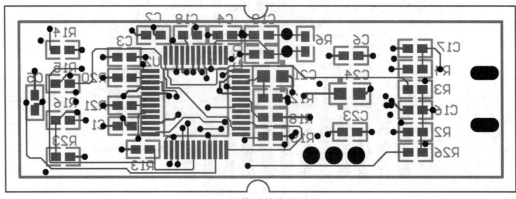

（b）调整后的底层导线

图 11.79　调整后的导线

11.7.5　覆铜

　　为了进一步提高 U 盘 PCB 的抗干扰和导电能力，对全部 PCB 进行大面积的接地网络覆铜。在覆铜之前，为了加大导线与覆铜之间的距离，可以通过执行菜单命令【设计】/【规则】，弹出 PCB 规则对话框，暂时将规则中的安全间距加大为 10mil，如图 11.80 所示。

图 11.80　加大安全间距

　　加大安全间距后，PCB 中的很多导线和焊盘可能违反安全间距规则而变为违规颜色——绿色。可以通过执行图 11.81 所示的菜单命令来清除违规标志。

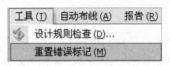

图 11.81　清除违规标志的菜单命令

　　然后进行覆铜，最终效果如图 11.82 所示。

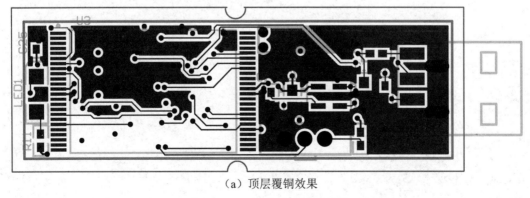

（a）顶层覆铜效果

图 11.82　U 盘覆铜效果图

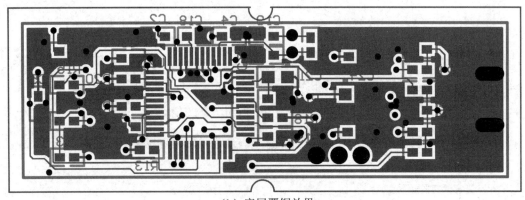

（b）底层覆铜效果

图 11.82　U 盘覆铜效果图（续）

执行菜单命令【查看】/【显示三维 PCB 板】，此时可以看到 U 盘 PCB 的三维立体效果，如图 11.83 所示。

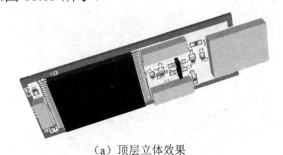

（a）顶层立体效果　　　　　　　　　　　　（b）底层立体效果

图 11.83　U 盘 PCB 的三维立体效果

 本章小结

本章以 U 盘 PCB 的制作为例，讲解了多层板的含义和制作过程；重点讲解了多层板的创建，内电层的网络属性设置和分割方法，以及手工修改导线的常用方法。

 习题 11

根据本章所讲的 U 盘 PCB 的制作过程，制作 U 盘 PCB。

第 12 章　PCB 综合设计实例

💡 **教学目标**

本章以计算机有源音箱 PCB 的制作和全国职业院校技能大赛电子电路装调与应用项目竞赛题为综合实例，讲解 PCB 的整体制作过程，以及根据实际 PCB 绘制原理图的常用技巧，以达到以下教学目标。

◎ **知识目标**
- 通过综合实例进一步理解 PCB 制作的全过程。

👆 **技能目标**
- 进一步培养学生在 PCB 制作过程中各种实用技能的综合应用，使之积累一定的 PCB 制作经验。

12.1　计算机有源音箱 PCB 的制作

本节将以作者亲自设计、制作的计算机有源音箱为例，帮助学生进一步熟悉利用 DXP 2004 SP2 制作 PCB 的过程。本计算机有源音箱以市场上流行的功率放大器 TDA2030A 为核心，其整体原理图如图 12.1 所示。下面讲解制作 PCB 的实际过程。

12.1.1　制作原理图元件，绘制原理图

通过对计算机有源音箱实物和电路原理图的分析可知，为了便于安装，以及进行音量调节和指示，将电路图分为三大部分，即低音部分、调节指示部分、高音和电源部分，并在电路总图中用绘图工具中的画线工具将这三大部分分块表示出来，同时用箭头表示信号的流向和各插座排线的连接关系。为了分别制作各 PCB，将总原理图分图纸分别绘制，方法如下。

1. 绘制低音部分原理图

低音部分原理图如图 12.2 所示，其中 PHONE1 为音频插孔。音频插孔实物如图 12.3（a）所示。为了表示它并非一般的耳机插孔，作者自制了音频插孔原理图元件，如图 12.3（b）所示。

运算放大器 U1 MC4558 位于 "Texas Instruments" 目录下的 TI Operational Amplifier.IntLib 库中。

功率放大器 TDA2030A 采用自制的原理图元件 ZZOPAMP，如图 12.4 所示。

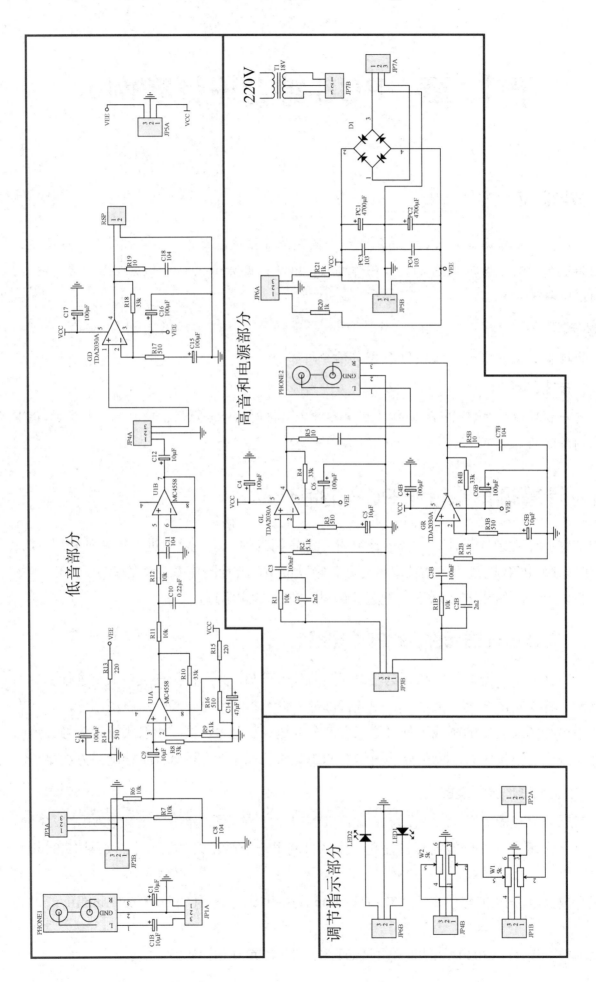

图 12.1　计算机有源音箱整体原理图

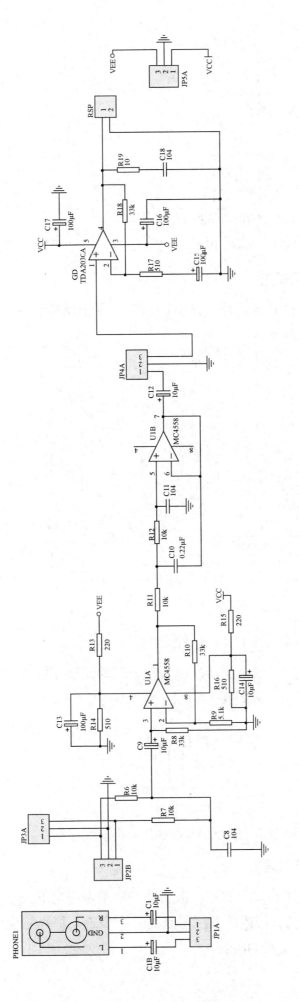

图 12.2　低音部分原理图

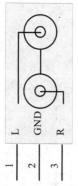

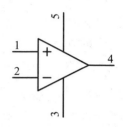

（a）音频插孔实物　　　（b）自制的音频插孔原理图元件

图 12.3　音频插孔实物和自制的音频插孔原理图元件　　　图 12.4　自制的 TDA2030A 的原理图元件

2．绘制调节指示部分原理图

调节指示部分原理图如图 12.5 所示。调节指示部分用于调节低音和高音左、右声道的音量的大小，以及正负电源的指示。

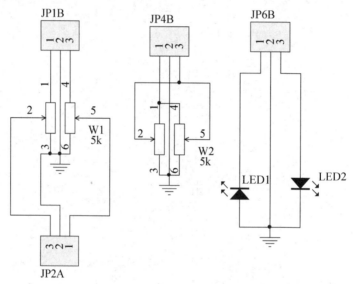

图 12.5　调节指示部分原理图

该 PCB 中的 W1、W2 为双联电位器，由于在一般的元件库中没有该原理图元件，所以必须自制。自制的双联电位器的原理图元件如图 12.6 所示。

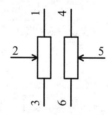

图 12.6　自制的双联电位器的原理图元件

3．绘制高音和电源部分原理图

高音和电源部分原理图如图 12.7 所示，由元件参数基本相同的左、右声道组成，所以可以采取先画好一个声道再复制、修改的方法得到另一个声道，提高了原理图的绘制速度和效率，其中桥堆 D1 采用原理图元件 Bridge1。

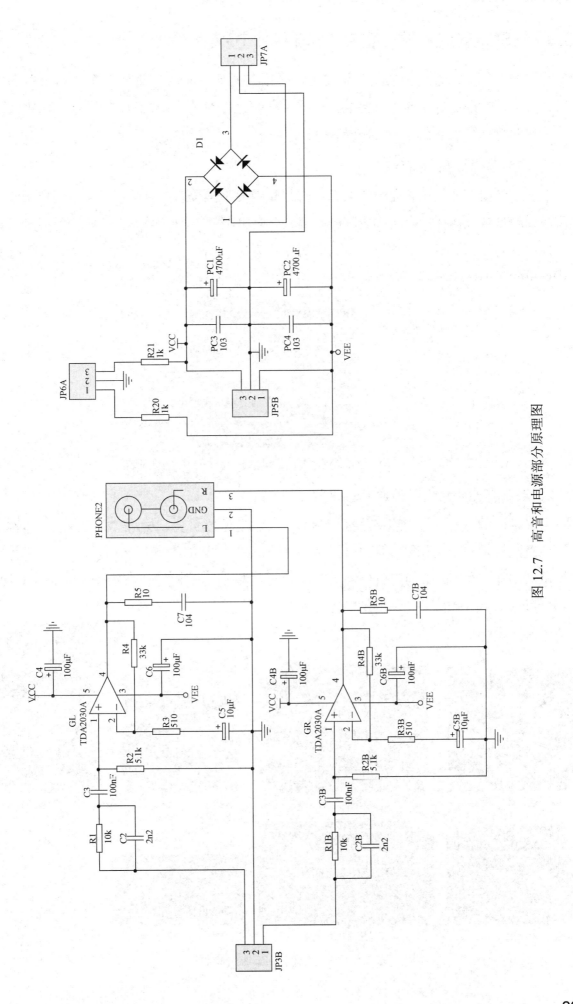

图 12.7　高音和电源部分原理图

12.1.2 确定封装形式，自制 PCB 引脚封装

在绘制原理图的过程中或绘制完成后，必须在原理图元件属性对话框的 Foot Print（引脚封装）属性栏中指定对应的引脚封装，对于原有的元件封装库中没有的或不合适的封装形式，必须采取自制或复制再修改的方法来得到。

1．自制音频插孔引脚封装

本音箱使用的音频插孔在原有的元件封装库中找不到合适的封装形式，需要自制。先利用卡尺仔细测量音频插孔三个引脚之间的距离，以及引脚的粗细。测得的引脚距离和自制音频插孔引脚封装如图 12.8 所示，因为引脚的直径是 1.7mm，所以确定的焊盘参数为：X-Size=3mm，Y-Size=4mm，Hole Size=2.54mm。

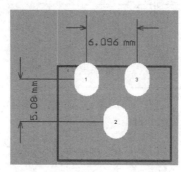

图 12.8　测得的引脚距离和自制音频插孔引脚封装

2．自制其他元件的引脚封装

采用相同的方法，自制连接线插座封装、双联电位器封装、发光二极管封装、TDA2030A封装、整流桥堆封装。虽然电阻和电容在原有的元件封装库中有封装形式，但为了减小 PCB的体积，自制了体积更小的电解电容封装和电阻封装，以及体积较大的电解电容 PC1、PC2 的封装。自制的 PCB 引脚封装如图 12.9 所示。

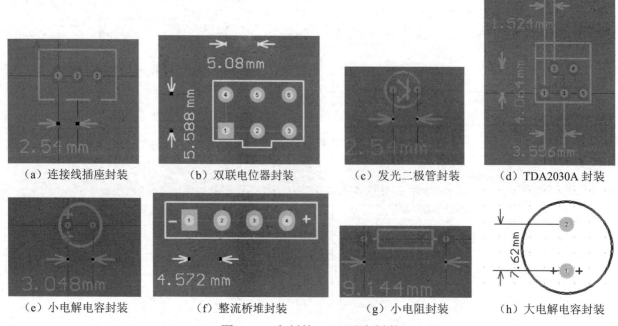

（a）连接线插座封装　　（b）双联电位器封装　　（c）发光二极管封装　　（d）TDA2030A 封装

（e）小电解电容封装　　（f）整流桥堆封装　　（g）小电阻封装　　（h）大电解电容封装

图 12.9　自制的 PCB 引脚封装

注意： TDA2030A 的封装形式比较特别，它的焊盘分为交叉的两排，制作时应注意焊盘的排列序号和相对尺寸。

3．为原理图元件指定引脚封装

各封装制作完成后，还要在原理图元件属性对话框中为各原理图元件指定引脚封装，然后分别产生低音板、高音板电源部分、电源指示板的网络表，仔细检查原理图和引脚封装并确认无误。

12.1.3　PCB 制作

制作电路 PCB 时应先规划 PCB 的大小，规划时必须考虑 PCB 的实际安装位置，音箱外壳对 PCB 外形和尺寸的限制，PCB 之间的连接关系，以及对定位要求高的元件之间的相对位置等。

1．调节指示板 PCB 制作

调节指示板位于计算机有源音箱前部，虽然它的元件不多，但因为电位器的调节柄必须穿过音箱前面的面板，并且发光二极管必须和面板孔对齐，所以电位器之间、发光二极管之间的相对定位必须准确，否则安装 PCB 时会出现困难。调节指示板 PCB 尺寸和元件定位布局如图 12.10 所示。

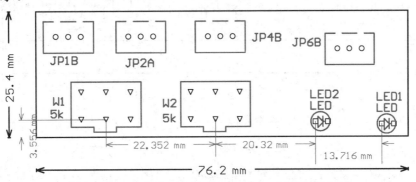

图 12.10　调节指示板 PCB 尺寸和元件定位布局

完成元件的布局、定位后，可以进行设置布线规则、自动布线、手工修改、添加覆铜区等操作，最终效果如图 12.11 所示。

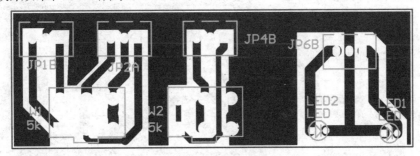

图 12.11　调节指示板布线覆铜效果图

2．低音部分 PCB 制作

本 PCB 的功率放大器 GD（TDA2030A）必须安装在音箱后盖的散热板上，因此它的定位应比较精确，定位参数为：第 1 引脚距 PCB 左边框 26.416mm；PCB 左上角安装孔的定位尺寸为：X=4.572mm，Y=7.112mm。有定位要求的元件还有音频插孔 PHONE1，它的 2 号焊盘距 PCB 左端 15.24mm。以上尺寸是根据 PCB 的安装位置、音箱外壳、散热板实物等，利用卡尺测量的实际尺寸。在实际制作 PCB 前，还要充分考虑 PCB 的实际尺寸，并确定关键的定位元件，测量好它们之间、它们和 PCB 边框之间的定位尺寸。

对该板上的元件进行手工布局。由于元件较多，所以需要花费较长的时间来仔细、综合地考虑各因素，在满足定位尺寸、电气法则的前提下，使飞线较短、交叉较少，并使接插件靠近 PCB 边缘，以便进行安装和接插调试。低音部分 PCB 尺寸规划和元件布局如图 12.12 所示。

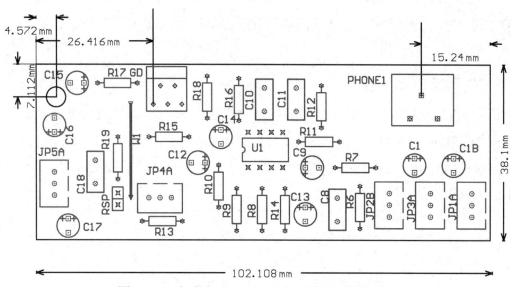

图 12.12　低音部分 PCB 尺寸规划和元件布局

在完成对低音部分 PCB 的手工元件布局后，就可以设置布线规则，进行自动布线了。也可采用先对地线和电源线手工预布一部分导线，锁定后再自动布线的方法。由于该 PCB 上的元件较多，同时受音箱体积的限制，PCB 面积较小，所以该板的布线密度较高，自动布线的效果不好，而且自动布线时，许多导线为了连通，弯曲较多、长度过长，从而必须进行手工修改。低音部分 PCB 的布线和覆铜效果图如图 12.13 所示。

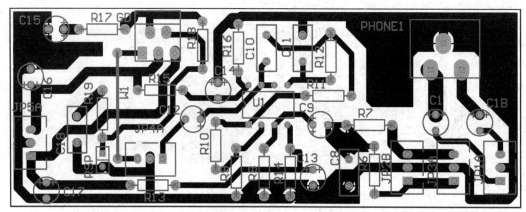

图 12.13　低音部分 PCB 的布线和覆铜效果图

在图 12.13 中，W1 为短路线。在单面板中，为了提高布通率，并使导线不至于弯曲过多，会在某些导线中间放置焊盘。这样做有利于在安装 PCB 时焊接短路线，从而提高单面板的导线密度。该方法在电视机、显示器等的单面板中广泛采用，但一般要求短路线不能太长。本 PCB 中利用短路线 W1 穿过三条底层导线。手工修改布线后，可以进行添加覆铜区等操作。

3．高音和电源部分 PCB 制作

高音部分的功率放大器、电源板和低音部分的 PCB 一样，元件较多，PCB 面积较小，所以元件布局和布线难度较高。与低音部分 PCB 一样，高音功率放大器 GL、GR（TDA2030A）必须安装在音箱后盖的散热板上，所以它的定位也应比较准确，GR 的第 3 引脚距 PCB 左边框 39.116mm，GL 的第 3 引脚距 PCB 左边框 58.4222mm。同时，必须注意 PCB 右上角安装孔的定位尺寸为 X=5.08mm，Y=5.08mm。此处，PCB 中用大焊盘代替该安装孔，这样叮以通过安装螺钉使外壳和 PCB 地线端相连，起到外壳抗干扰的作用。高音和电源部分 PCB 尺寸和元件布局如图 12.14 所示。

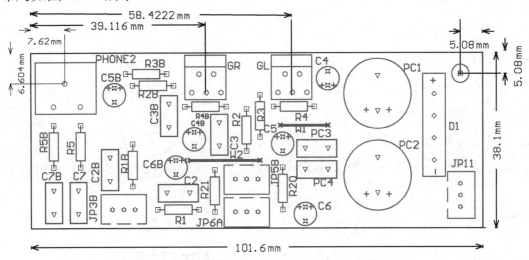

图 12.14　高音和电源部分 PCB 尺寸和元件布局

手工布局完成后，可以设置布线规则并进行自动布线，也可采用先对地线和电源线手工预布一部分导线，锁定后再自动布线的方法。与低音部分 PCB 一样，该板的布线密度较高，自动布线的效果不好，必须进行细致的手工修改，必要时采取短路的方法，W1、W2 为短路线。手工调整布线，添加覆铜，最终效果如图 12.15 所示。

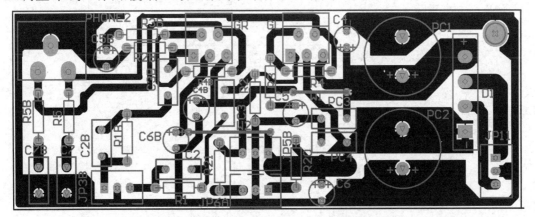

图 12.15　高音和电源部分 PCB 的布线和覆铜效果图

12.2 全国职业院校技能大赛题分析

在全国职业院校技能大赛的中职组电子电路装调与应用赛项中，一般模块 C 的竞赛内容为 PCB 绘制。本节以往年的全国职业院校技能大赛题为例，分析和演示其中的技能、知识点。

PCB 绘制在整个赛项中占 20 分，相对其他模块而言，本模块难度不太高，得分较容易，但本模块题量较大，花费的时间较多，因此技能水平和熟练程度非常关键。

12.2.1 全国职业院校技能大赛题：原理图与 PCB 图纸的设计

（1）选手在 E 盘根目录下建立一个文件夹。文件夹名称为"T+工位号"。选手将所有文件均保存在该文件夹下。

各文件的主文件名如下。

项目文件：工位号。

原理图文件：sch+××。

原理图元件库文件：slib+××。

PCB 文件：pcb+××。

PCB 元件封装库文件：plib+××。

其中，××为选手工位号的后两位。

> **注**：如果保存文件的路径不对，则无成绩。

（2）在自己建的原理图元件库文件中绘制以下元件符号。

① 89S52 元件符号（见图 12.16）（1 分）。

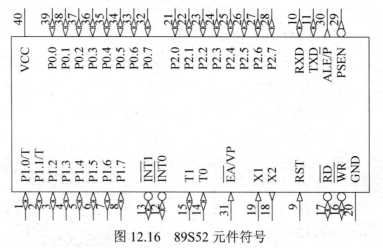

图 12.16　89S52 元件符号

② 数码管符号（见图 12.17）（2 分）。

图 12.17　数码管符号

（3）绘制原理图（见图 12.18）（4 分）。

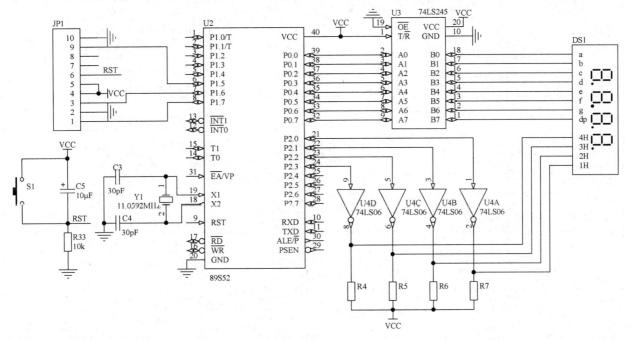

（a）单片机控制与显示电路

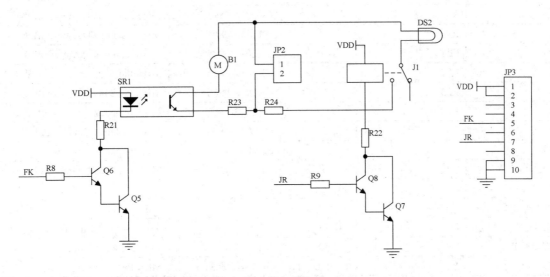

（b）风扇及加热电路

图 12.18　全国职业院校技能大赛 PCB 绘制部分原理图

要求：将以下 3 种连线改为总线形式。

① U2 的 P0.0～P0.7 与 U3 的 A0～A7。

② U3 的 B0～B7 与 DS1 的 a～dp。

③ U4 的 4 个输出端与 R4～R7 及 DS1 的 1H～4H。

在原理图下方注明自己的工位号。

注：图 12.18（a）中的 U3（74LS245）可直接使用元件库中的符号。

电路图元件属性列表如表 12.1 所示。

表 12.1　电路图元件属性列表

LibRef	Designator	Comment	Footprint	Library
Motor	B1		RAD-0.2	Miscellaneous Devices.IntLib
Cap	C3	30pF	CR2012-0805	Miscellaneous Devices.IntLib
Cap	C4	30pF	CR2012-0805	Miscellaneous Devices.IntLib
Cap Pol2	C5	10μF	CC2012-0805	Miscellaneous Devices.IntLib
自制	DS1		自制	
自制	J1		Relay-SPDT	Miscellaneous Devices.IntLib
Header 10H	JP1		HDR2X5	Miscellaneous Connectors.IntLib
Header 2	JP2		HDR1X2	Miscellaneous Connectors.IntLib
Header 10H	JP3		HDR2X5	Miscellaneous Connectors.IntLib
Lamp	DS2		PIN2	Miscellaneous Devices.IntLib
2N3904	Q5		BCY-W3/E4	Miscellaneous Devices.IntLib
2N3904	Q6		BCY-W3/E4	Miscellaneous Devices.IntLib
2N3904	Q7		BCY-W3/E4	Miscellaneous Devices.IntLib
2N3904	Q8		BCY-W3/E4	Miscellaneous Devices.IntLib
Res2	R4		CR2012-0805	Miscellaneous Devices.IntLib
Res2	R5		CR2012-0805	Miscellaneous Devices.IntLib
Res2	R6		CR2012-0805	Miscellaneous Devices.IntLib
Res2	R7		CR2012-0805	Miscellaneous Devices.IntLib
Res2	R8		CR2012-0805	Miscellaneous Devices.IntLib
Res2	R9		CR2012-0805	Miscellaneous Devices.IntLib
Res2	R21		CR2012-0805	Miscellaneous Devices.IntLib
Res2	R22		CR2012-0805	Miscellaneous Devices.IntLib
Res2	R23		CR2012-0805	Miscellaneous Devices.IntLib
Res2	R24		CR2012-0805	Miscellaneous Devices.IntLib
Res2	R33	10kΩ	CR2012-0805	Miscellaneous Devices.IntLib
SW-PB	S1		SPST-2	Miscellaneous Devices.IntLib
Optoisolator1	SR1		DIP-4	Miscellaneous Devices.IntLib
自制	U2	89S52	DIP-40/D53	
DS87C520-MCL	U2 的参考元件			Dallas Microcontroller 8-Bit.IntLib
74AC245MTC	U3	74LS245	J020	FSC Interface Line Transceiver.IntLib
SN54ALS04BJ	U4	74LS06	J014	TI Logic Gate 1.IntLib
XTAL	Y1	11.0592	BCY-W2/D3.1	Miscellaneous Devices.IntLib

（4）在自己建的 PCB 元件封装库文件中，绘制以下元件封装。

① 数码管封装（见图 12.19）（2 分）。

要求：焊盘的水平间距为 100mil，垂直间距为 430mil。

② 继电器封装（2 分）。

焊盘尺寸：长为 150mil，宽为 100mil，孔径为 60mil。

继电器引脚分布如图 12.20 所示，焊盘间距如图 12.21 所示。

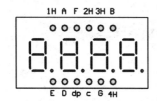
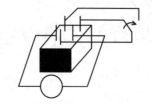
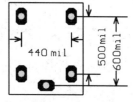

图 12.19　数码管封装　　　图 12.20　继电器引脚分布　　　图 12.21　焊盘间距

244

（5）绘制双面板 PCB 图（4 分）。

要求：

① PCB 尺寸不大于 4000mil（宽）×3800mil（高）。

② 将单片机控制与显示电路、风扇及加热电路分区域布局，将所有元件均放置在顶层信号层。

③ 信号线宽 10mil，VCC 线宽 20mil，地线宽 30mil。

④ 对风扇及加热电路区域进行覆铜操作，填充格式为 45Degree，与 GND 网络连接，工作层为底层信号层。

⑤ 在 PCB 边界外侧注明自己的工位号。

12.2.2　全国职业院校技能大赛题答题注意事项

拿到题目后，尽快浏览一遍，可知主要考察的技能知识点为文件创建和管理、原理图元件绘制与调用、原理图绘制、元件封装绘制与调用、PCB 绘制 5 个部分。题目虽然内容较多，考察的技能知识点较广，但难度并不太高，学完本书后，完全可以完成。因此，要树立自信心，相信自己一定可以很好地完成。此外，要克服麻痹大意和骄傲自满的心理因素。可能个别选手自我感觉前面部分完成得不错，精力耗费也较多，本部分又不太难，甚至可能平时练习时已经有相似项目，从而思想上有所放松。但往往这时是非常容易出错的，应特别注意题目中的粗体文字，这些文字一般起警告和提示作用，一定要严格按照提示耐心、细致地完成题目，细节往往决定比赛结果。浏览一遍题目后，马上逐题进行操作。

12.2.3　文件创建和保存

题目要求选手在 E 盘根目录下建立一个文件夹。文件夹名称为"T+工位号"。选手将所有文件均保存在该文件夹下。

所谓"工位号"是指各选手进入赛场前抽签得到的机器或仪器组号，或者座位号，选手一定要熟记。假设某选手抽签得到的工位号为 96。

（1）双击并打开本地磁盘（E 盘），右击空白区域，在弹出的快捷菜单中选择【新建】/【文件夹】命令，将在 E 盘根目录下新建一个文件夹，而且该文件夹处于命名状态，将该文件夹命名为"T96"，如图 12.22 所示。

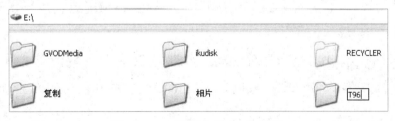

图 12.22　新建文件夹"T96"

注意： 在做每道小题之前，应仔细看完题目并理解清楚再做，特别是提示性文字。在这一步有部分选手可能将文件夹命名为"T+96"，导致错误。

（2）打开 DXP 2004 SP2，如果同时打开了以前的项目文件，则将其关闭。然后，执行菜单命令【文件】/【创建】/【项目】/【PCB 项目】，新建一个默认名称为"PCB_Project1.PrjPCB"的项目文件。

（3）右击该项目文件，在弹出的快捷菜单中选择【保存项目】命令，将弹出保存项目文件对话框，如图 12.23 所示。选择 E 盘根目录下新建的"T96"文件夹，将项目文件命名为"96.PrjPCB"，单击【保存】按钮，项目文件建立完成。

（4）执行菜单命令【文件】/【创建】/【原理图】，将新建一个默认名称为"Sheet1.SchDoc"的原理图文件。单击工具栏中的【保存】按钮，在弹出的保存对话框中将该文件保存为"sch96.SchDoc"。

（5）执行菜单命令【文件】/【创建】/【库】/【原理图库】，将新建一个默认名称为"Schlib1.SchLib"的原理图库文件。单击工具栏上的【保存】按钮，在弹出的保存对话框中将该文件保存为"slib96.SchLib"。

此时，在项目窗口中会看到文件结构图，如图 12.24 所示。由于 PCB 文件和 PCB 元件封装库文件可以采取向导的方法制作，因此后面再创建和保存这两种文件。

图 12.23　保存项目文件对话框　　　　　图 12.24　文件结构图

12.2.4　绘制原理图符号

1．绘制 89S52 的原理图符号

（1）89S52 的每条边上大概有 20 个引脚，在坐标中心利用放置矩形填充工具□，绘制一个矩形框，如图 12.25 所示。

（2）双击矩形框，弹出"矩形"对话框，如图 12.26 所示，取消对【画实心】复选框的勾选，将边缘宽属性设置为"Small"。此时，边框中心没有颜色，边框线条加粗了，如图 12.27 所示。

（3）放置引脚。利用放置引脚工具 和【Tab】键，放置引脚。放置时，注意电气节点朝外，并根据要求设置引脚属性。

小技巧： 由于比赛时间非常紧张，可以利用引脚序号和名称编号自动增加的特性加快引脚的放置。例如，第 1～8 引脚为 P1.0～P1.7，并且带"."的引脚序号不会自动增加，因此可以在设置第 1 引脚的属性时，将引脚名称设为"P10"，如图 12.28 所示。

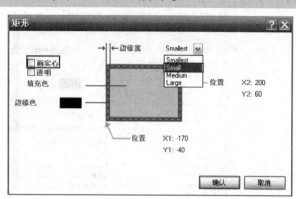

图 12.26　"矩形"对话框

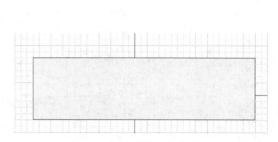

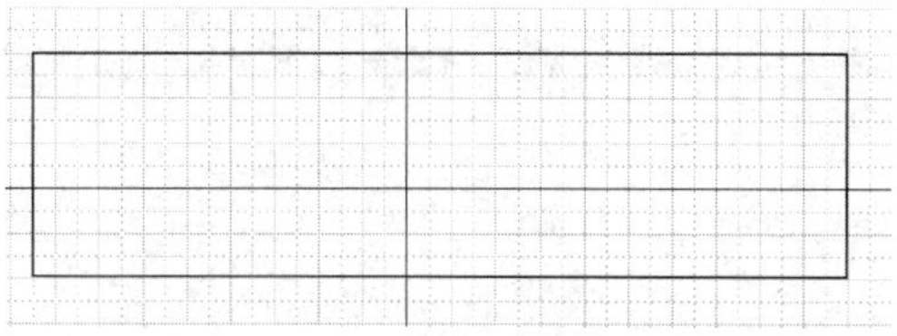

图 12.25　绘制一个矩形框

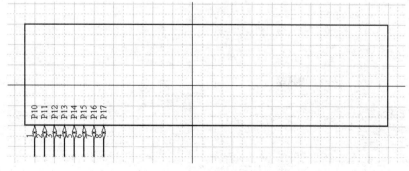

图 12.27　属性改变后的矩形框

图 12.28　设置引脚属性

依次放置 8 个引脚，如图 12.29 所示，可见引脚序号和名称编号都依次增加。

图 12.29　依次放置 8 个引脚

再依次双击各引脚，在弹出的对话框的【显示名称】文本框中输入"."或其他需要的字符即可。

对于某些引脚，由于名称中用上横线表示"非"，如第 12 引脚的名称为"$\overline{INT0}$"，因此必须先执行菜单命令【工具】/【原理图优先设定】，弹出图 12.30 所示的对话框，勾选【单一'\'表示'负'】复选框。

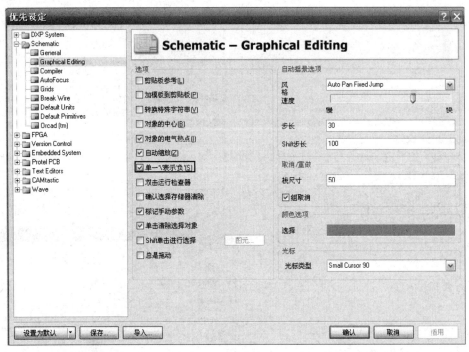

图 12.30　在名称中用上横线表示"非"的设置方法

要想为第 12 引脚名称中的全部字符添加上横线，只需在第一个字符前加一个"\"即可，设置方法如图 12.31 所示。

对于第 31 引脚"$\overline{EA}$ / VP"，由于其名称中只有部分字符有上横线，因此在输入名称时，只在有上横线的字母后加一个"\"，如图 12.32 所示。

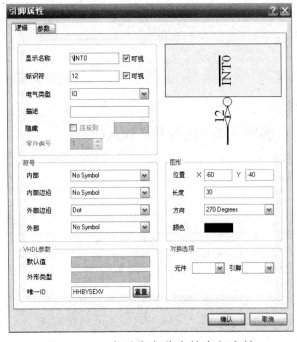

图 12.31　为引脚名称中的全部字符
添加上横线的设置方法

图 12.32　为引脚名称中的部分字符
添加上横线的设置方法

对于第 30 引脚" ALE/$\overline{P}$ ",在【显示名称】文本框中输入"ALE/P\"即可。绘制完成的89S52 原理图符号如图 12.33 所示。

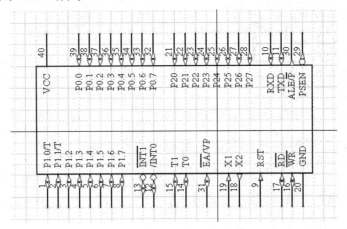

图 12.33　绘制完成的 89S52 原理图符号

首先单击【SCH Library】标签,然后单击【编辑】按钮,将弹出图 12.34 所示的对话框,最后在【Default Designator】文本框中输入"U?"、在【库参考】文本框中输入"89S52"即可。

图 12.34　修改元件名称和编号

2. 绘制数码管的原理图符号

本题与上题不同的是,在题目中没有给出引脚序号,那么在制作元件时是否也可以不输入引脚序号呢?这是肯定不行的,因为制作 PCB 时,原理图和 PCB 正是通过引脚序号实现一一对应,从而实现电路连接的。选手必须依据 PCB 封装或实物来规定引脚序号。根据图 12.19和双排元件的命名规则,名称为"E"的引脚序号为"1",以此类推,各引脚序号如图 12.35所示。

(1)执行菜单命令【工具】/【新元件】,将弹出图 12.36 所示的输入新元件名称对话框,输入"SMG"后单击【确认】按钮。

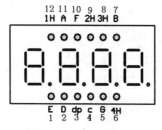

图 12.35　各引脚序号

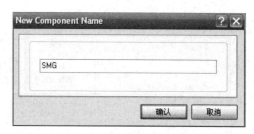

图 12.36　确定元件名称

（2）绘制矩形框，方法与绘制 89S52 矩形框的方法相同。

（3）修改移动步距。由于要绘制数码管笔段和小数点，其移动步距较小，不能再采用默认的 10 个单位，因此执行菜单命令【工具】/【文档选项】，弹出图 12.37 所示的对话框，在【捕获】文本框中输入"5"，即半格移动。

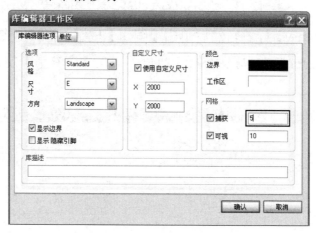

图 12.37　修改捕获网格

（4）绘制数码管笔段。利用绘制直线工具，按下【Tab】键，弹出图 12.38 所示的对话框，将线宽属性设置为"Large"可使线段加粗。在两个小方格的中间绘制一条一格左右长的线段，如图 12.39 所示。

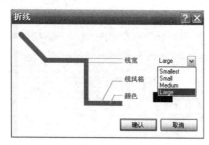

图 12.38　将线段加粗

图 12.39　加粗后的线段

（5）利用【Ctrl+C】键的复制和【Ctrl+V】键的粘贴功能，绘制数码管笔段，如图 12.40所示。

图 12.40　绘制数码管笔段

说明：由于时间很紧张，不必强求笔段和原图完全一样，因为笔段形状不影响后面 PCB 的制作。

（6）绘制小数点。利用放置椭圆工具 ⬭ ，绘制一个半径为 2 的圆。双击该圆，弹出图 12.41 所示的对话框，利用复制和粘贴功能，可以绘制其他 3 个小数点，完成后的效果如图 12.42 所示。

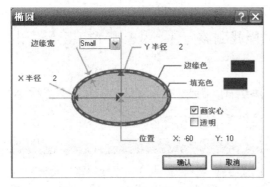

图 12.41　设置小数点属性

图 12.42　绘制 4 个小数点

（7）放置引脚。利用放置引脚工具 ⮍ ，按下【Tab】键，弹出图 12.43 所示的"引脚属性"对话框，名称为"a"的引脚序号为"11"，该引脚的其他参数在本图中均有体现。由于要求不在图纸上显示引脚序号，因此不勾选【标识符】文本框右边的【可视】复选框，并且将长度改为"20"。

（8）采用相同的方法，放置其他引脚，绘制完成的数码管原理图符号如图 12.44 所示。完成引脚绘制后，可以根据引脚放置情况，调整一下边框和数码管笔段的位置。

注意：在绘制过程中要随时保存，各元件在绘制完成后也要及时保存。

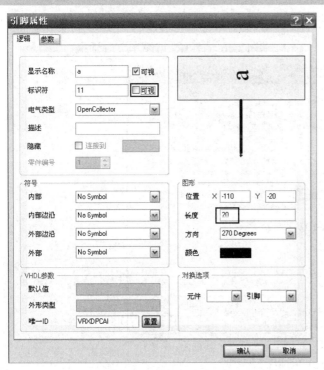

图 12.43　设置名称为"a"的引脚的属性

图 12.44　绘制完成的数码管原理图符号

12.2.5 绘制单片机与显示电路原理图

1. 放置自制的原理图元件

转到原理图"sch96.SchDoc"，单击【元件库】标签，在【元件库】面板中选择"slib96.SchLib"库，如图 12.45 所示，将 89S52 和 SMG 放置到图纸中，并修改二者的属性。

2. 放置元件库中已有的原理图元件

U3 的名称为 74LS245，可以利用元件查找功能找到该元件。由于表 12.1 已经给出了该元件的元件库名称，因此可以直接添加该元件库，放置该元件。

单击图 12.45 所示的【元件库...】按钮，将弹出图 12.46 所示的"可用元件库"对话框。单击【安装】按钮，将弹出图 12.47 所示的打开元件库对话框。

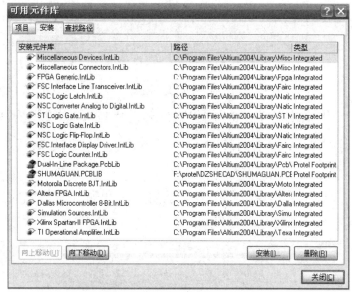

图 12.45　放置自制的原理图元件　　　　图 12.46　"可用元件库"对话框

图 12.47　打开元件库对话框

在"Library"目录下打开"Fairchild Semiconductor"文件夹，该文件夹中包含很多 FSC 公司的产品。选择"FSC Interface Line Transceiver.IntLib"库后，单击【打开】按钮，可将该库添加到当前库列表中。

按照表 12.1 中的提示，如图 12.48 所示，选择"74AC245MTC"元件，将其放置到图纸中，并将其标识符设为"U3"，将其注释设为"74LS245"。

采用同样的方法，可以将"Texas Instruments"目录下的 TI Logic Gate 1.IntLib 库加入当前库列表中，并将 U4 放置到图纸上。

依据图 12.18 和表 12.1 依次放置其他元件。放置元件时，为了提高效率，可先将同类型元件中的第一个按需求设置好所有必要的属性，并设置好标识符；再利用属性保留不变、标识符自动增加的特性，一次性放完同类型的元件。利用匹配栏的关键字过滤可以提高找到元件的速度。

C5 和 R33 之间是有节点的，可以通过执行菜单命令【放置】/【手工放置节点】加入节点，也可将导线分为两段来绘制，利用 T 形连接自动加节点功能加入节点。

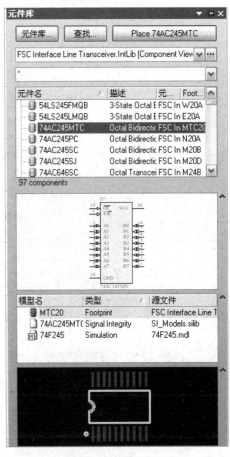

图 12.48　放置 74LS245

网络标签 RST 和 FK 必须利用 ▦ 按钮放置，不得用文字工具加入。

3．绘制总线

（1）放置总线入口。选择绘制总线入口工具 ▨，调整方向后，将总线入口依次放置在各引脚处，如图 12.49 所示。

（2）利用拖动功能带出一段导线。选择全部总线入口，执行菜单命令【编辑】/【移动】/【拖动选定对象】，将带出一段导线，如图 12.50 所示，便于放置网络标签。

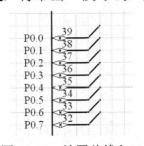

图 12.49　放置总线入口

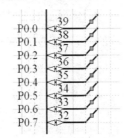

图 12.50　利用拖动功能带出一段导线

（3）放置网络标签。利用 ▦ 按钮，按图 12.51 所示设置网络标签属性。放置网络标签时，电气节点一定要放置在导线上，如图 12.52 所示。

（4）复制并粘贴总线分支、网络标签和导线。复制总线分支、网络标签和导线，如图 12.53 所示。粘贴总线分支、网络标签和导线时，要进行适当的方向和位置调整，如图 12.54 所示。

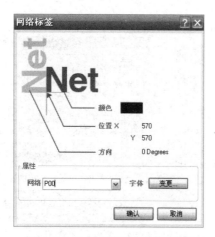

图 12.51 设置网络标签属性

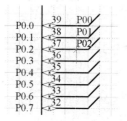

图 12.52 放置网络标签

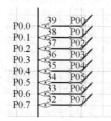

图 12.53 复制总线分支、网络标签和导线

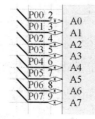

图 12.54 粘贴总线分支、网络标签和导线

（5）绘制总线。选择绘制总线工具，绘制第一条总线，如图 12.55 所示。

（6）绘制其他总线。绘制第二条总线，如图 12.56 所示；绘制第三条总线，如图 12.57 所示。

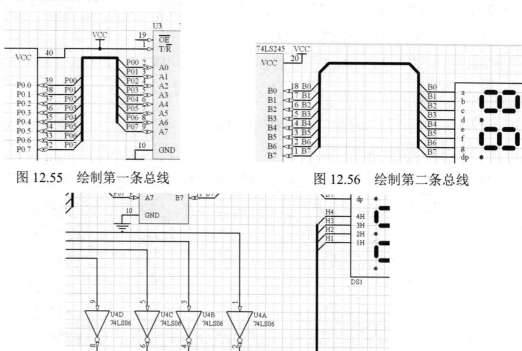

图 12.55 绘制第一条总线 图 12.56 绘制第二条总线

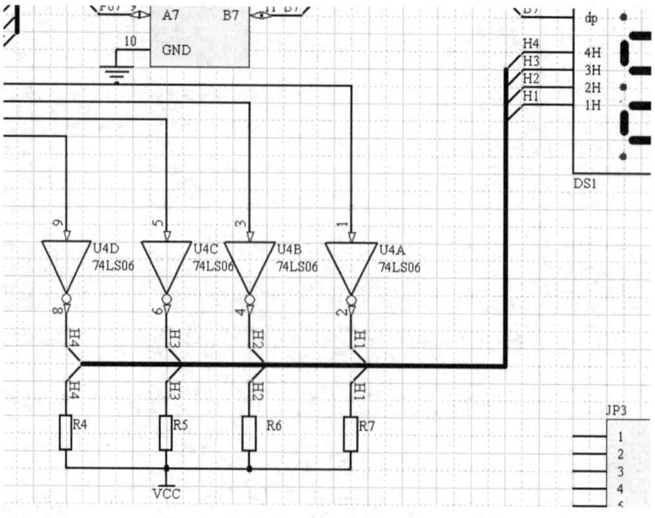

图 12.57 绘制第三条总线

（7）完成单片机控制与显示电路原理图的绘制，如图 12.58 所示。

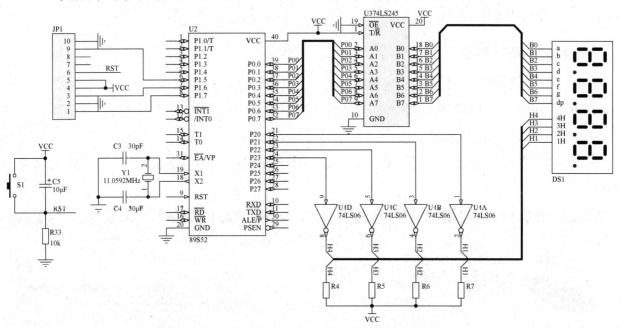

图 12.58 绘制完成的单片机控制与显示电路原理图

12.2.6 绘制风扇及加热电路原理图

（1）采用相同的方法，绘制风扇及加热电路原理图，如图 12.59 所示。

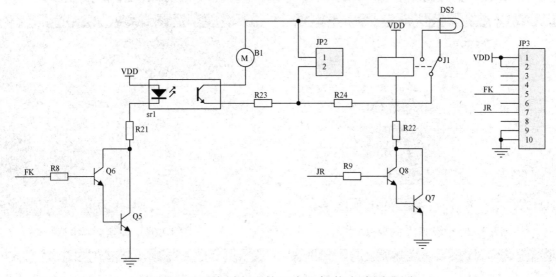

图 12.59 绘制完成的风扇及加热电路原理图

（2）添加工位号。利用文字工具添加工位号，如图 12.60 所示。

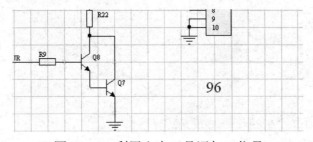

图 12.60 利用文字工具添加工位号

12.2.7 绘制元件封装

1. 绘制数码管封装

（1）执行菜单命令【文件】/【创建】/【库】/【PCB库】，将新建一个默认名称为"PcbLib1.PcbLib"的原理图库文件。单击工具栏中的【保存】按钮，在弹出的保存对话框中将该文件保存为"plib96.PcbLib"。

（2）执行菜单命令【工具】/【新元件】，按照图 12.61～图 12.68 所示的步骤设置各项参数。

图 12.61　元件封装向导欢迎界面

图 12.62　选择元件类型

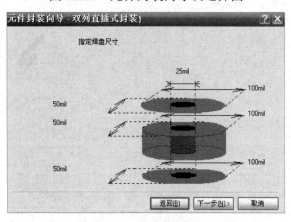

图 12.63　设置焊盘尺寸

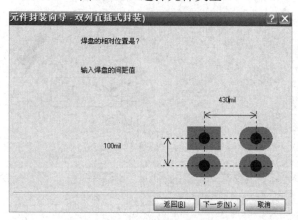

图 12.64　设置焊盘间距

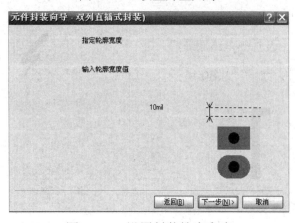

图 12.65　设置封装轮廓宽度

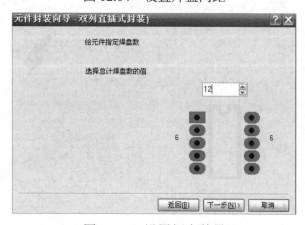

图 12.66　设置焊盘数量

图 12.67　设置封装名称

图 12.68　向导设置完成

（3）产生一个初步封装，如图 12.69 所示。

（4）逆时钟旋转 90°，如图 12.70 所示。

（5）删除中间轮廓线，如图 12.71 所示。

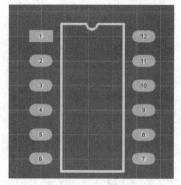

图 12.69　由向导产生的
初步封装

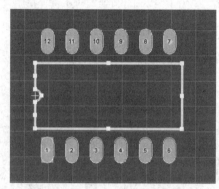

图 12.70　逆时钟旋转 90°

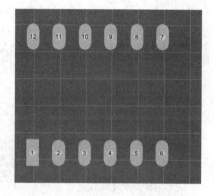

图 12.71　删除中间轮廓线

（6）绘制 8 字形数码管笔段和小数点。利用放置直线工具，绘制一条长约 115mil、宽为 20mil 的线段作为数码管笔段；利用工具，放置一个半径为 10mil、宽为 5mil 的圆，如图 12.72 所示。

（7）利用复制和粘贴功能，得到其他数码管笔段和小数点，如图 12.73 所示。

图 12.72　绘制 8 字形数码管笔段和小数点

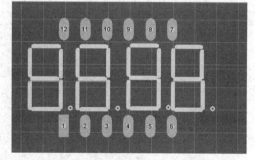

图 12.73　利用复制和粘贴功能，得到
其他数码管笔段和小数点

（8）绘制封装边框，如图 12.74 所示。

（9）添加焊盘名称，如图 12.75 所示。

257

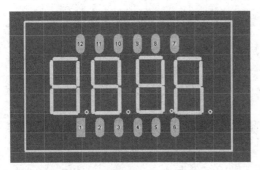

图 12.74 绘制封装边框

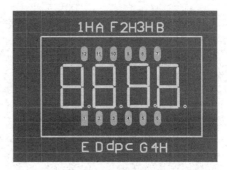

图 12.75 添加焊盘名称

2．绘制继电器封装

（1）确定焊盘序号。

本封装的难点是确定焊盘序号。双击继电器的原理图符号，在弹出的对话框中勾选【显示图纸上全部引脚（即使是隐藏）】复选框，单击【确认】按钮，可以显示继电器原理图符号的引脚序号，如图 12.76 所示。经过分析可知，第 1 引脚为公共引脚，第 2 引脚为常闭触点引脚，第 3 引脚为常开触点引脚，第 4、5 引脚为线圈引脚。根据图 12.77 所示的实际继电器的引脚功能和图 12.78 所示的继电器封装形状，可以推导出图 12.79 所示的焊盘序号。

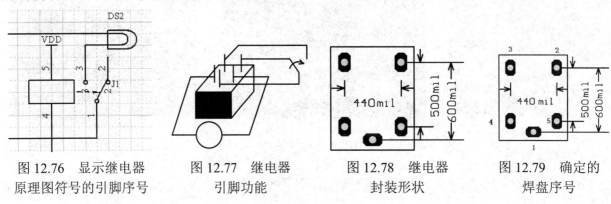

图 12.76 显示继电器
原理图符号的引脚序号　　图 12.77 继电器
引脚功能　　图 12.78 继电器
封装形状　　图 12.79 确定的
焊盘序号

（2）利用向导制作初步封装，图 12.80～图 12.83 所示为其关键步骤，产生的初步封装如图 12.84 所示。

（3）删除原外形轮廓，如图 12.85 所示。

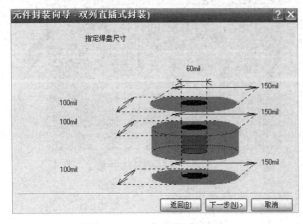

图 12.80 确定焊盘尺寸

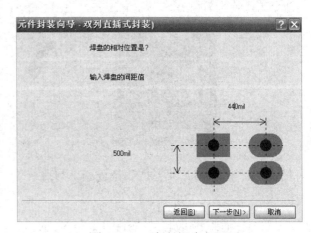

图 12.81 确定焊盘间距

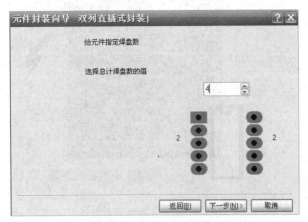

图 12.82　确定焊盘数量

图 12.83　确定封装名称

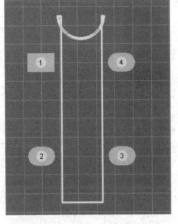

图 12.84　产生的初步封装

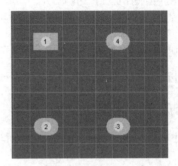

图 12.85　删除原外形轮廓

（4）将焊盘改为八边形，并改变焊盘序号。焊盘属性设置如图 12.86 所示，改变后的焊盘形状和序号如图 12.87 所示。

图 12.86　焊盘属性设置

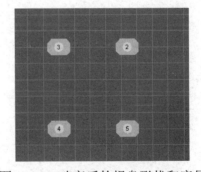

图 12.87　改变后的焊盘形状和序号

（5）利用复制功能得到其他焊盘，并将 1 号焊盘放置到定位中心，如图 12.88 所示。制作完成的继电器封装如图 12.89 所示。

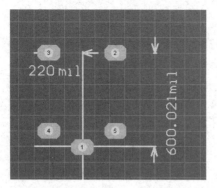

图 12.88　定位 1 号焊盘

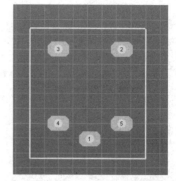

图 12.89　制作完成的继电器封装

12.2.8　确定元件封装

绘制完原理图后，就可以为各元件确定元件封装了。当然，也可以在放置元件的过程中确定元件封装。在参加竞赛的过程中采用哪种方法，主要由剩余时间决定。如果时间较多，感觉 PCB 有充裕的时间能做完，那么可以在放置元件的过程中就确定封装，以免后面再来修改属性；如果时间不多，感觉 PCB 不一定有充裕的时间能做完，那么可以先全力绘制原理图，后面有时间再去修改元件封装和做 PCB。

封装的选用必须根据表 12.1 来确定。

1.　修改单个元件的封装

（1）下面以修改电动机 B1 的封装为例，双击原理图符号，弹出图 12.90 所示的 "元件属性"对话框。

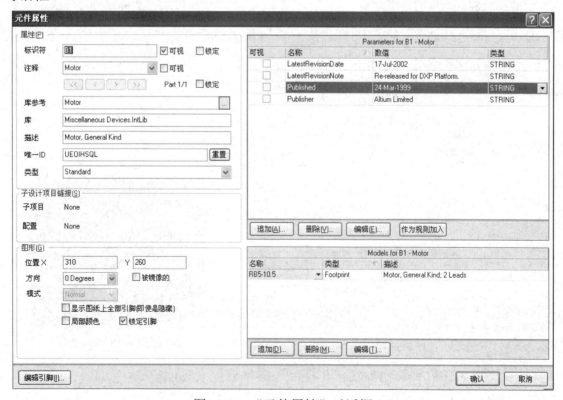

图 12.90　"元件属性"对话框

（2）单击【追加】按钮，将弹出 "加新的模型"对话框，在【模型类型】下拉列表中选择【Footprint】选项，如图 12.91 所示，表示需要添加引脚封装模型。

图 12.91　选择【Footprint】选项

（3）在"库浏览"对话框中，选择元件库 Miscellaneous Devices.IntLib，然后选择封装"RAD-0.2"，如图 12.92 所示。

（4）采用相同的方法，选择元件库 Miscellaneous Connectors.IntLib，修改 JP1 和 JP3 的封装，如图 12.93 所示。

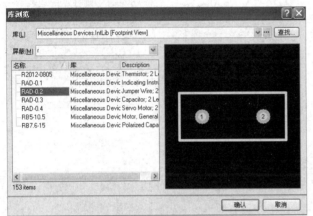

图 12.92　选择封装"RAD-0.2"

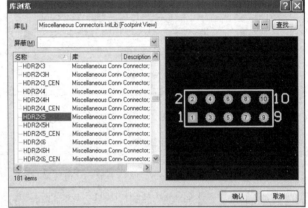

图 12.93　修改 JP1 和 JP3 的封装

（5）修改 U2（89S52）的封装，封装"DIP-40/D53"在"Pcb"文件夹中的 Dual-In-Line Package.PcbLib 库中，必须先添加该库，如图 12.94 所示。

注意：应将文件类型修改为"All Files"，否则可能看不到该库。

选择封装"DIP-40/D53"，如图 12.95 所示。

图 12.94　添加 Dual-In-Line Package.PcbLib 库

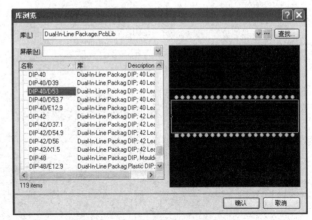

图 12.95　选择封装"DIP-40/D53"

2．查找元件封装

如果知道封装的名称，但不知其在哪个库中，也可采用查找封装的方法来找到它。在

图 12.95 所示的"库浏览"对话框中，单击【查找...】按钮，将弹出"元件库查找"对话框，如图 12.96 所示，在其中输入封装名称，以查找元件封装。

> **注意**：由于输入的封装名称中不能包含字符"-"，因此采用通配符（*）代替。

封装查找结果如图 12.97 所示。

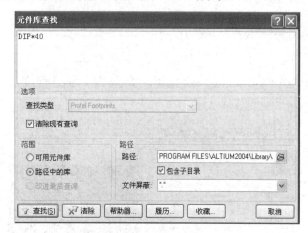

图 12.96 "元件库查找"对话框

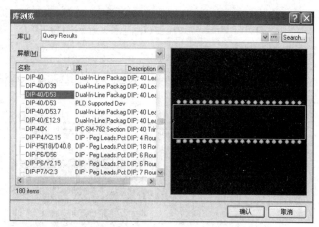

图 12.97 封装查找结果

3. 全局修改电阻封装

（1）选取一个电阻（如 R4），单击该电阻后，右击电阻中心，在弹出的快捷菜单中选择【查找相似对象】命令，弹出图 12.98 所示的对话框，将【Library Reference】项设置为"Res2"和"Same"。

（2）单击【确认】按钮，在弹出的"Inspector"对话框中，将 Current Footprint 属性修改为"CR2012-0805"，如图 12.99 所示，并按【Enter】键确认。

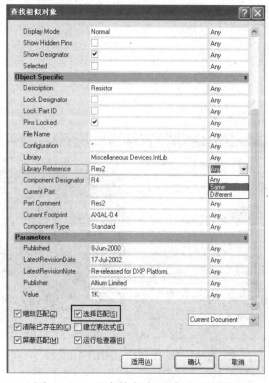

图 12.98 "查找相似对象"对话框

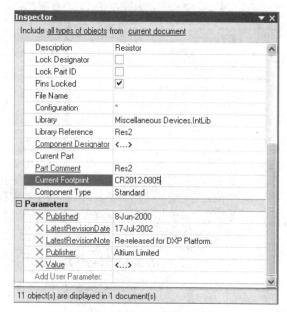

图 12.99 修改电阻封装

（3）为了确认电阻封装是否修改成功，可以双击另一个电阻，在弹出的对话框中，单击

【编辑】按钮，将弹出图 12.100 所示的"PCB 模型"对话框，观察【选择的封装】栏中是否已经有修改好的封装。如果有，则修改成功。

（4）电阻封装修改完成后，单击工作区右下角的【清除】按钮，清除蒙版状态。

4．自制元件封装的添加

自制元件封装的添加方法与上面基本相同，只是在"库浏览"对话框中选择自制的元件封装库"plib96.PcbLib"即可。图 12.101 所示为添加数码管封装。

图 12.100 确认电阻封装是否修改成功

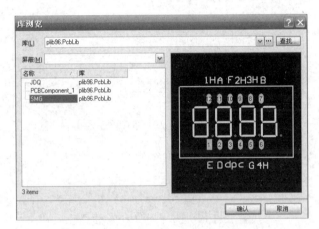

图 12.101 添加数码管封装

12.2.9 创建双面板 PCB 图

（1）PCB 的形状为长方形，可以利用向导工具来完成布局设计，关键步骤如图 12.102～图 12.106 所示，通过这一系列步骤生成的 PCB 文件如图 12.107 所示，将其保存为"PCB96.PcbDoc"。

图 12.102 选择 PCB 向导

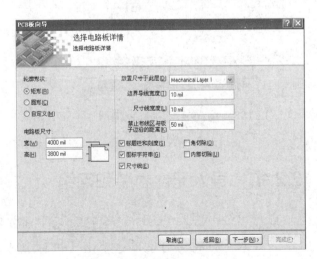

图 12.103 确定 PCB 尺寸

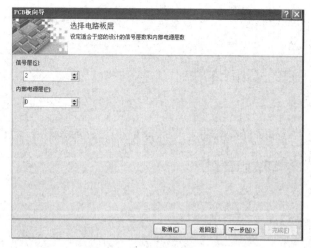

图 12.104　取消内部电源层　　　　　图 12.105　选择过孔风格

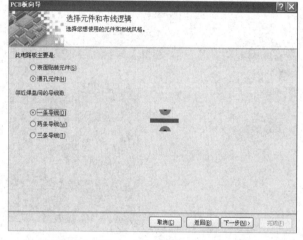

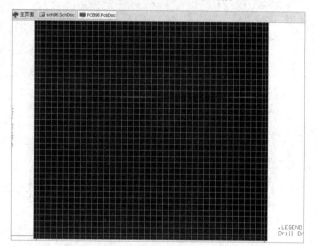

图 12.106　选择元件和布线逻辑　　　　图 12.107　生成的 PCB 文件

（2）由向导产生的 PCB 文件可能没有包含在项目文件下，如图 12.108 所示。此时，必须利用鼠标将其拖动到项目文件下，如图 12.109 所示。

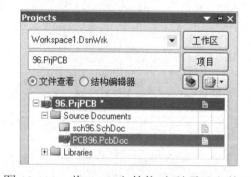

图 12.108　由向导产生的 PCB 文件　　　　图 12.109　将 PCB 文件拖动到项目文件下
没有包含在项目文件下

12.2.10　导入元件封装和网络

打开已经产生的 PCB 文件，执行菜单命令【设计】/【Import Changes From】，弹出图 12.110 所示的导入工程变化对话框。单击【执行变化】按钮，执行更新，将各封装元件及它们之间的网络连接载入 PCB 文件中，如图 12.111 所示。完成后，单击【关闭】按钮，可以看到 PCB

编辑器中已经载入了各封装元件及它们之间的网络连接，如图 12.112 所示。

图 12.110　导入工程变化对话框

图 12.111　执行更新，载入各封装元件及它们之间的网络连接

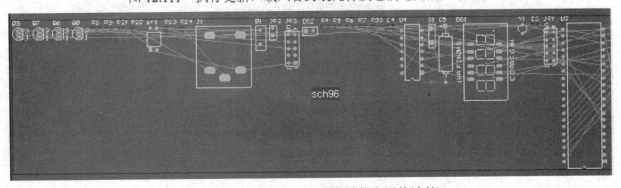

图 12.112　载入 PCB 引脚封装和网络连接

12.2.11　检查和修改错误

载入 PCB 引脚封装后，可以快速检查一遍。如果发现有错误，如图 12.113 所示电容 C5 的封装错误，则应及时修改。

为了修改错误，必须回到原理图中，双击电容 C5，在弹出的"库浏览"对话框中，将电容封装修改为"CC2012-0805"，如图 12.114 所示。

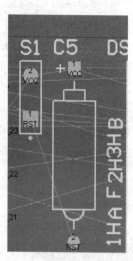

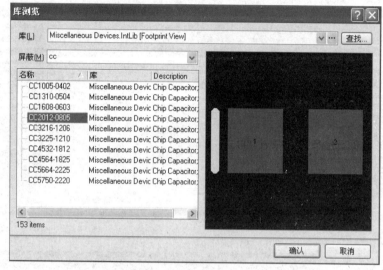

图 12.113　电容 C5 的封装错误　　　　　图 12.114　修改电容 C5 的封装

修改原理图 C5 的封装后，必须同步更新 PCB，如图 12.115 所示，通过执行菜单命令【设计】/【Update PCB Document PCB96.PcbDoc】，弹出图 12.116 所示的"工程变化订单"对话框。单击【执行变化】按钮，执行电容 C5 的封装，如图 12.117 所示。

图 12.115　同步更新 PCB

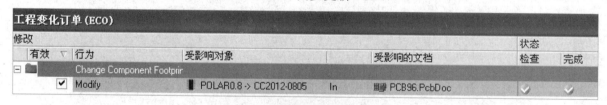

图 12.116　提示将修改电容封装

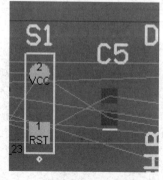

图 12.117　电容 C5 封装已被修改

12.2.12　元件布局

（1）将 ROOM 移动到 PCB 上方后删除，如图 12.118 所示。

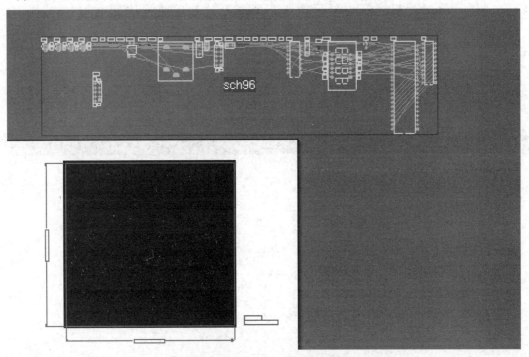

图 12.118　将 ROOM 移动到 PCB 上方后删除

（2）按题目要求进行布局：将单片机控制与显示电路、风扇及加热电路分区域布局；将所有元件均放置在顶层信号层，并进行适当的调整，如图 12.119 所示。

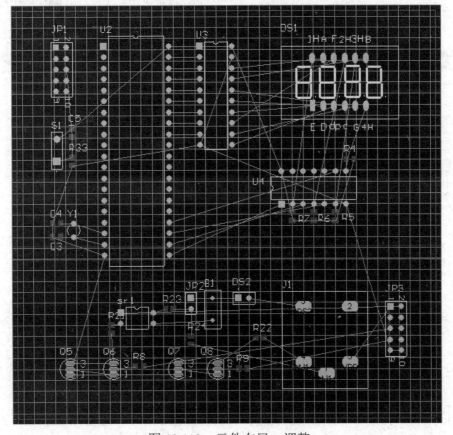

图 12.119　元件布局、调整

由于竞赛时间不多，布局时不可能花费太多时间考虑，因此布局时应充分参考原理图，使交叉线较少（如调整 U3 的摆放位置），以及同一功能部分的元件位于相近的区域，并考虑题目的特定要求（将单片机控制与显示电路、风扇及加热电路分区域布局）。

12.2.13 设置布线规则并布线

设置布线规则：信号线宽 10mil，VCC 线宽 20mil；按照图 12.120、图 12.121 所示进行设置。

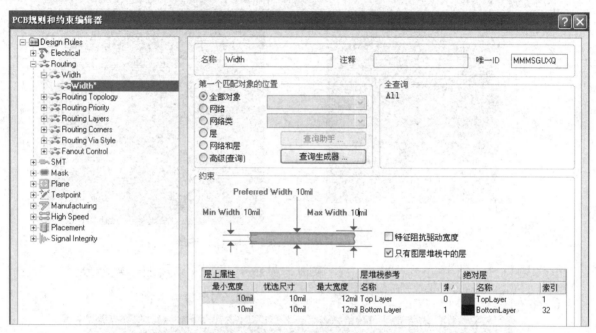

图 12.120　一般导线规则设置

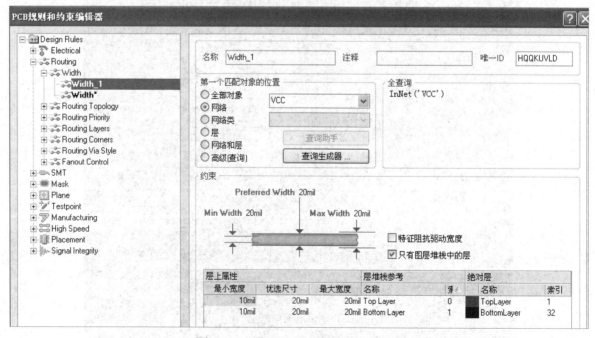

图 12.121　VCC 网络导线规则设置

采用相同的方法设置 GND 网络导线规则：地线宽 30mil，设置结果如图 12.122 所示。

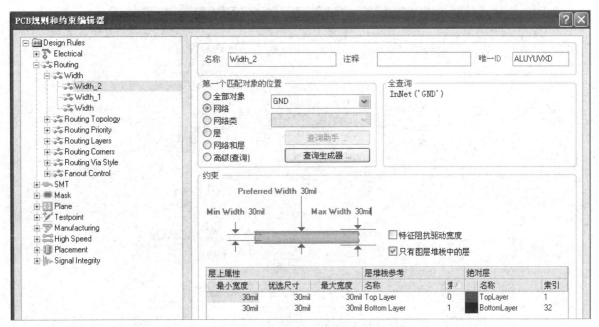

图 12.122　GND 网络导线规则设置

执行菜单命令【自动布线】/【全部对象】，将弹出自动布线策略选择对话框，选用默认选项【Default 2 Layer Board】，单击【Route All】按钮，PCB 编辑器开始自动布线。自动布线完成后的效果如图 12.123 所示。

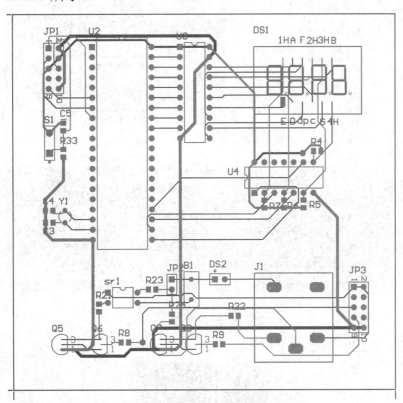

图 12.123　自动布线完成后的效果

12.2.14　覆铜并添加工位号

对风扇及加热电路区域进行覆铜操作，填充格式为 45Degree，与 GND 网络连接，工作层为底层信号层。覆铜参数设置如图 12.124 所示，覆铜效果如图 12.125 所示。

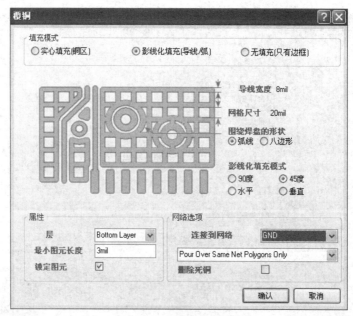

图 12.124　覆铜参数设置

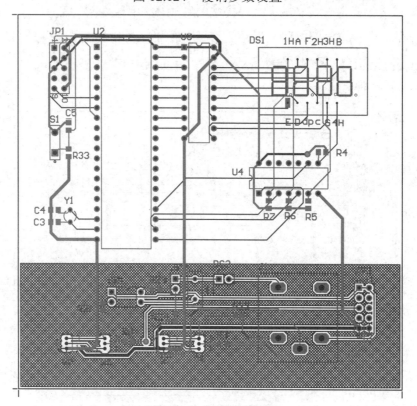

图 12.125　覆铜效果

在 PCB 边界外侧注明自己的工位号，如图 12.126 所示。

图 12.126　在 PCB 边界外侧注明自己的工位号

12.2.15 竞赛题：描画电路原理图

内容：使用 DXP 2004 SP2，根据赛场提供的某控制电路的实物电路和一块 PCB，准确地画出该控制电路的原理图，并在原理图中的元件符号上标明它的编号和标称值（或型号）。

说明：选手在 E 盘根目录下以工位号为名建立文件夹，选手将在竞赛中画出的电路图命名为 "Sch××.schdoc"（××为选手工位号，只取后两位），并存入该文件夹中。选手如不按说明存盘，将不会给予评分。

分析：本题考查选手根据实物电路描画原理图的能力，这在无图纸进行电器维修、抄画PCB 等方面有重要作用。学生可以找一些身边的小家电（如充电器、声控开关、光控开关等）的 PCB 来练习。

12.2.16 描画单面板原理图

本例中使用的开关电源板如图 12.127 所示。

（1）印引脚孔。将 PCB 翻过来放正，拿一张半透明的白纸（如果是硫酸纸，则更好），将白纸紧贴 PCB，借助橡皮、泡沫、塑料等，使焊脚穿透白纸，如图 12.128 所示。

图 12.127 本例中使用的开关电源板

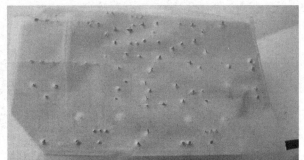

图 12.128 使焊脚穿透白纸

（2）画焊盘。将白纸取下，将小孔描画成焊盘，如图 12.129 所示。

（3）画元件。将 PCB 翻到正面，如图 12.127 所示，根据元件的实际情况将元件符号画在白纸上，并标注编号和参数，如图 12.130 所示。

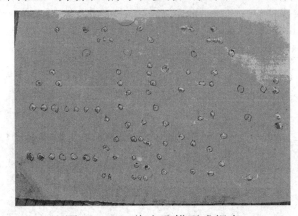

图 12.129 将小孔描画成焊盘

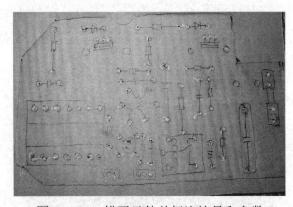

图 12.130 描画元件并标注编号和参数

（4）画铜箔。使 PCB 对着光源，或者在 PCB 背面放置一个光源，利用 PCB 与铜箔的透光率不同的特点，将铜箔导线描绘出来，如图 12.131 所示。

（5）画原理图。根据描绘的铜箔导线和元件外形，在另一张白纸上描绘原理图，如图 12.132 所示。

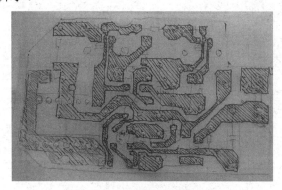

图 12.131　描绘铜箔导线

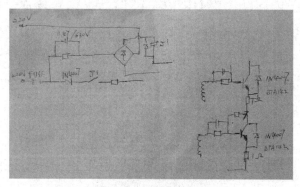

图 12.132　描绘原理图

（6）绘制电路原理图。打开 DXP 2004 SP2，绘制电路原理图。

当然，以上步骤也不是一成不变的，如果想加快绘制速度，那么在画铜箔时仅用简单的线段表示引脚连接关系即可。如果不想白纸被元件引脚插破，也可以直接描画元件外形。

12.2.17　描画双面板原理图

本例中使用的汽车喷油嘴清洗机输出板如图 12.133 所示。

图 12.133　本例中使用的汽车喷油嘴清洗机输出板

（1）描画元件。此处采用的是直接描画元件外形的方法，如图 12.134 所示。

（2）标注元件编号和参数，如图 12.135 所示。

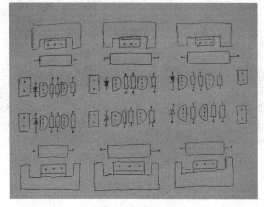

图 12.134　直接描画元件外形

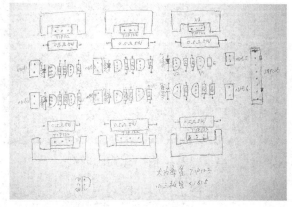

图 12.135　标注元件编号和参数

（3）描出顶层铜箔导线，如图 12.136 所示。

（4）将白纸水平翻转过来，描出底层铜箔导线，如图 12.137 所示。

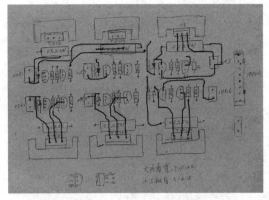
图 12.136 描出顶层铜箔导线

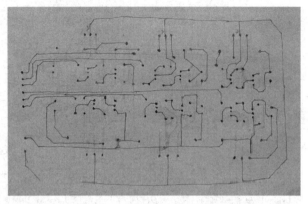
图 12.137 描出底层铜箔导线

最后就可以根据绘制的元件和铜箔走线绘制电路原理图了。

12.2.18 根据实际 PCB 绘制原理图的常用技巧

如果对电路原理及相似电路结构有深入的理解，并且经过反复练习，描板能力显著提升，那么在实际操作中，完全可以跳过中间环节，直接依据 PCB 布局来绘制原理图。下面将详细介绍这一高效工作流程中的方法与技巧。

（1）选择体积大、引脚多并在电路中起主要作用的元件，如集成电路、变压器、晶体管等作为画图基准件，从选择的基准件的各引脚开始画，可少出错。

（2）有时，PCB 上标有元件编号（如 VD870、R330、C466 等），这些编号有特定的规则，即英文字母后首位阿拉伯数字相同的元件一般属于同一功能单元，因此画图时应巧加利用。正确区分同一功能单元的元件是画图、布局的基础。

（3）如果 PCB 上未标出元件编号，那么为了便于分析与校对电路，最好自己给元件编号。厂家在设计 PCB、排列元件时，为使铜箔布线最短，一般将同一功能单元的元件相对集中布置。在找到某单元中起核心作用的元件后，只要顺藤摸瓜，就能找到与之属于同一功能单元的其他元件。

（4）正确区分 PCB 的地线、电源线和信号线。以电源电路为例，电源变压器二次侧所接整流管的负端为电源正极，与地线之间一般均接有大容量滤波电容，该电容的外壳上有极性标志。也可根据三端稳压器的引脚找出电源线和地线。厂家在 PCB 上布线时，为防止自激、抗干扰，一般把地线铜箔设置得最宽（高频电路上常有大面积接地铜箔），电源线铜箔次之，信号线铜箔最窄。此外，在既有模拟电路又有数字电路的电子产品中，PCB 上往往将二者的地线分开，形成独立的接地网，这也可作为识别、判断的依据。

（5）为避免元件引脚连线过多而使电路图的布线发生交叉，导致所画的图杂乱无章，电源和地线可大量使用端子标注与接地符号。如果元件较多，则可先将各单元电路分开画出，再组合在一起。

（6）画草图时，推荐采用透明描图纸，用多色彩笔将地线、电源线、信号线、元件等按颜色分类画出。修改时，逐步加深颜色，使图纸直观、醒目，以便分析电路。

（7）熟练掌握一些单元电路，如整流桥、稳压电路、运算放大器、数字集成电路等的基本组成形式和经典画法。先将这些单元电路直接画出，形成电路图的框架，可提高画图效率。

（8）画电路图时，应尽可能地找到类似产品的电路图做参考，这样会起到事半功倍的作用。

 ## 本章小结

本章通过讲解一个实际产品的 PCB 的制作过程和全国职业院校技能大赛题，进一步以实训的模式锻炼学生进行 PCB 制作和根据实际 PCB 绘制原理图的基本技能，帮助学生积累一定的 PCB 制作实践经验。

 ## 习题 12

12.1 依据本章讲解的计算机有源音箱 PCB 的制作过程，制作计算机有源音箱 PCB。

12.2 完成 12.2.2 节全国职业院校技能大赛 PCB 的绘制。

12.3 以自己日常生活中的一件产品（如实习用的收音机、音箱、功率放大器等）为例，描绘 PCB 的原理图，并绘制该产品的 PCB。